黏土花制作完全教程

视频学习版

指见生活 编著

人民邮电出版社
北京

图书在版编目（CIP）数据

黏土花制作完全教程 ： 视频学习版 / 指见生活编著
. -- 北京 ： 人民邮电出版社, 2019.10
ISBN 978-7-115-51796-8

Ⅰ. ①黏… Ⅱ. ①指… Ⅲ. ①粘土－人造花卉－手工
艺品－制作－教材 Ⅳ. ①TS938.1

中国版本图书馆CIP数据核字(2019)第179878号

内容提要

月无常圆，花无常开；而黏土花，可以为我们留住花开时的灿烂。让我们跟随作者的黏土花作品去感受用双手创造出的美丽吧。

本书共五章。第一章和第二章介绍了制作黏土花的工具和基础技法知识。第三到五章详细讲解了各种黏土花作品的制作方法，包括易上手的黏土花小饰品、唯美的黏土花艺作品以及可以装点生活的黏土花创意作品等；案例由易到难，整体风格清新雅致，并配有视频教学。即使是初学者，通过本书的学习也能制作出属于自己的黏土花作品，为生活添色增彩。

本书不仅适合喜欢黏土手工的朋友们；还适合所有热爱生活，愿意创造美好的人们。

◆ 编　著　指见生活
责任编辑　王雅倩　陈　晨
责任印制　陈　犇
◆ 人民邮电出版社出版发行　　北京市丰台区成寿寺路 11 号
邮编　100164　　电子邮件　315@ptpress.com.cn
网址　http://www.ptpress.com.cn
固安县铭成印刷有限公司印刷
◆ 开本：787×1092　1/16
印张：8　　　　2019 年 10 月第 1 版
字数：215 千字　　　　2024 年 12 月河北第 12 次印刷

定价：59.80 元

读者服务热线：(010)81055296　印装质量热线：(010)81055316
反盗版热线：(010)81055315
广告经营许可证：京东市监广登字20170147号

前言

我最开始做黏土花，只为填满咖啡店里的那面白墙，然后就没有再停下来。从 2014 年到 2019 年，我在长达五年的摸索和实践中积累了一些小小的心得，于此分享给你！

首先“热爱”是最重要的，热爱能激发无限的力量与创意，还能帮我们克服因遇到问题而产生的挫败感。很多人都有一个手工梦，而庆幸的是我们的部分学员都已经实现了。对于梦想总有一部分人会有疑问，比如：做这个能养活自己吗？现在已经很多人在做了，竞争越来越激烈，我还有机会吗？做这个会花很多时间，一天能出几个作品呢？而在我看来，这些疑问都可能因为你还不够热爱，或者说没有自己想象的那么热爱！人总要为自己的“热爱”而付出的。

其次就是练习。这是一个漫长的过程，在亲手揉捏中去感受黏土厚薄轻重的变化，专注、宁静，这是手与物的对话。不停观察、一次次练习让我们的感受变得敏锐，能更快捕捉到物体间形和神的通达，以致感受到“万物皆有灵”。而体会到这些需要反复练习。本书可以在这方面帮助你，本书案例设置由浅入深，先是简单的单品，然后是组合花艺，再是创意作品。如果你依次完成练习，相信你的技艺会有提高。

再次就是创意！如果你想在这条路上走出自己的风格，那就坚持你自己。最初的模仿必不可少，这也是本书能帮助你的，但是这只是学习的一个阶段。作品的唯一性是我一直督促自己要坚持的事！坚信原则，去挖掘和发挥潜能，在无人问津或受众人追捧时依然做自己想要的！我想唯有这样，作品才会绽放出创作者独特的气质。

本书中所有的方法都是个人的经验总结，希望对你有所帮助。

最后，祝愿大家在这条繁花锦簇的大道上，走得快乐，走得有风格。

指见生活　何花

目录

第一章
准备好这些 走进黏土花花世界 /6

第二章
做黏土花 先要学习基础技巧 /13

第三章
从制作黏土花小饰品开始 /20

第一章　准备好这些 走进黏土花花世界

或许有人会问，黏土花是什么？这种花是用什么材料做的？想要学习制作黏土花需要用到哪些工具？本章将针对以上问题进行解答。

1.1 超轻黏土介绍

超轻黏土安全无毒，颜色丰富、艳丽，质地也很柔软细腻，可塑性强，可以随意拉伸、揉搓制作各种造型，非常适合用来制作外形美观、颜色丰富的仿真黏土花。

超轻黏土

黏土花作品展示

1.2 黏土花制作工具

制作黏土花时，在花朵的整体组合固定、造型修剪和零件的相互粘贴等环节都需要借助相关工具进行操作。

1.2.1 黏土塑形工具

可用来制作黏土花的工具很多，本节将介绍本书案例制作过程中使用到的塑形工具。

压痕工具

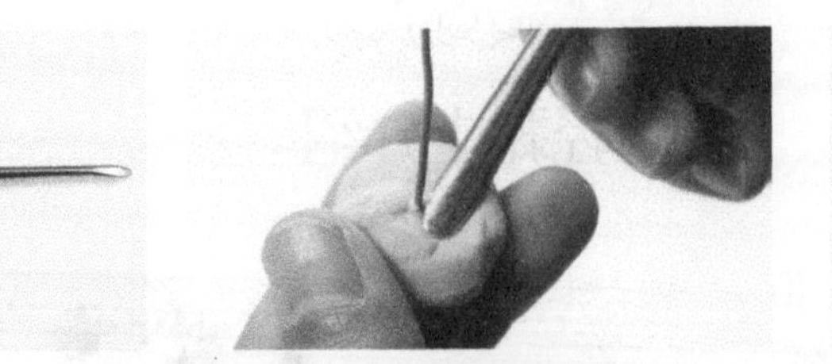

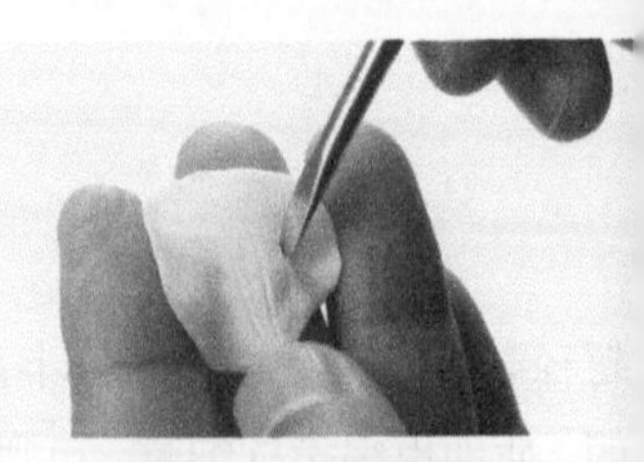

双勺形 两端为勺形，可以用来压紧黏土、制作表面肌理纹样，在黏土手工制作中广泛使用。

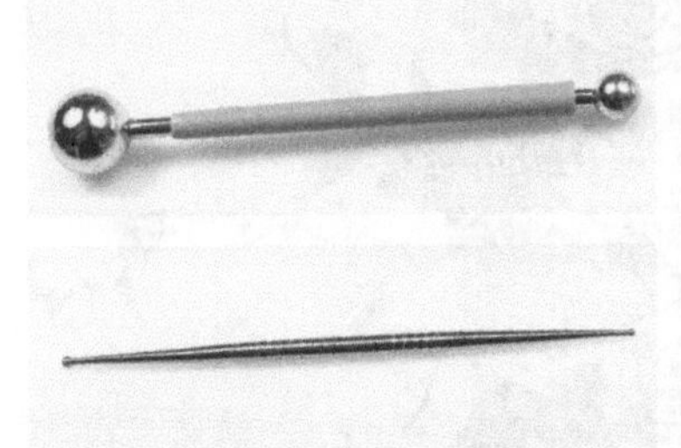

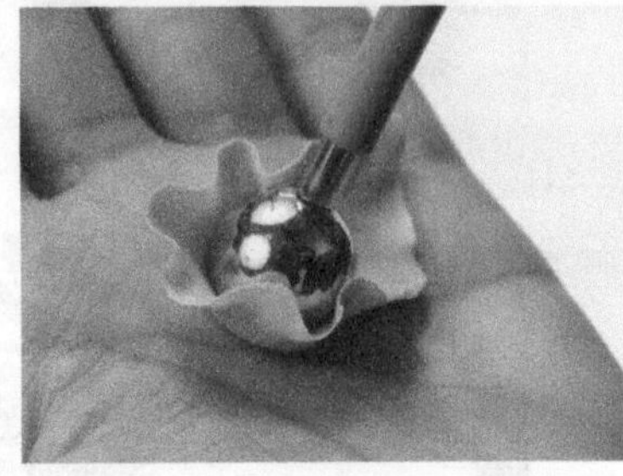

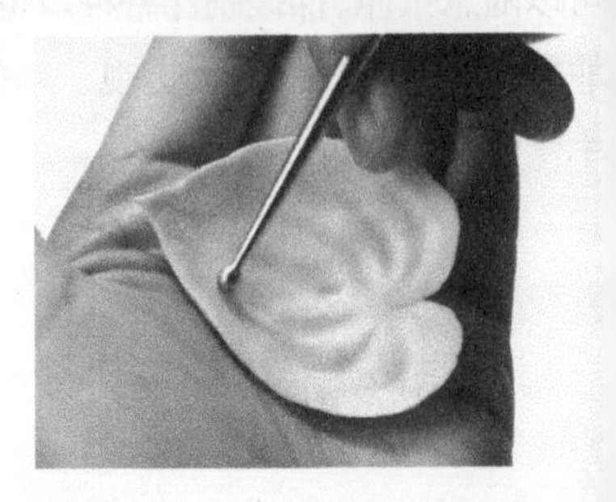

丸棒 丸棒属于圆头工具，可以用来压出弧度、制作凹槽，适合制作人偶眼窝、花朵等带有凹面的物品。

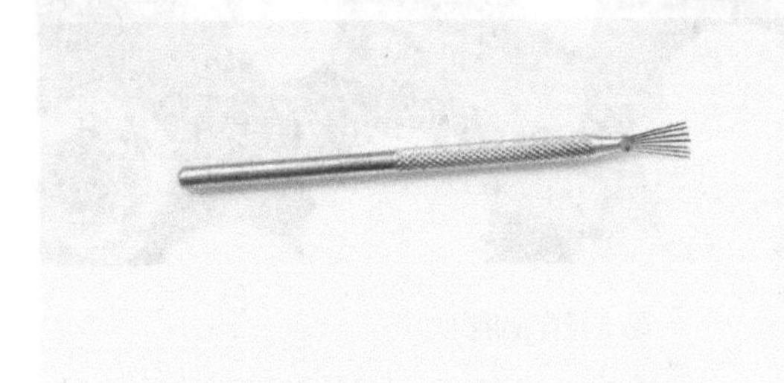

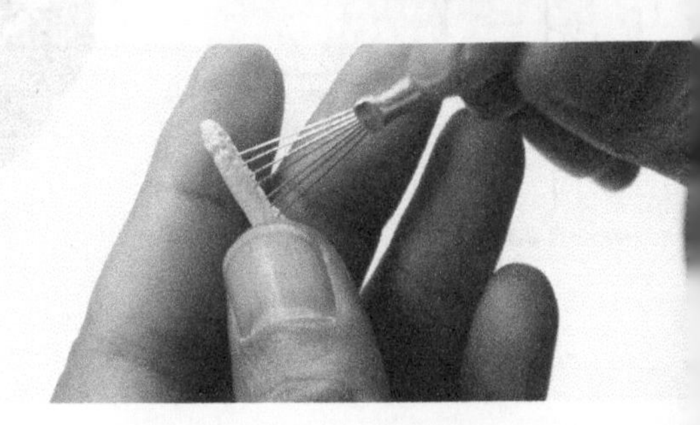

七本针 七本针可以用来制作肌理效果。

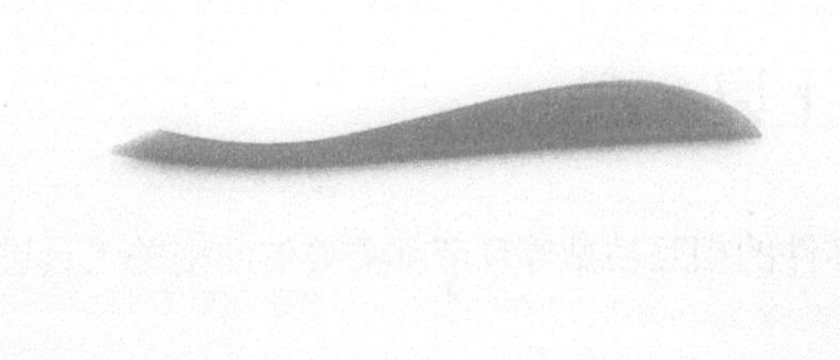

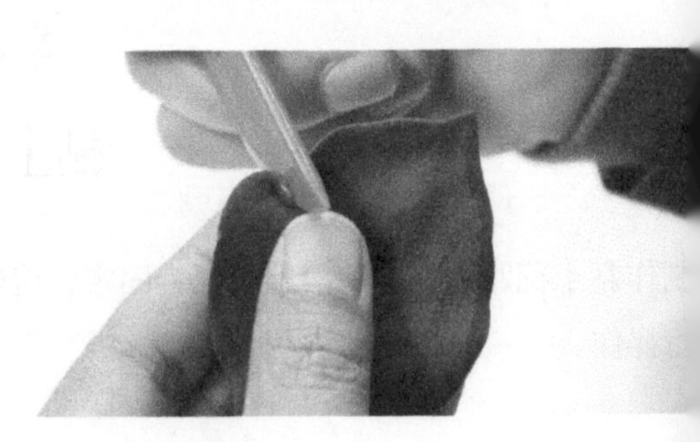

扁形刀 一种制作开口造型的工具，也可以用来制作作品表面的纹理效果。

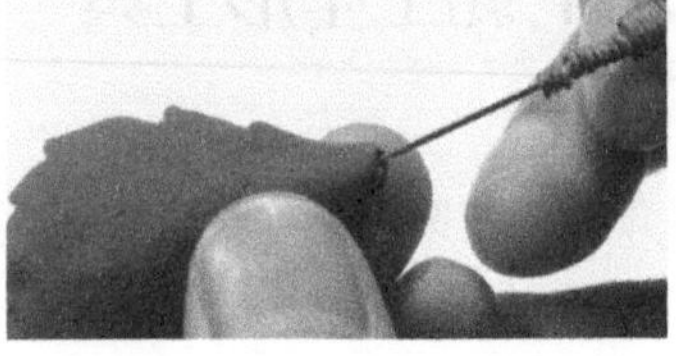

自制针

作者自制的戳洞工具，用细铁丝把缝针的针孔一端固定并做成长手柄即可，也可用别针或手工专用打孔细锥代替缝纫针。

剪切工具

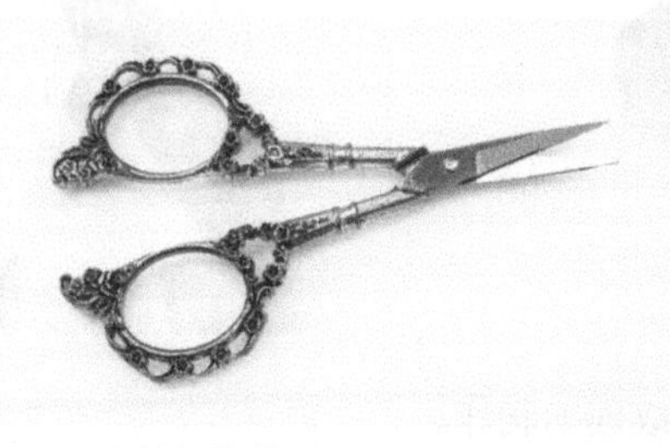

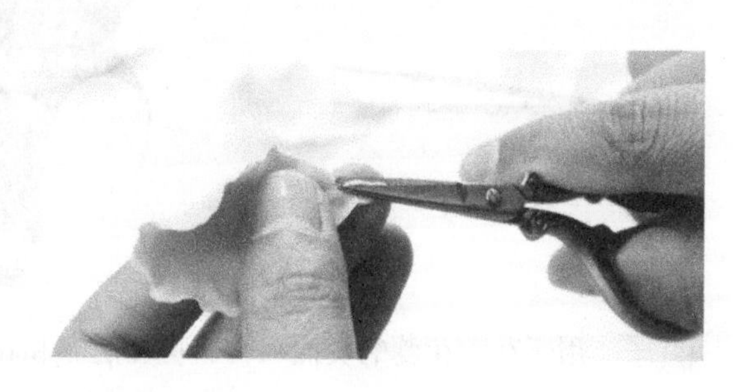

剪刀 用于花瓣和叶子的外形修剪，以及多余材料的修剪处理。

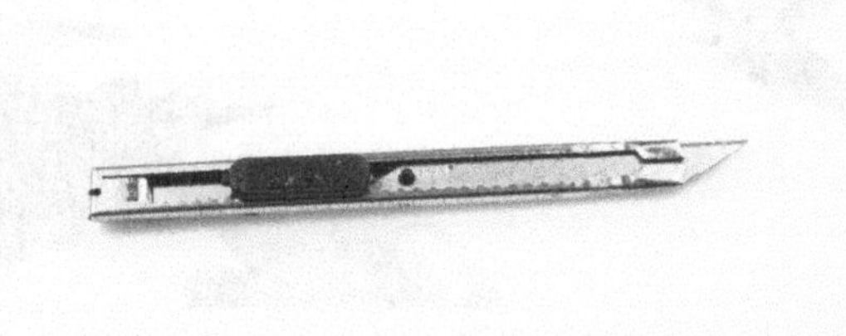

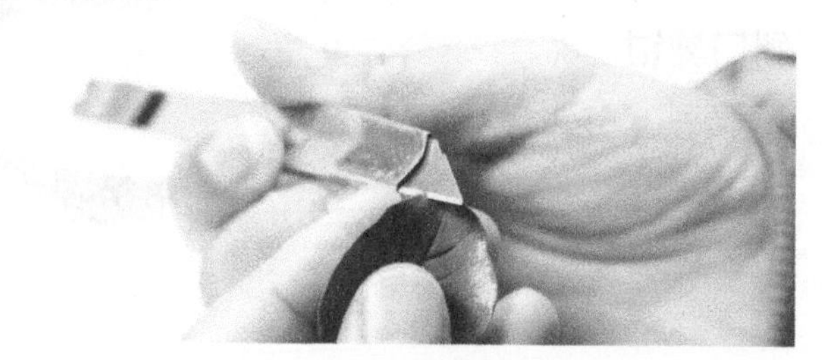

小刀 用于黏土的切割和造型。

粘贴工具

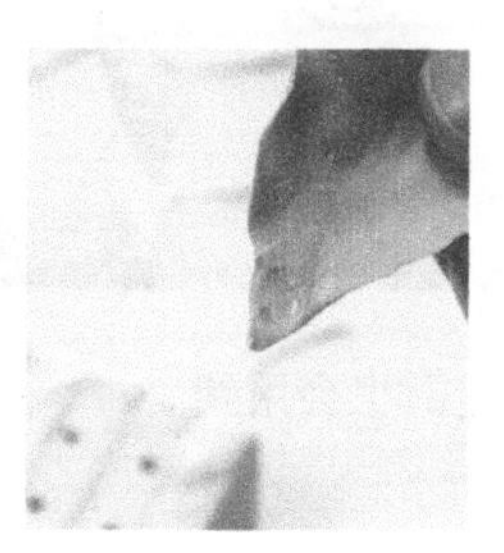

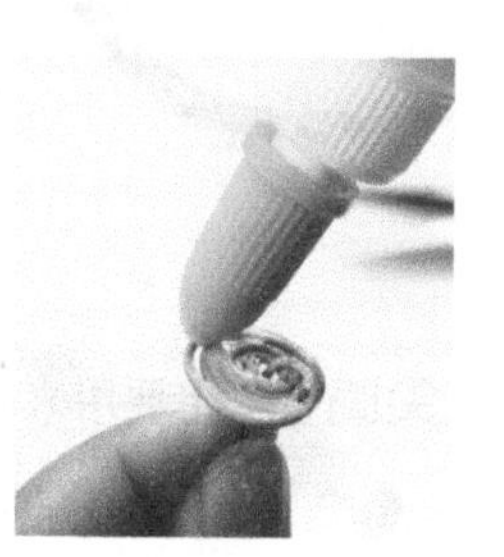

乳白胶 用来粘连作品的不同组件。

固定工具

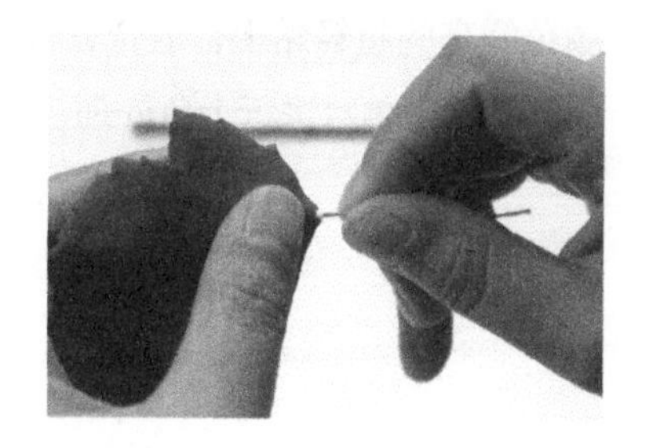

花艺铁丝 主要用来制作花心底托和花材的枝干。本书案例中使用的花艺铁丝有粗、细两种，读者在制作时，用类似粗细的花艺铁丝即可。

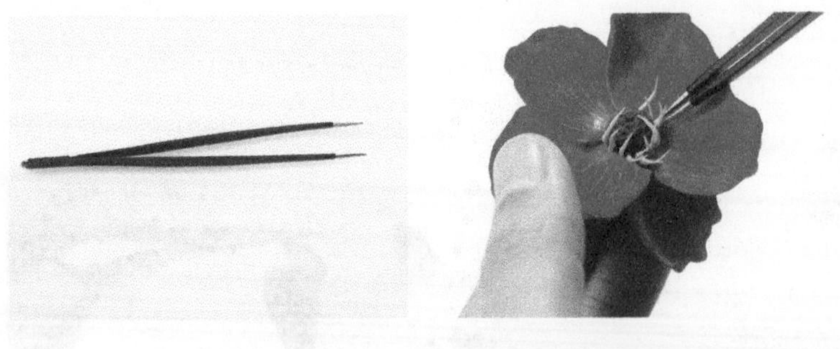

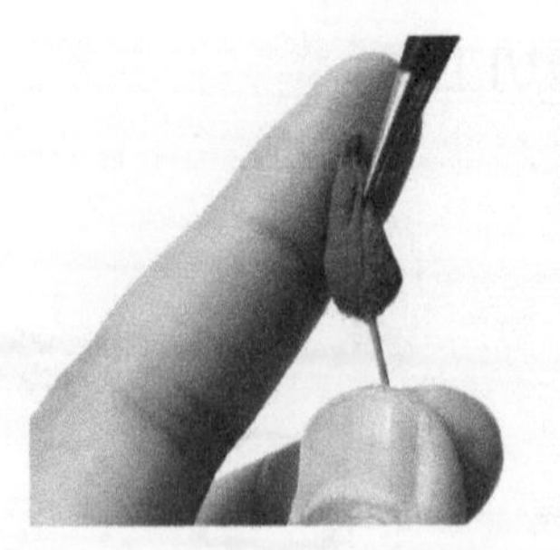

镊子 用于花瓣花蕊的安插组合、花蕊造型和花苞表面纹理的制作。

斜口剪钳

用于修剪花艺铁丝。

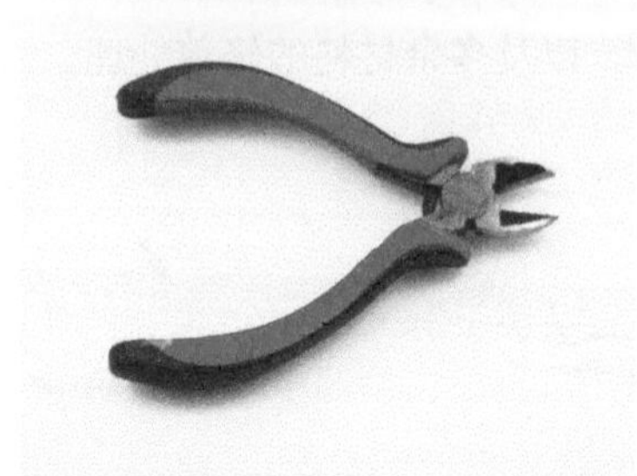

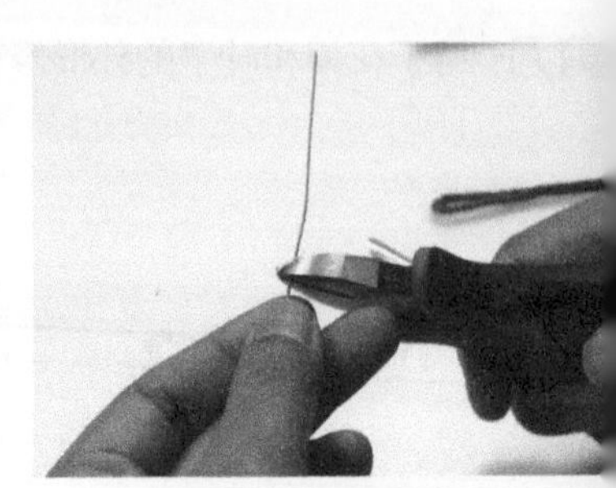

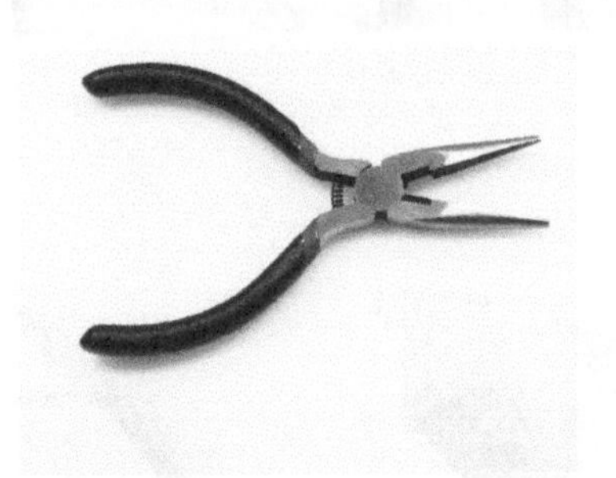

尖嘴钳 主要用来制作花心内托，安插固定时也会用到。

1.2.2 上色工具

颜色鲜亮的超轻黏土，适合直接做单一的纯色的花材，如果要制作色彩丰富，变化较多的花材，就需要用水彩颜料进行上色处理。

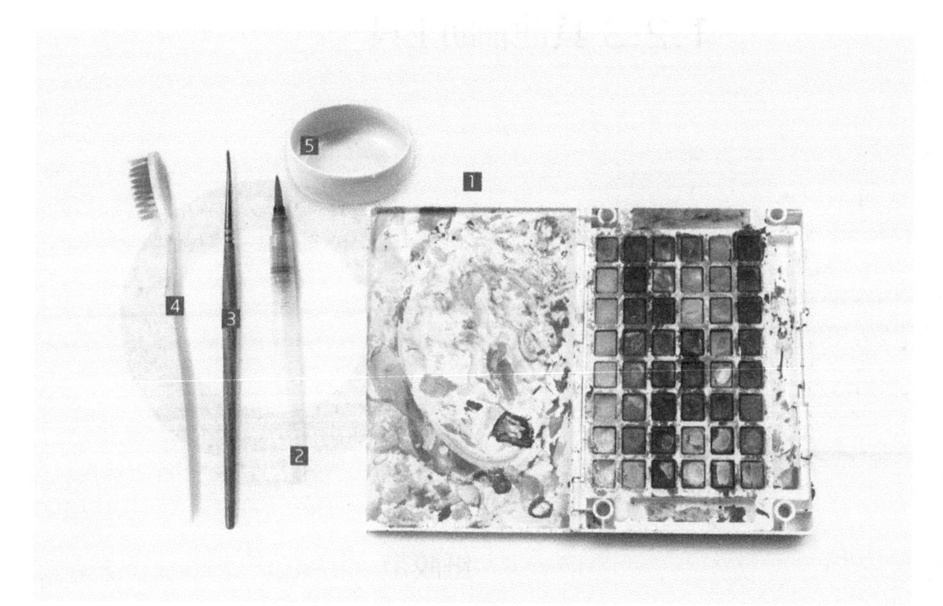

1 水彩颜料

2 水笔

3 勾线笔

4 牙刷

5 笔洗

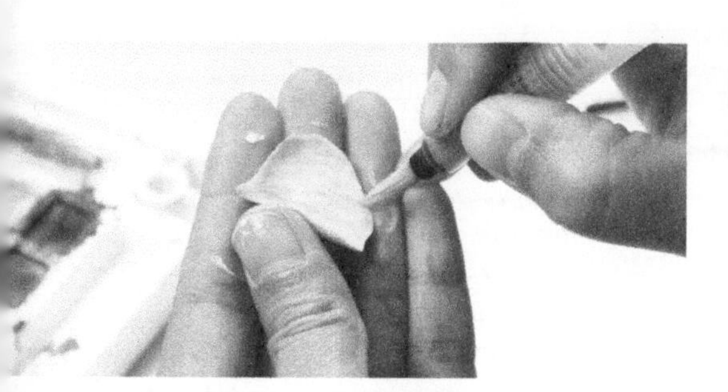

水彩颜料 主要用来制作不同颜色的花瓣。

水笔 主要用来给花瓣上色。

笔洗

清洗笔刷的盛水容器。

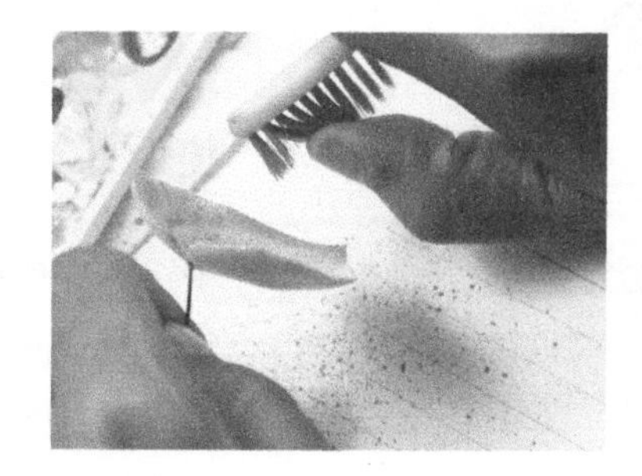

牙刷

主要用于上色，呈现颜料喷溅在物体上的斑点效果，有时也会用来制作物体表面简单的纹理效果。

勾线笔

给花瓣边缘轮廓勾画上色和整体上色。

1.2.3 其他辅助工具

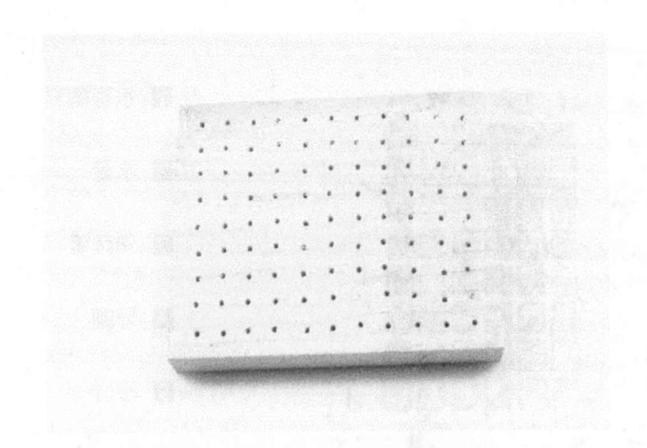

花插板

表面遍布小孔，可以将不同粗细的花枝插入其中，起到固定作用。

纸胶带

常用于缠绕固定花枝。

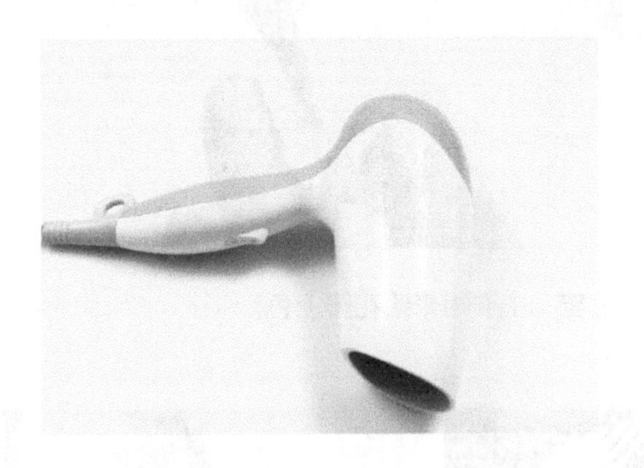

吹风机

通过热风让黏土快速干透定型。

垫板

手工制作的必备工具之一。防止刻刀将桌面划破，也防止液体和黏性材料污损桌面。

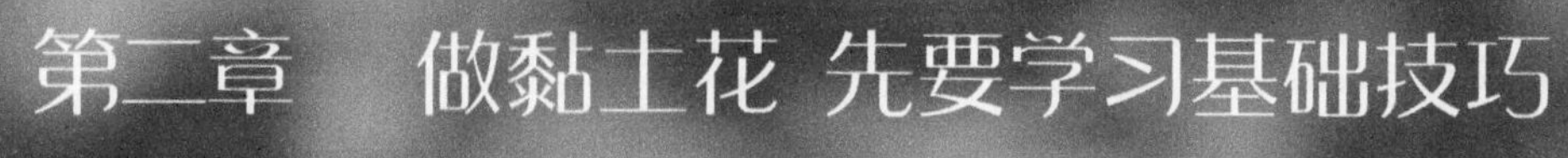

第二章　做黏土花 先要学习基础技巧

黏土是如何变成美丽的黏土花的？制作好看的黏土花有什么操作技法？下面就让我们来学习做出外形美观的黏土花的基础技巧吧。

黏土花塑形基础

要制作出好看的黏土花作品，需要熟练掌握黏土花的基础形，各种花材的花瓣和叶片都是在此基础上变形制作而成的。

2.1.1 团状基础形

团状基础形主要包括球状、水滴状和梭状。

球状

取适量黏土，用手掌按压黏土在手上来回转动，直至搓出球状为止。

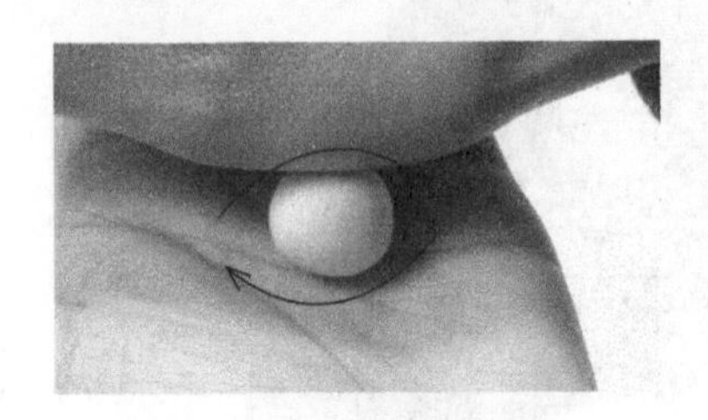

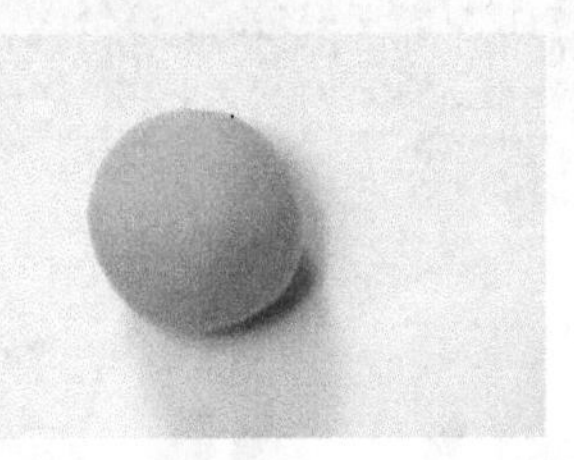

水滴状

先把黏土搓成一个球状，接着用手掌按压球状的一端，用手轻轻搓出水滴形状。

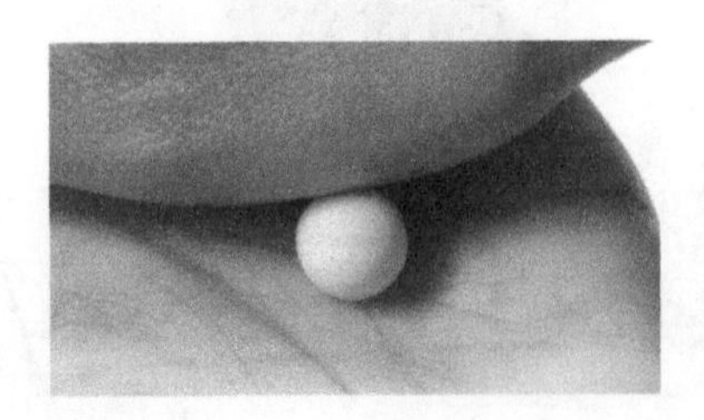

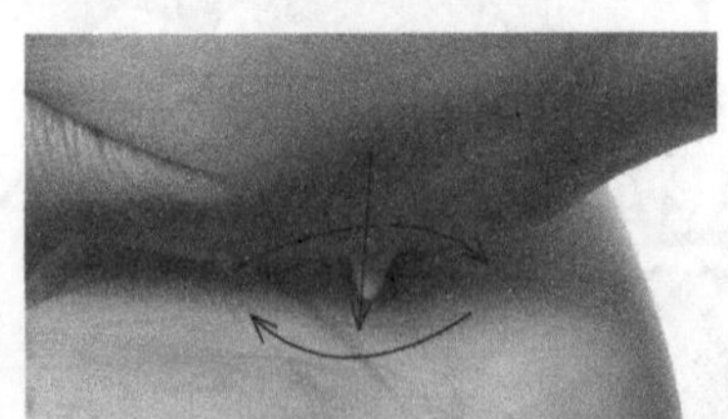

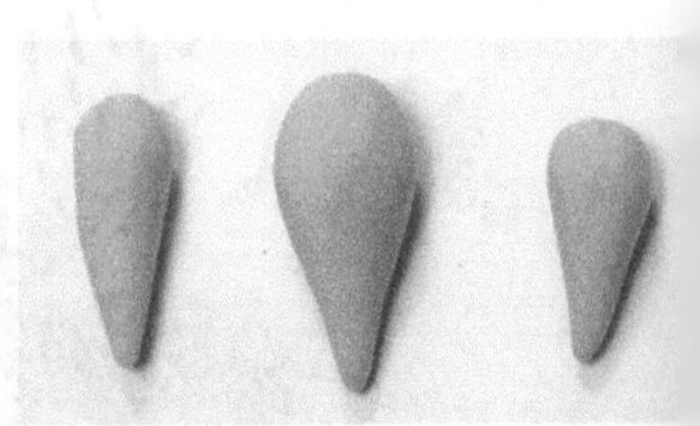

梭状

先搓出一个水滴形状，再用大拇指按住粗的一端，揉搓出梭状即可。

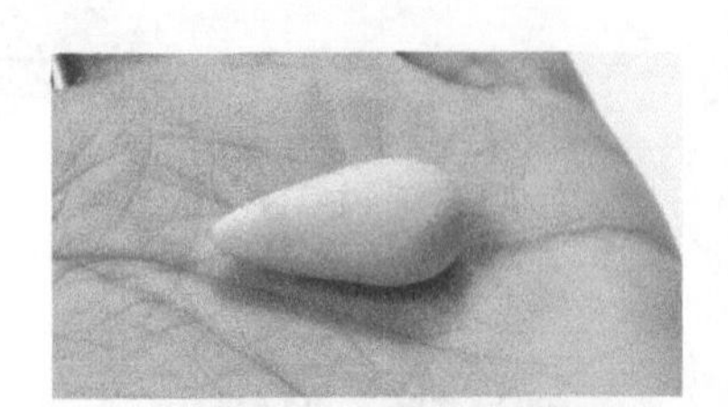

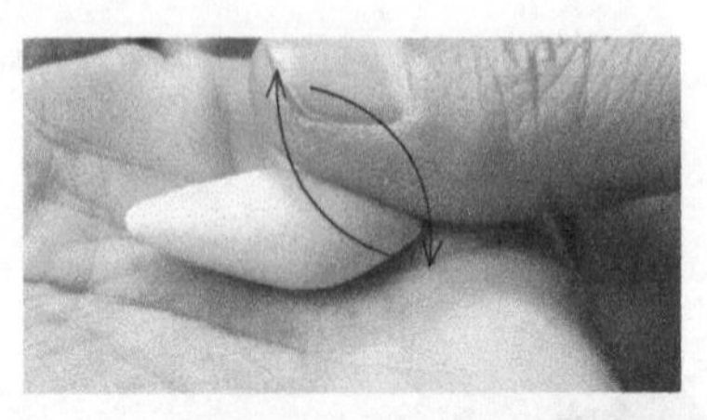

2.1.2 片状（花叶）基础形

花叶的基础形多为片状，虽然不同花材的花瓣外形各不相同，但都是在片状的基础形上变化制作而成。

扇形花瓣

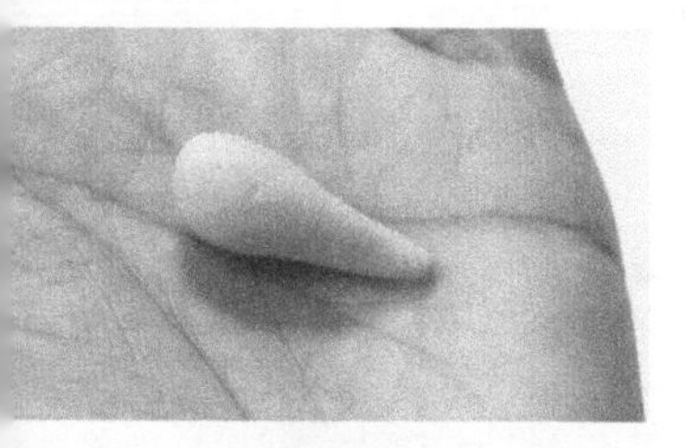

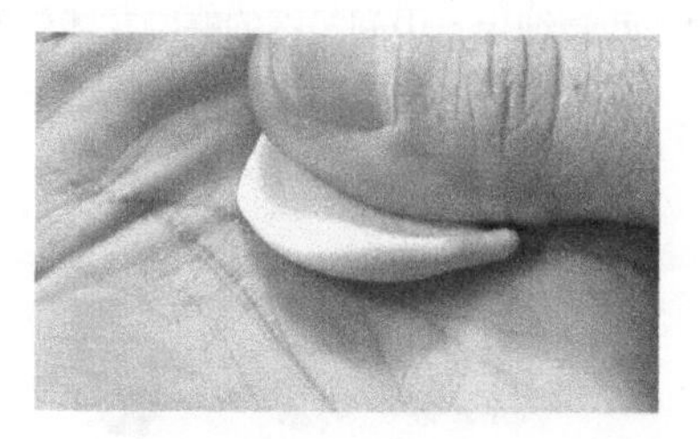

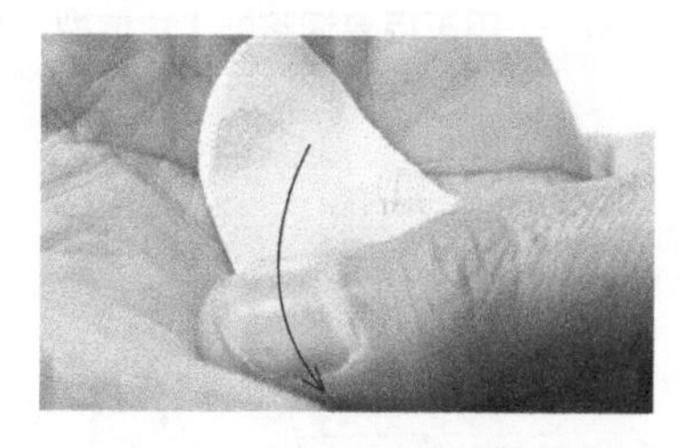

01 用拇指指腹先把水滴状黏土向右揉开，再向左揉开，揉出扇形形状。

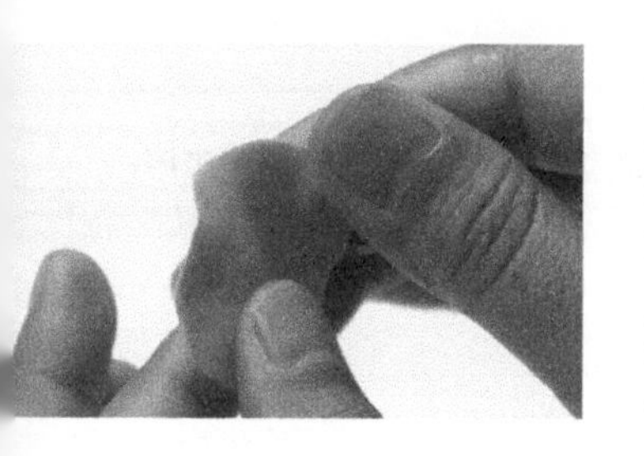

02 用手指反复揉捏扇形黏土片，让其外形更接近扇形，就形成了扇形形状的花瓣。

椭圆花瓣

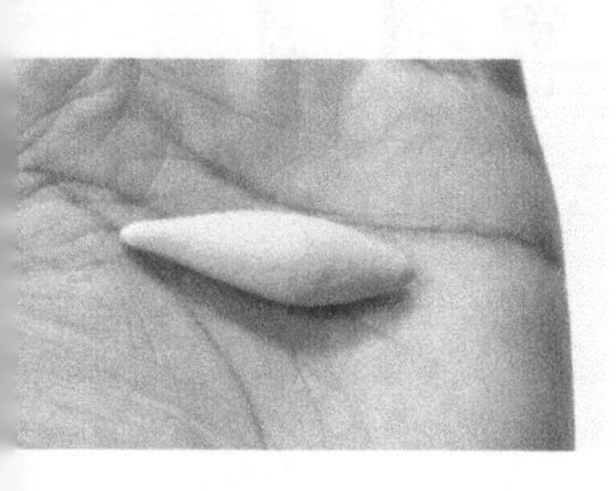

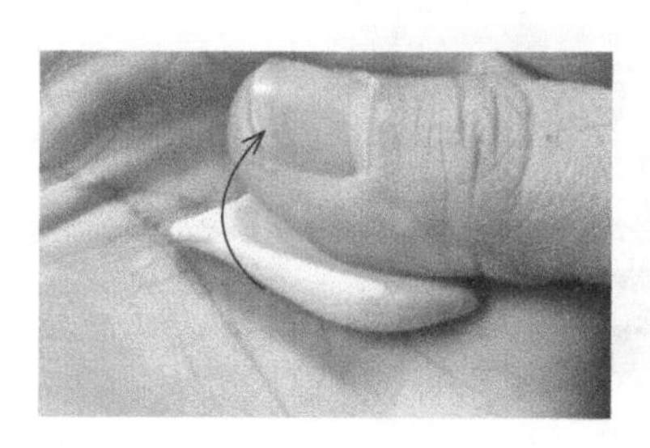

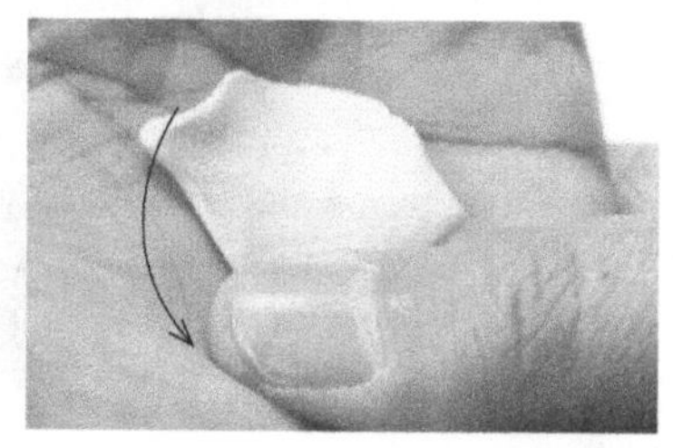

01 用拇指指腹把梭状黏土依次向右向左揉开，揉成类似椭圆形的黏土片。

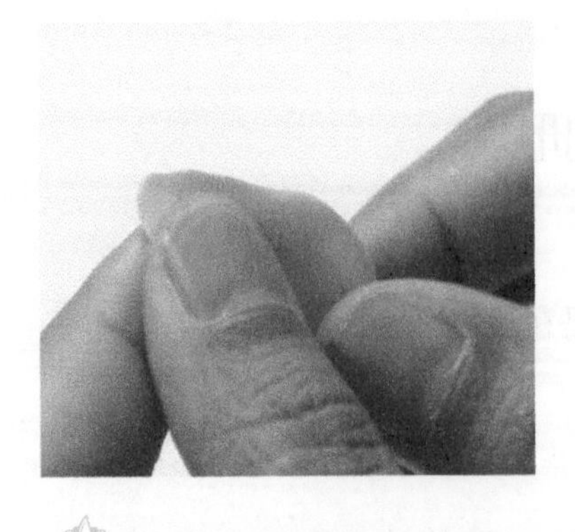

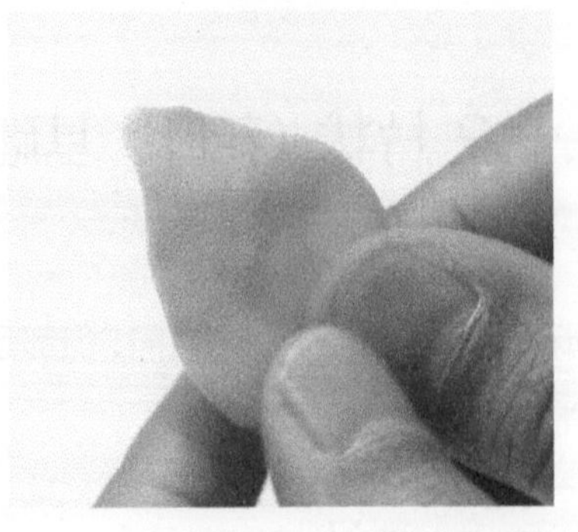

02 用手反复调整黏土片造型，捏成两端细尖、中间粗圆的椭圆花瓣外形。

长水滴花瓣

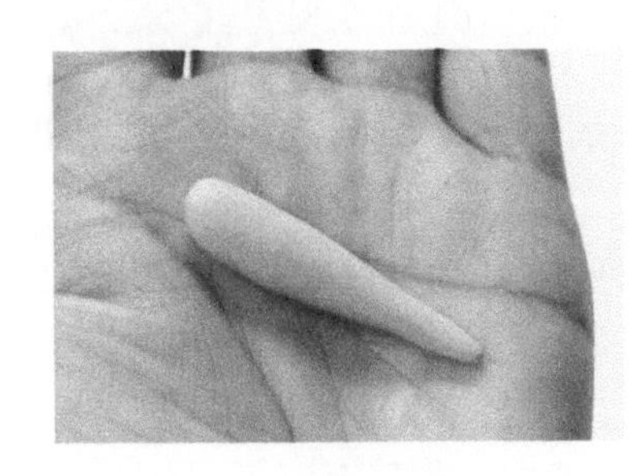

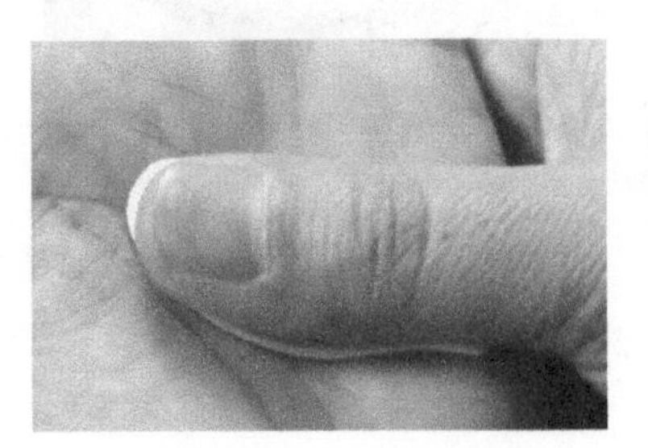

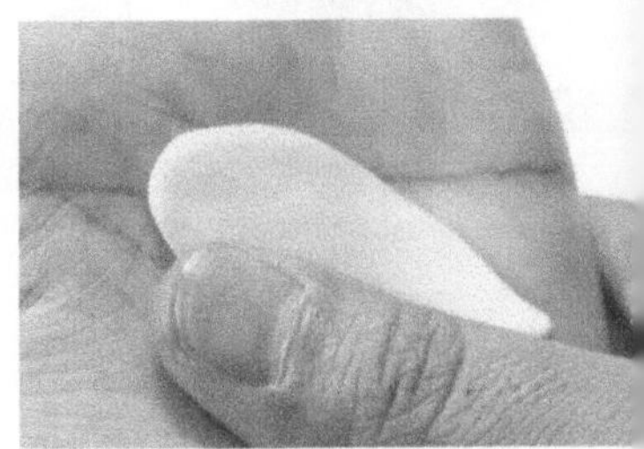

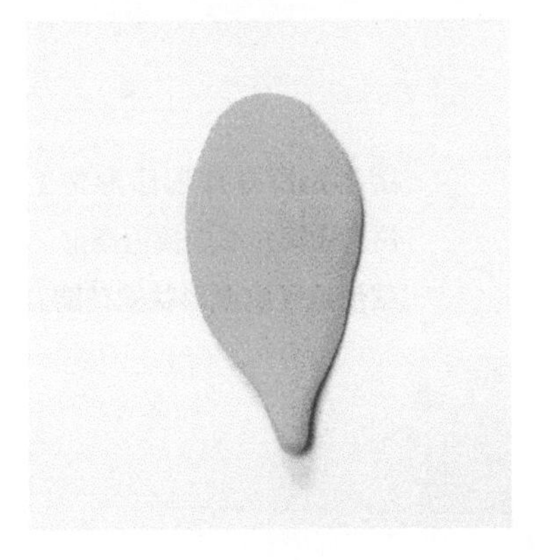

01 用拇指指腹不断按压水滴状黏土，做成长水滴黏土片。

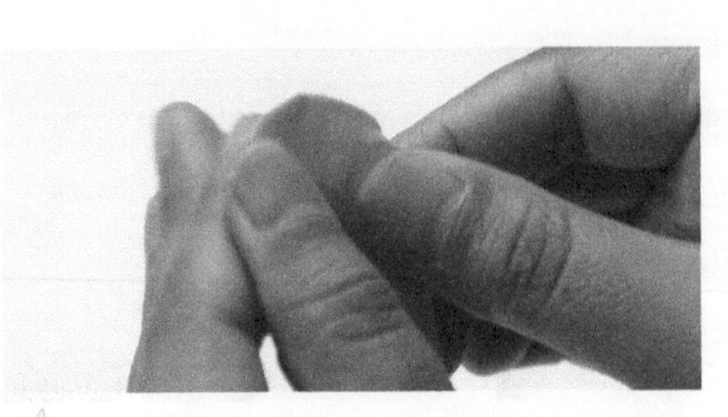

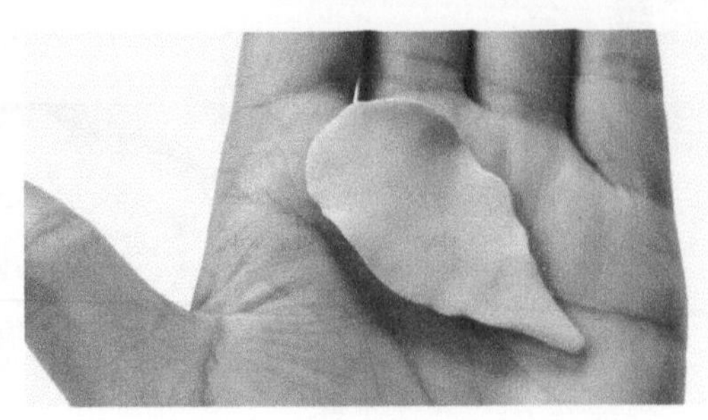

02 用手反复揉捏黏土片，捏成长水滴状的花瓣外形。

椭圆叶片

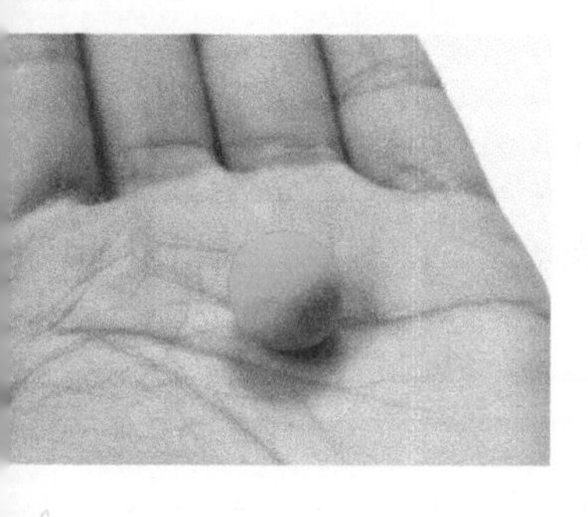
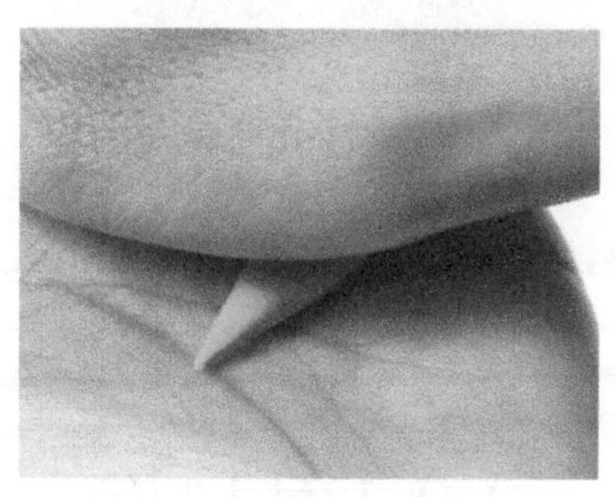
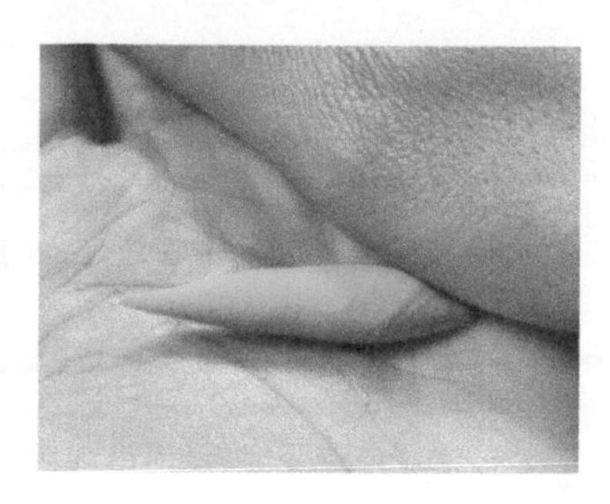

01 先将黏土搓成球状，然后搓成一端粗圆、一端细尖的椭圆形黏土条。

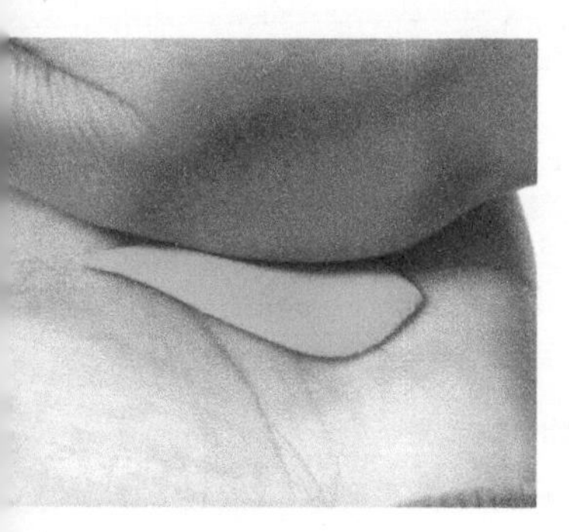
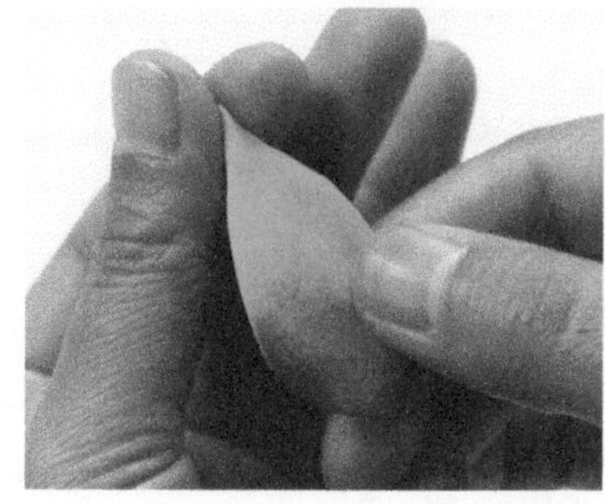

02 将黏土条压扁做成椭圆叶片，并用手调整出叶尖造型，使叶片更加美观。

长条叶片

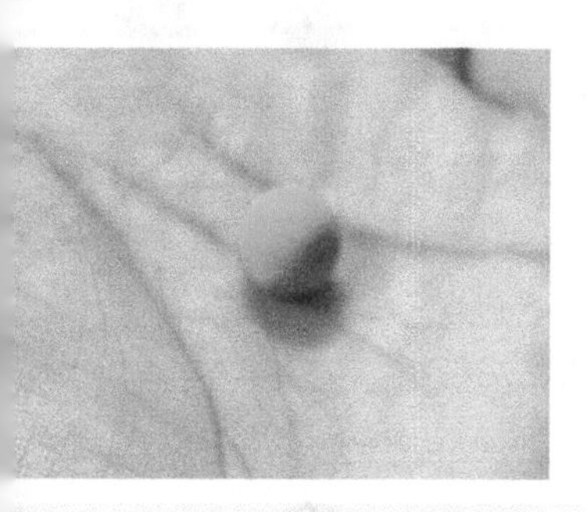
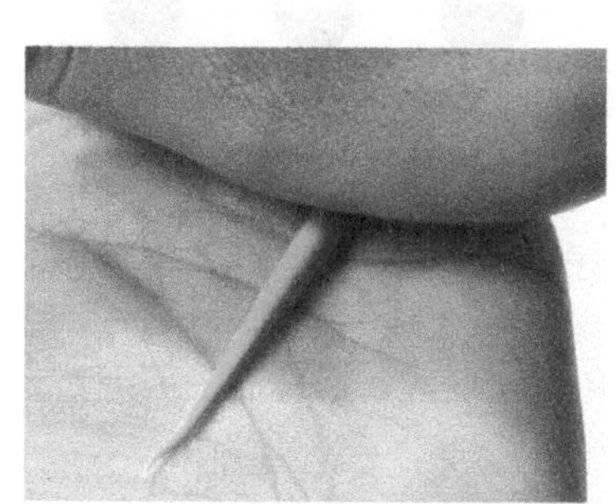
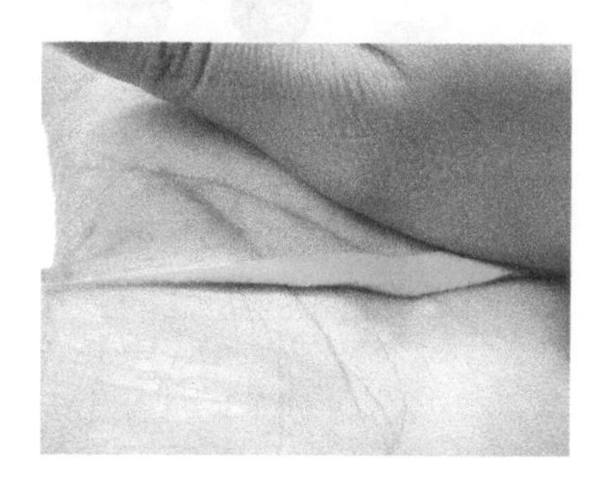

先将黏土搓成球状，然后搓成两端细尖的黏土长条，再将黏土条压成长条形的叶片。

2.2 黏土花的色彩表现

因为自然界中的花朵颜色丰富多彩，所以需要用已有的黏土混出更多的颜色，才能满足黏土花制作的需求。

2.2.1 黏土混色

基础色

基础色之间的混色

任意两种基础色互相混合，可以调出其他的颜色，称为“间色”。各个原色加入的比例不同，混合出的颜色也会不同。

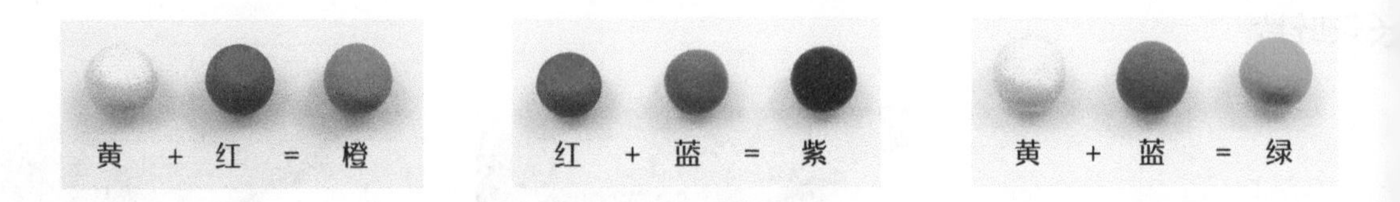

混白色

在任何一个颜色中混入白色后，颜色都会变浅，白色混入得越多，颜色就越浅。

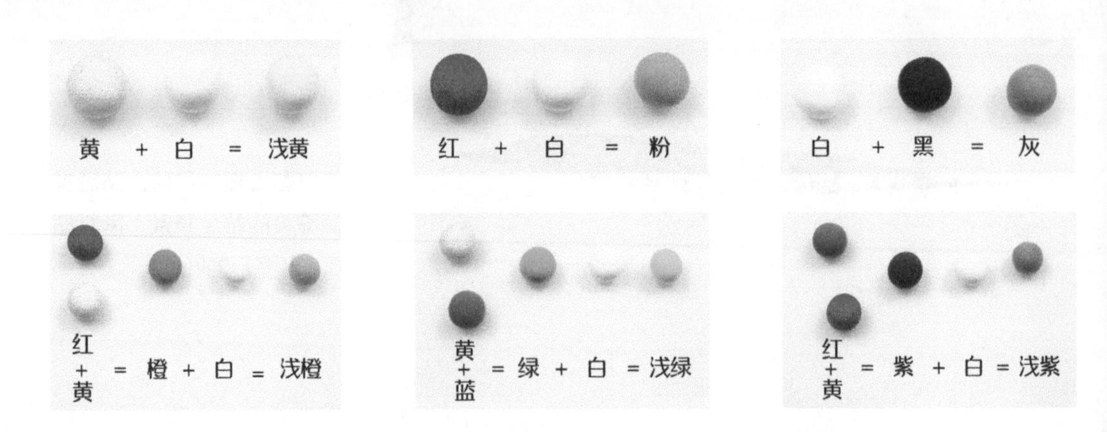

其他混色参考

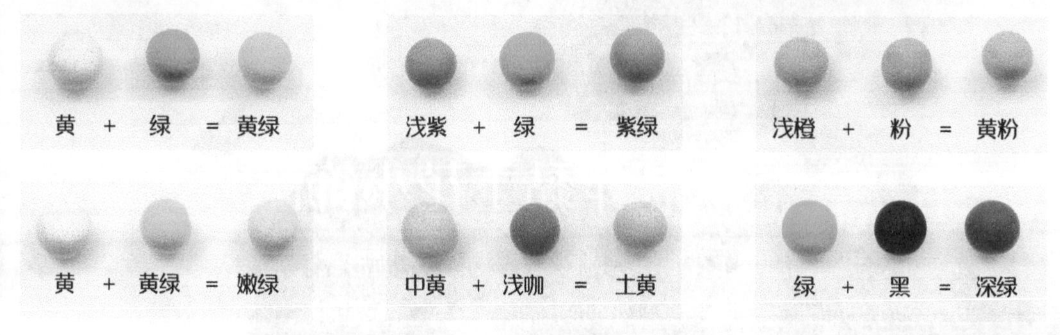

2.2.2 黏土花上色

对黏土花瓣和叶片进行上色处理，可以使花瓣和叶子表面的颜色层次更加丰富。下面以叶片的上色为例讲解黏土花上色的技巧。

上色颜色选择

上色颜料可以选择与叶片底色同色系的。如叶片本身的颜色为酒红色，因此我们可以选用红色系的颜料。

上色顺序

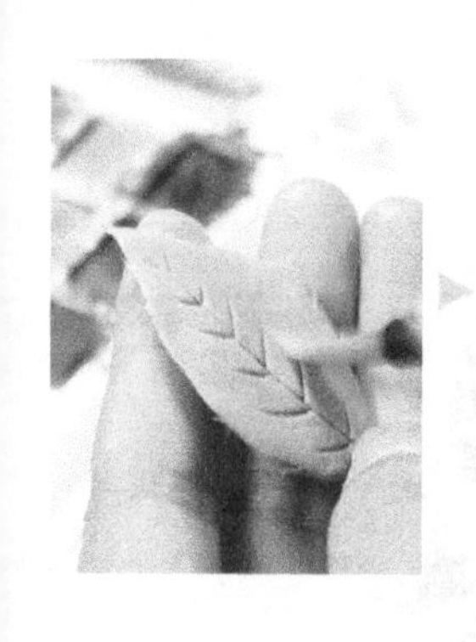

上色时通常按照由浅到深的顺序进行。因为浅色容易被深色覆盖，深浅颜色衔接处的混色也可以产生自然过渡的效果。

如给叶片上色时，先用浅色铺满叶片，再用深色在叶脉部分进行叠色。

第三章　从制作黏土花小饰品开始

本章中，我们利用黏土花制作基础技巧，从制作不同形式、不同风格的简单花艺小饰品入手，逐步学习如何制作形态各异、漂亮的黏土花。

头花·可爱多肉头花

胖乎乎的小可爱静静地躺着，像熟睡中的宝宝，惹人怜爱。希望时间停下来，就这样静静地看着它，在喧嚣中感受难得的静谧时光……

头花造型不宜夸张，颜色要丰富，突出精致小巧的特点。制作头花时要先选择好固定花材的主体，然后再进行整体制作。

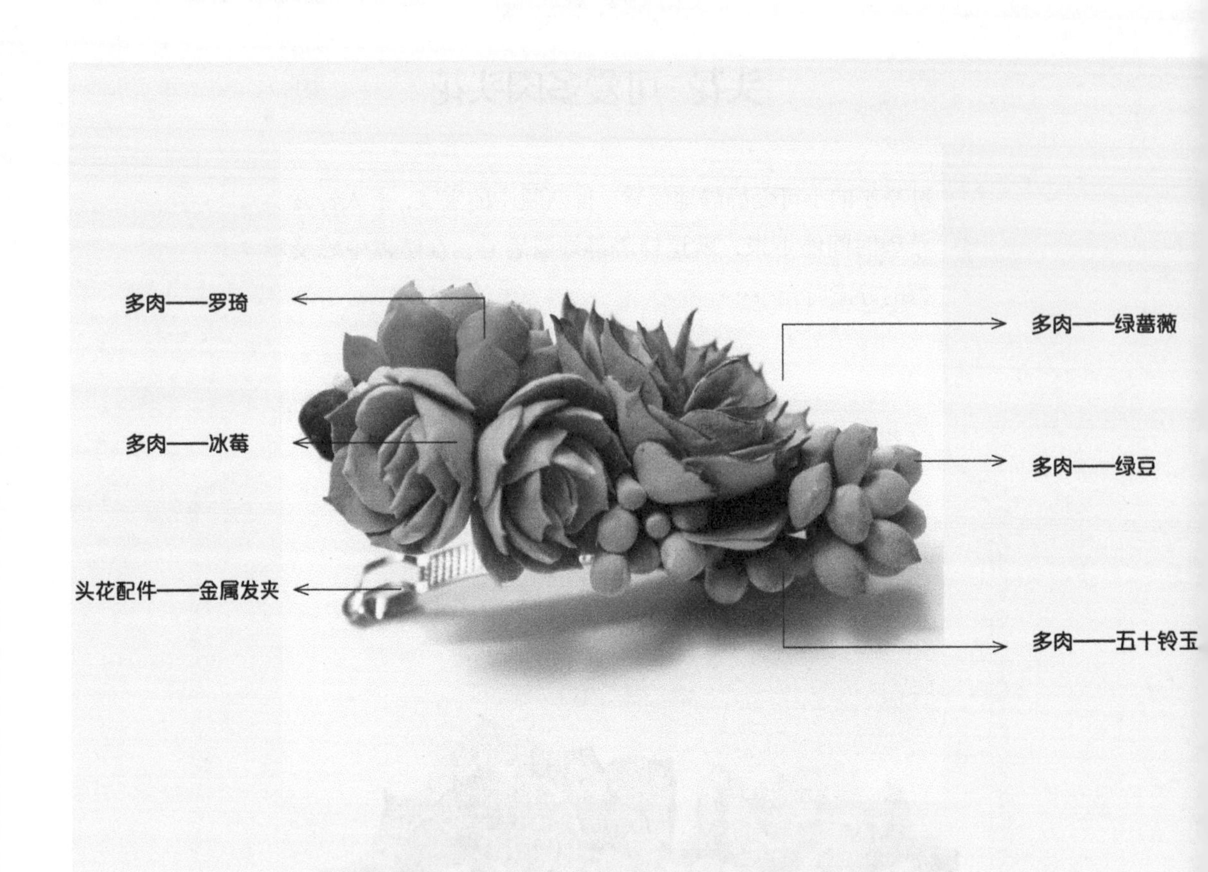

本案例选用色彩丰富、种类繁多的多肉植物作为花材，用金属发夹做固定主体。绿蕾薇被其他多肉簇拥包围着，小巧时尚，非常可爱。头花里的黄色小花可以根据个人喜好随意添加。

3.1.1 准备黏土和工具

准备黏土

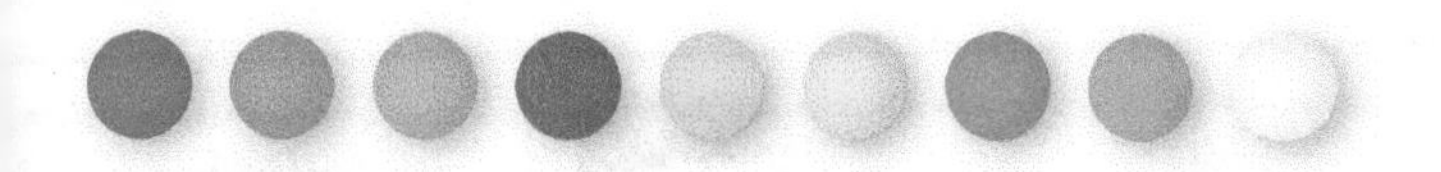

黏土的颜色仅是本案例示范展示的参考颜色，大家可以根据喜好自行配色。

准备工具及配件材料

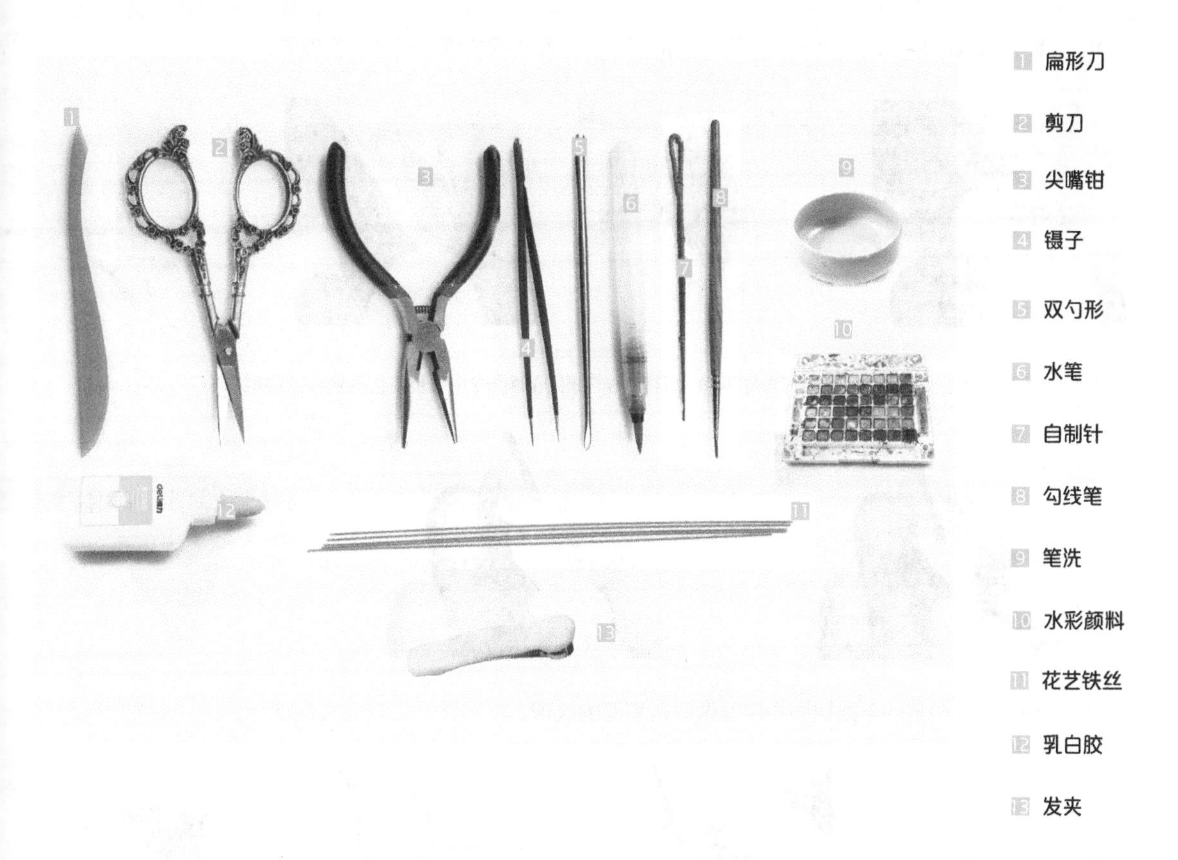

3.1.2 制作多肉

本案例有绿蔷薇、冰莓、罗琦、绿豆和五十铃玉这 5 种多肉植物，为了整体效果，在制作过程中对多肉的造型及色彩表现方面进行了改动。

绿蔷薇

绿蔷薇的叶片为卵形肉质，叶片较薄，并呈莲花状排列生长，表面内凹、背部微微凸起。叶片通常为绿色，叶缘呈紫红色，十分漂亮。

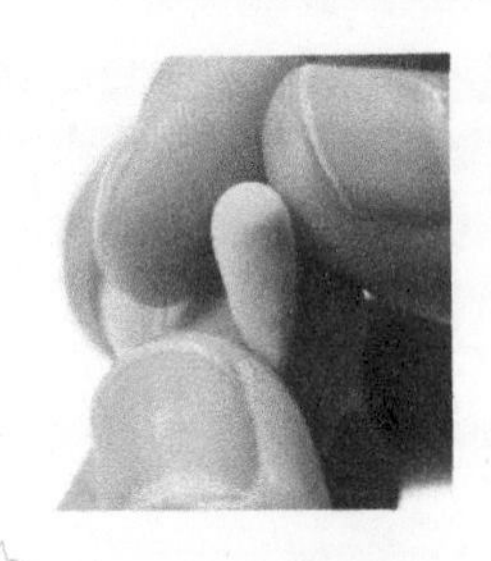
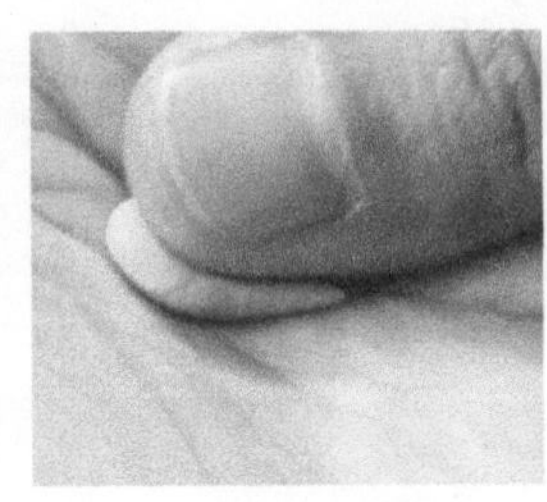
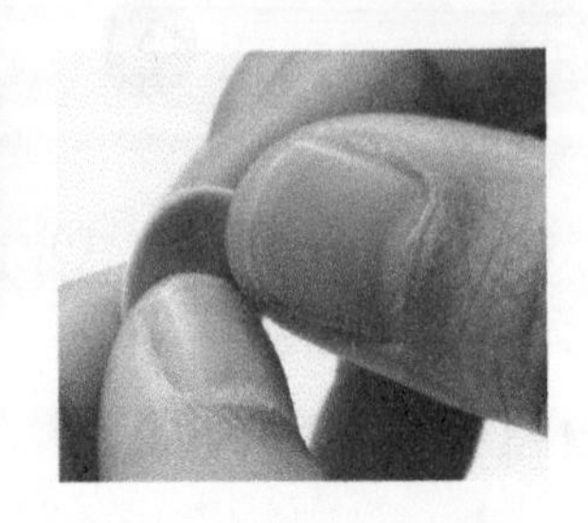
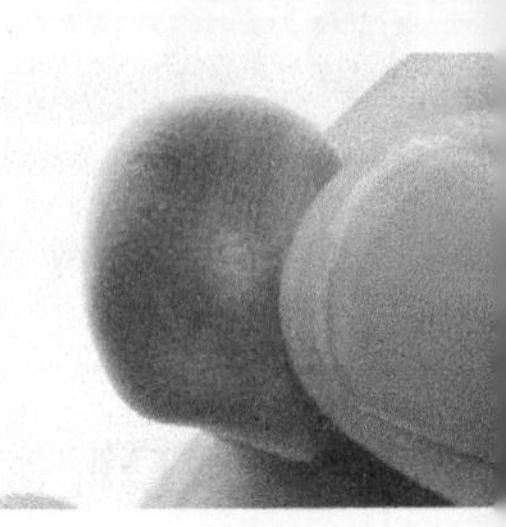

01 取适量绿色黏土搓成水滴状，用大拇指压扁后再反复捏成绿蔷薇叶片的外形。

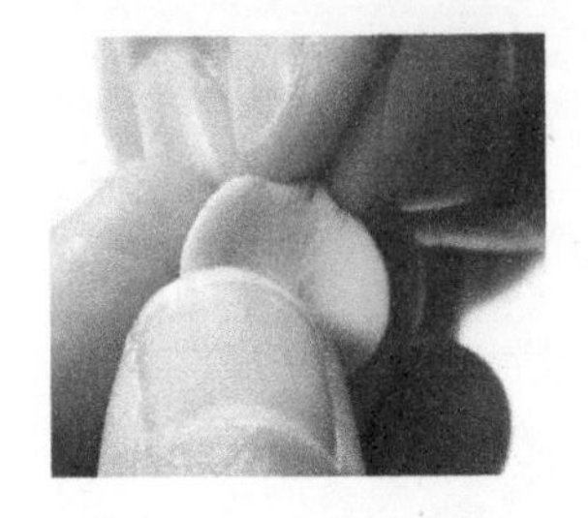
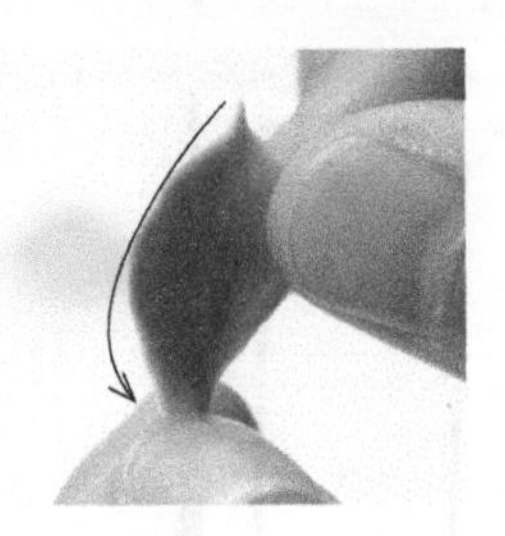
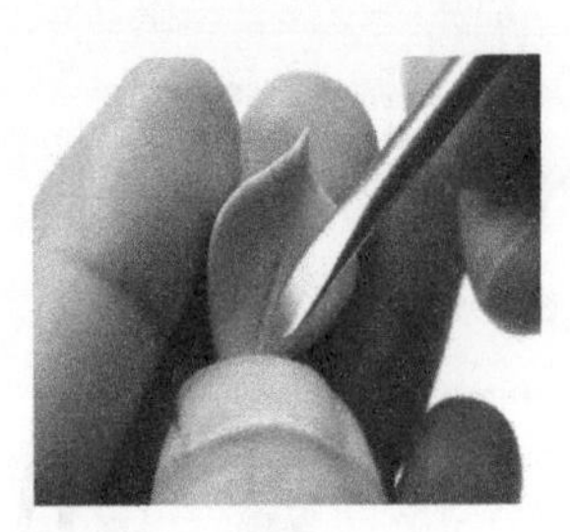

02 调整叶片的形状，使叶片向内弯曲，并用双勺形的侧面划出叶片上的竖向分割线。

03 分别用双勺形的平滑切面和侧面做叶片表面的纹理。

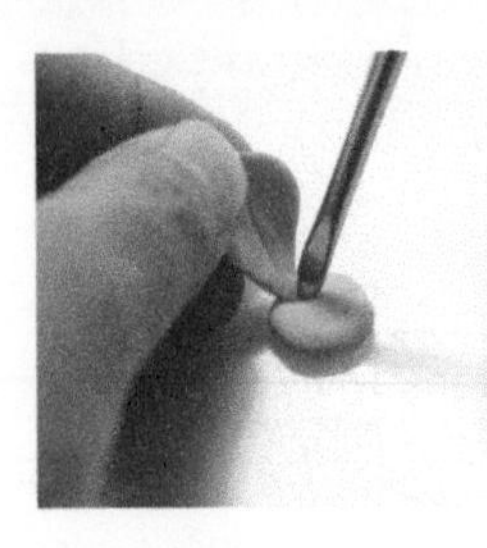

04 用绿色黏土做一个扁圆形的底座，在底座上粘上绿蔷薇的第一层叶片。

05 继续用同样的方法固定第二层和第三层叶片。

06 继续添加叶片，中心的叶片需要用镊子去固定。注意，多肉正中心的叶片形状呈两头尖中间圆的橄榄状。

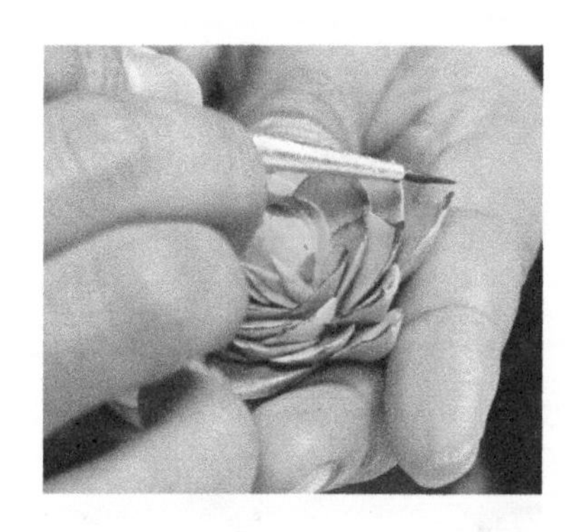

07 用水笔蘸取黄色水彩颜料给叶片上色，用勾线笔蘸取紫红色水彩颜料勾画叶缘及叶缘向下区域。

冰莓

冰莓的叶片为卵形肉质，叶片较薄并呈莲花状排列，通常呈粉红色，叶片外侧颜色最深。本案例中将冰莓的叶片做成了 3 种不同的颜色。

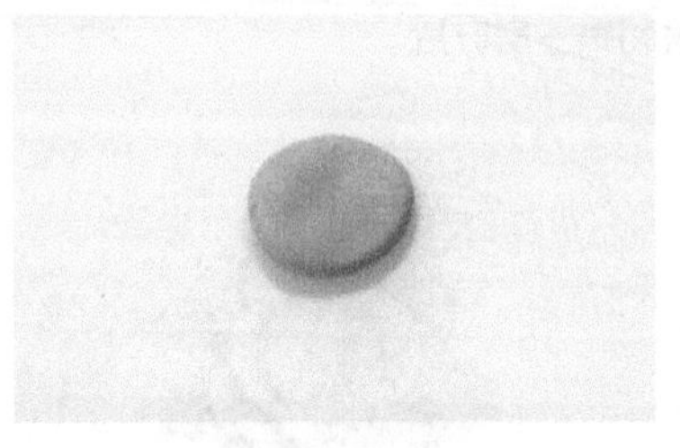

01 用粉色黏土制作冰莓的叶片和底座，并在底座上添加第一层叶片。

小贴士

案例中叶片颜色变化较为丰富，叶片颜色由粉红色逐渐过渡为浅绿色。

02 继续固定用黄色和绿色黏土做成的叶片，完成叶片的组合。

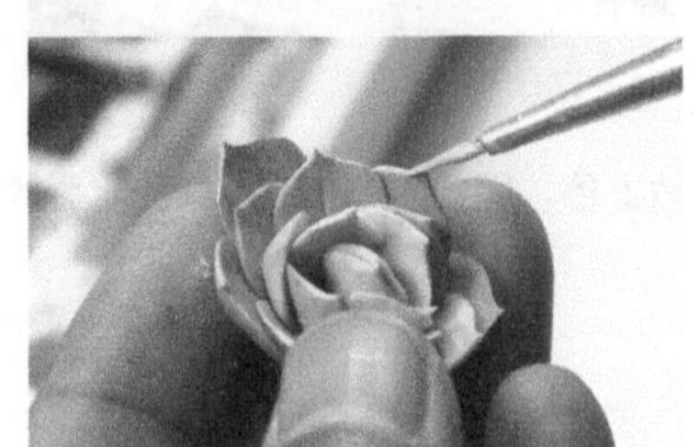

03 用水笔蘸取黄色水彩颜料给叶片上一层浅淡的颜色，最后用勾线笔蘸取白色勾画出高光即可。

罗琦

罗琦的叶片呈莲花状排列，为圆卵形，肉质肥厚饱满，叶面微微向内凹、背部凸起，有不明显的短叶尖。叶片呈浅绿色，成熟后叶片颜色逐渐变为橙红色。

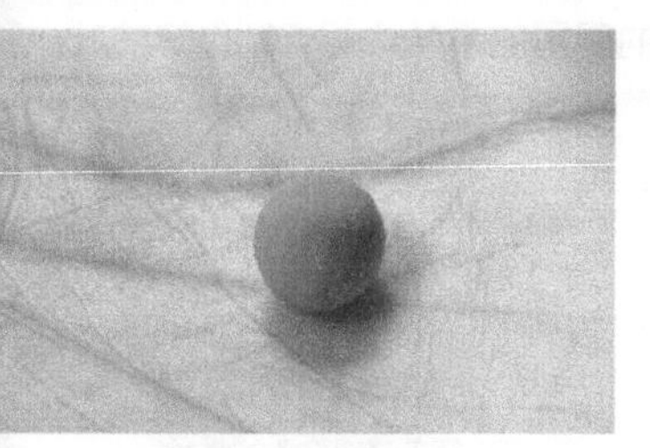
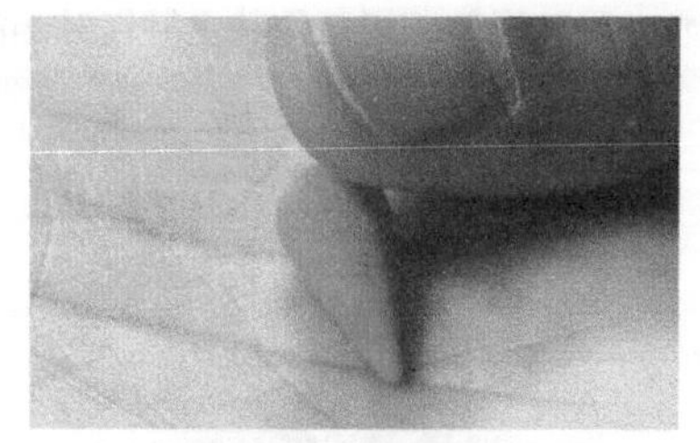

01 用手指按住橙色球状黏土的一端，慢慢揉搓成水滴状。

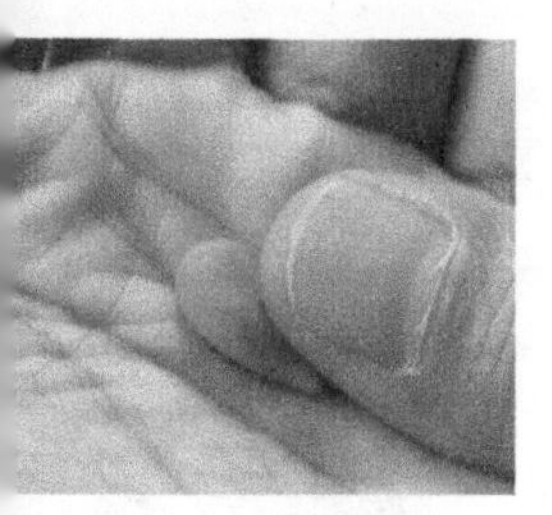
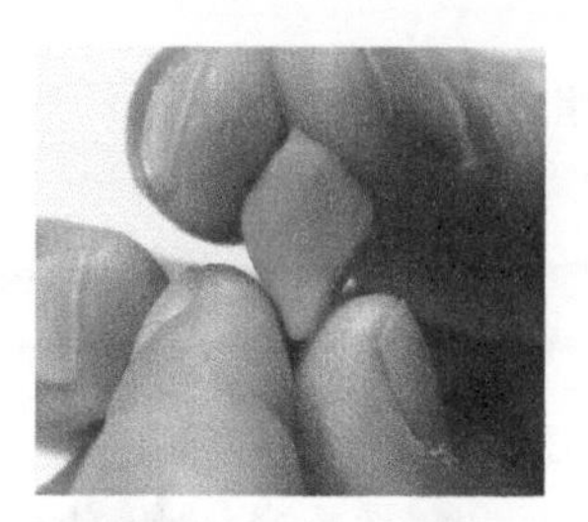
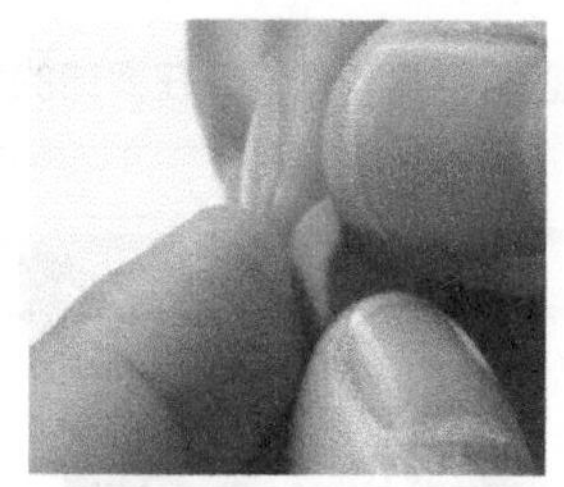

02 用大拇指把水滴状黏土向内压出一个弧面，用拇指和食指分别捏压、调整叶片外形，做出肥厚、带短叶尖的叶片。

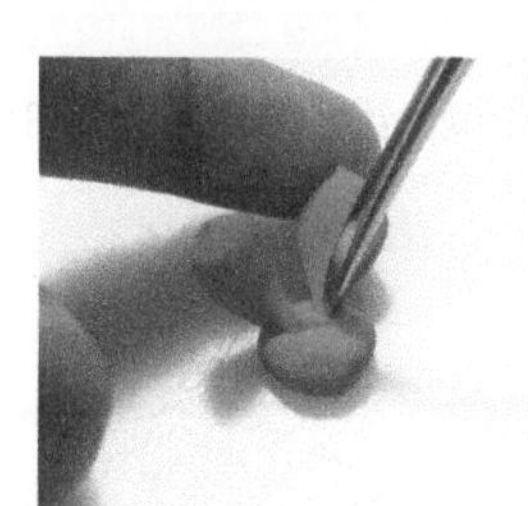

03 用橙色、橙黄色和黄绿色黏土分别做出如图所示的叶片，再用橙色黏土做出底托，并把做好的橙色叶片固定在底托上。

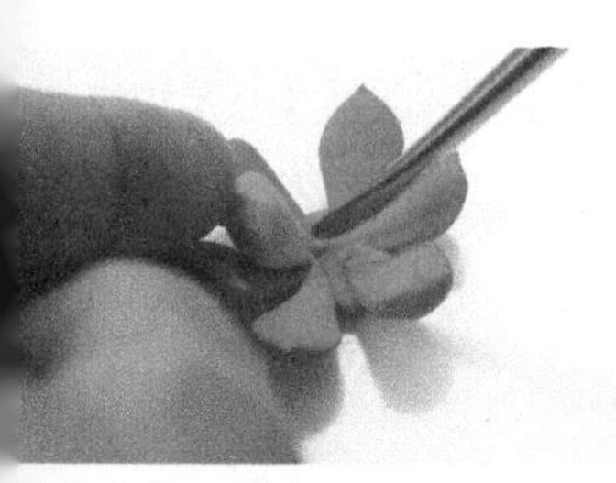

04 继续固定第二层橙黄色叶片。

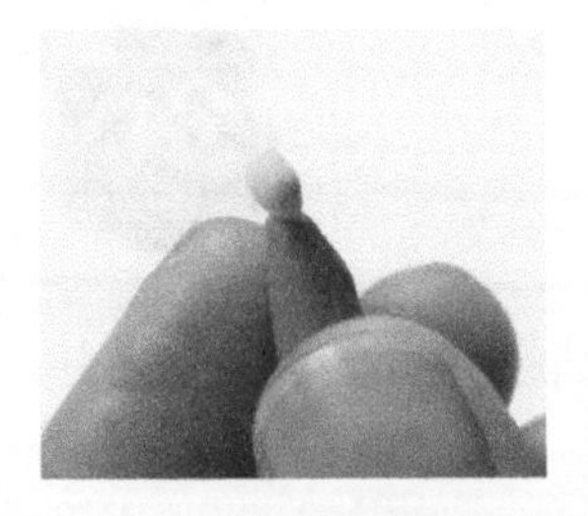
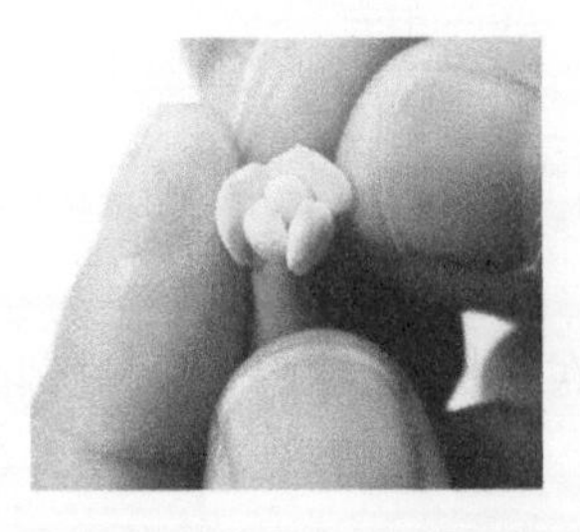
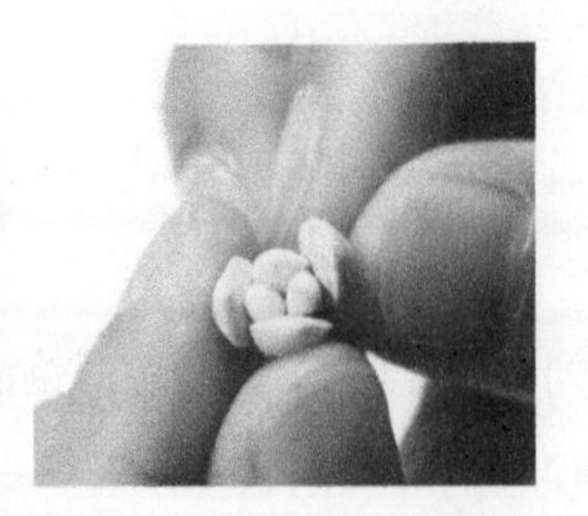

05 用嫩绿色黏土制作罗琦的叶心，用黄绿色和橙黄色黏土制作叶心的周围的小叶片，将制作好的叶心和小叶片固定在橙色黏土上。

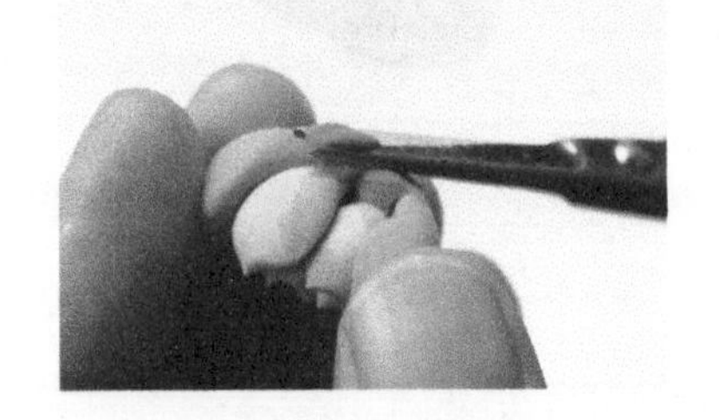

06 用剪刀把多肉底部修剪平整，并固定在罗琦的第二层叶片中间。

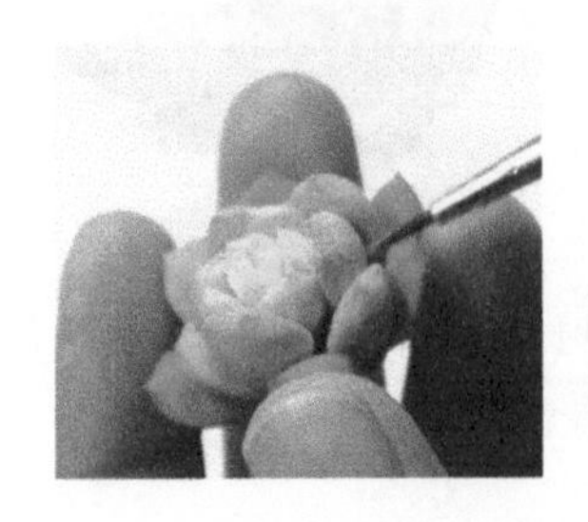
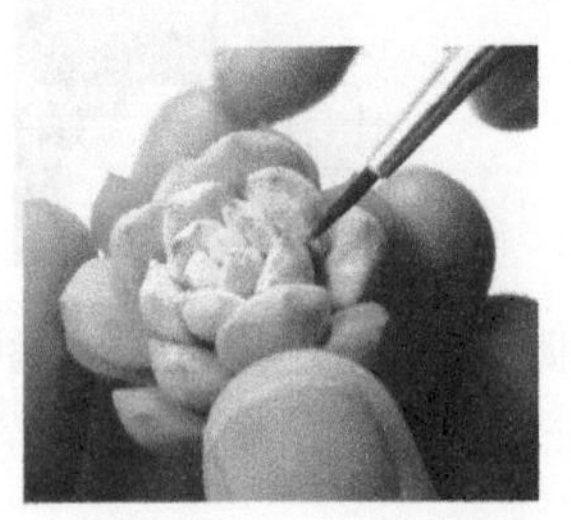
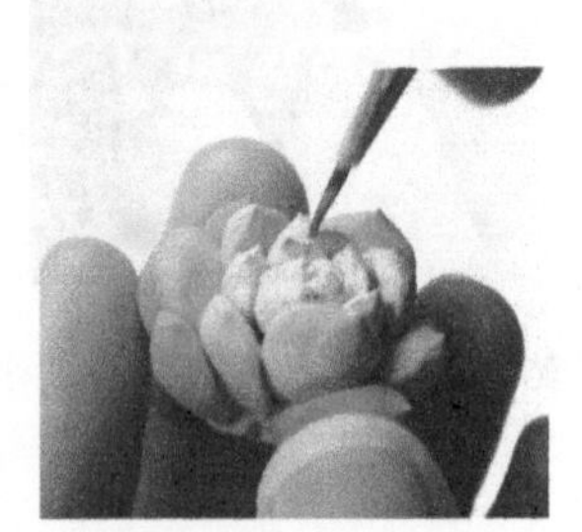

07 最后用绿色和红色水彩颜料给叶片上色，用白色水彩颜料添加高光。

绿豆

绿豆的叶片形态与罗琦基本相似，带有褐色的木质化根茎，叶片斜插在根茎顶部呈莲花状紧密排列。案例中制作的叶片，叶身带绿色并向浅橙色过渡，叶缘为橙黄色。

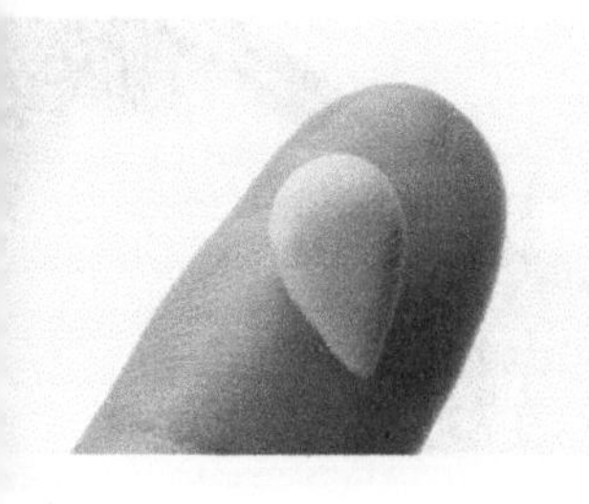

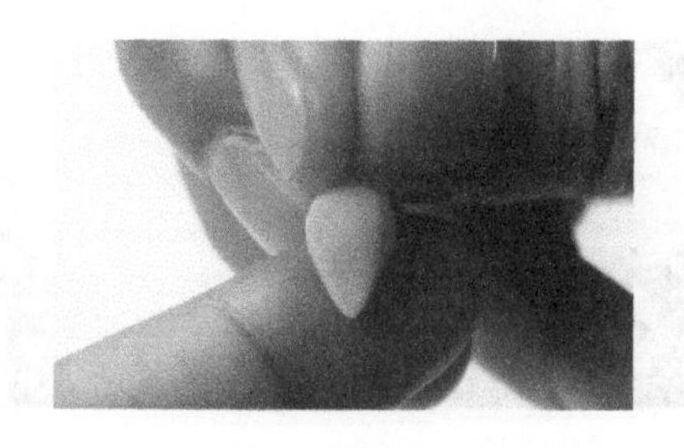

01 将浅橙色黏土搓出水滴状，用拇指指腹压出多肉叶片的弧面，再用手指捏出叶尖。

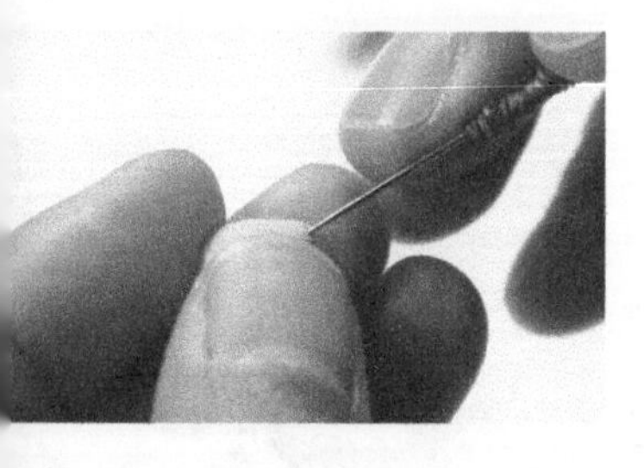

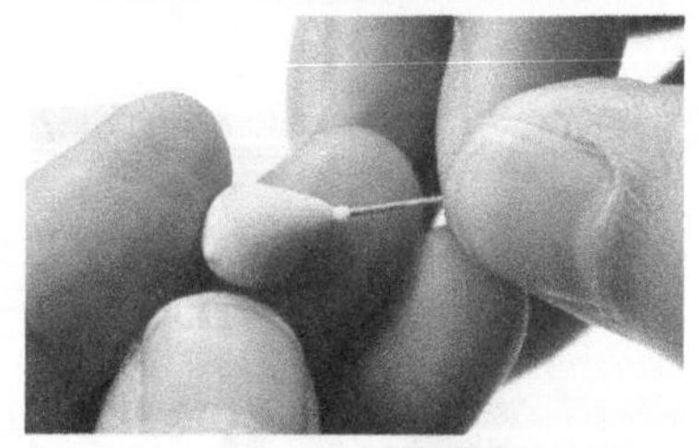

02 用自制针在叶片的底部戳一个洞，并插入一端涂有乳白胶的花艺铁丝。

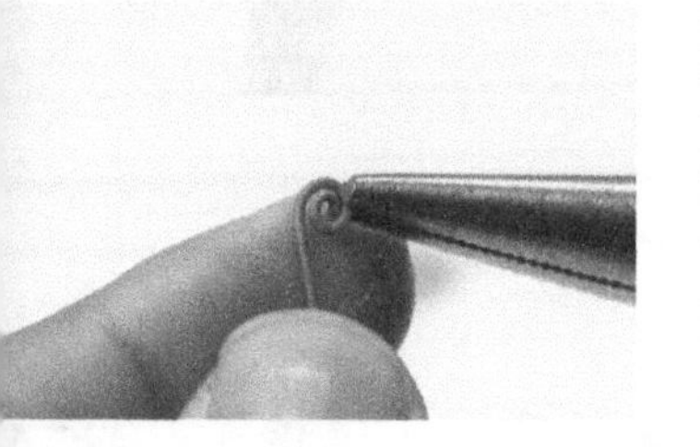

03 用尖嘴钳把花艺铁丝的一端盘成蚊香形状，作为绿豆的底托。

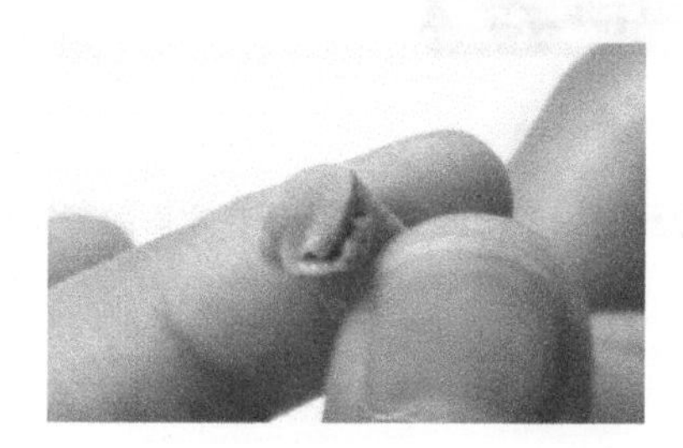

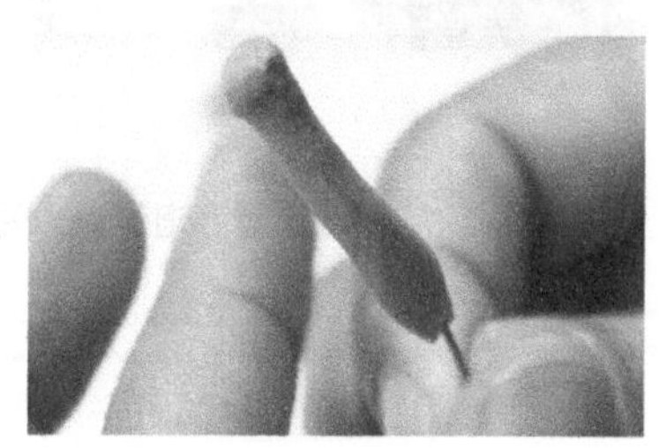

04 先给底托涂上乳白胶，然后裹上褐色黏土，再用手捏出柱状的根茎。

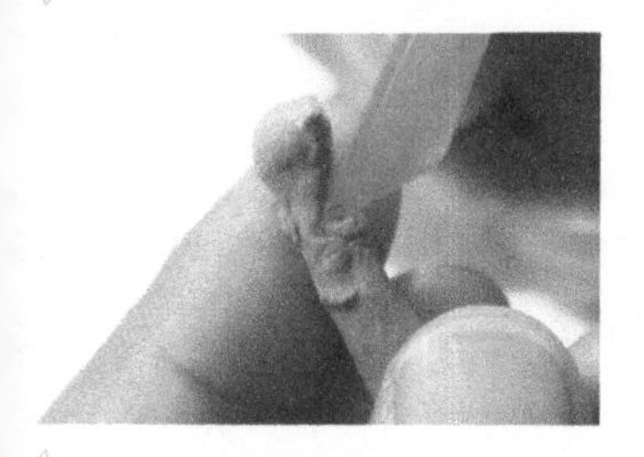

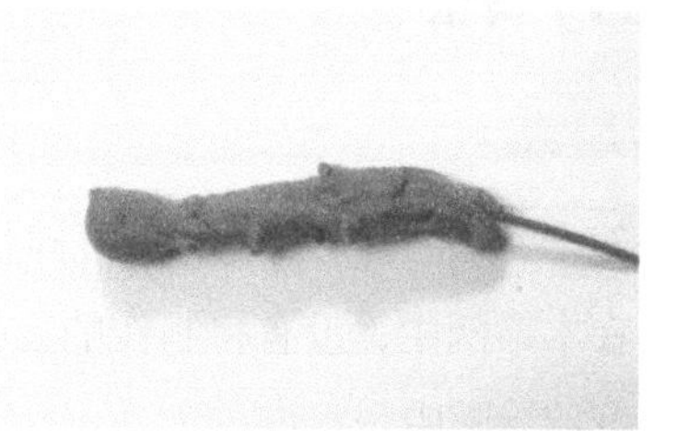

05 用扁形刀做出根茎表面凹凸的肌理效果。

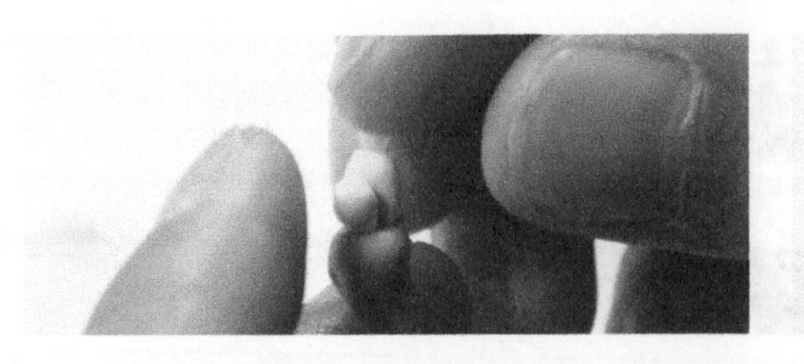

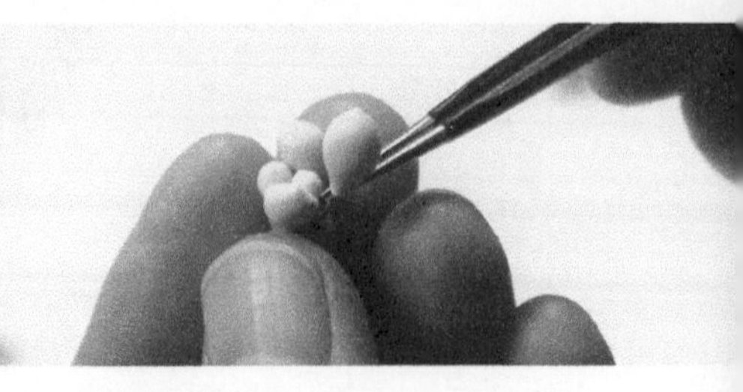

06 在嫩绿色黏土中混少许白色黏土，捏 5 片小叶片并插在根茎的顶端。

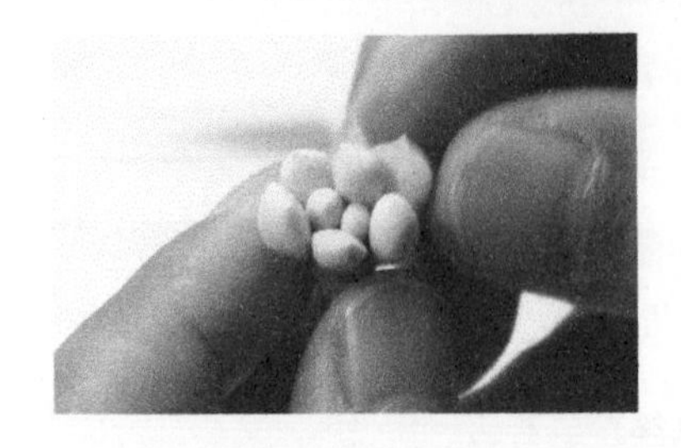

07 把做好的其余叶片依次固定在根茎上，注意随时调整造型。

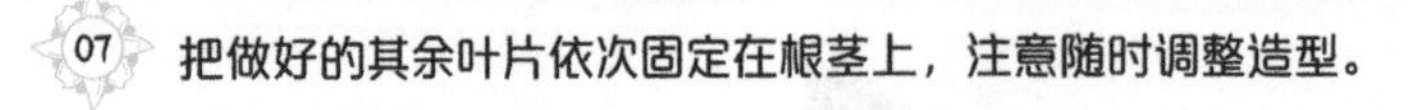

08 最后用勾线笔蘸取橙黄色水彩颜料给多叶片上色，用白色水彩颜料添加高光。

五十铃玉

五十铃玉的叶形奇特，呈棍棒状，其顶端粗圆，底部细尖，叶片为淡绿色，可用来制作精美的盆景。在本案例中，没有将制作的五十铃玉叶片进行整体组合，这些叶片将在头花组合时插入其他多肉之间的缝隙中。

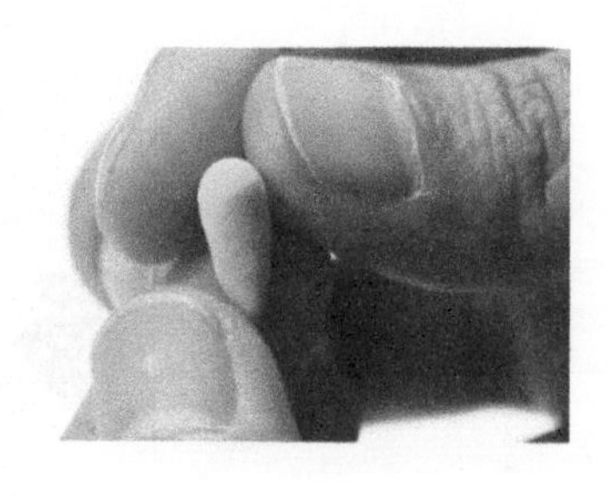

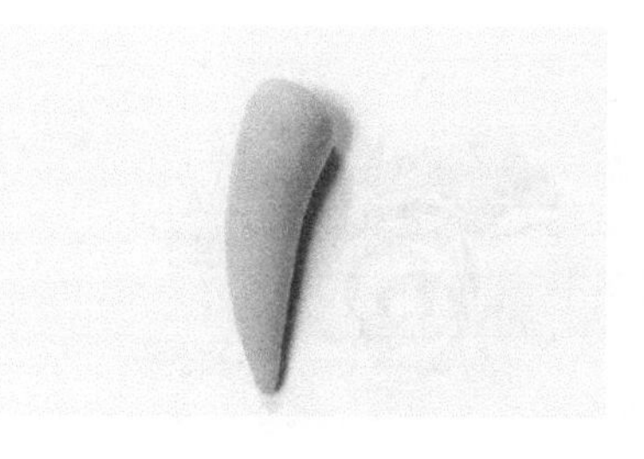

在绿色黏土中混入白色黏土，调出淡绿色黏土，用手捏出牛角状的叶片。

3.1.3 组合头花

多肉：绿蔷薇、冰莓、罗琦、绿豆、五十铃玉

头花配件：发夹 1 个

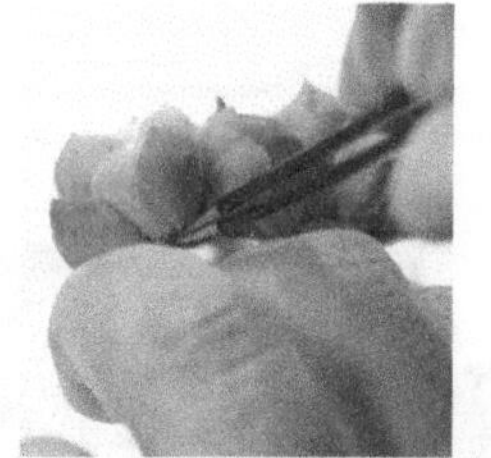

01 在多肉的底部分别涂上乳白胶，给金属发夹背面包一层白色黏土，用镊子将多肉粘在发夹上。

02 继续将剩余的多肉粘在发夹上，要注意多肉在发夹上的粘贴位置。

03 在组合后的多肉缝隙中添加一些五十铃玉的叶片，让头花的整体造型显得更加饱满和美观。

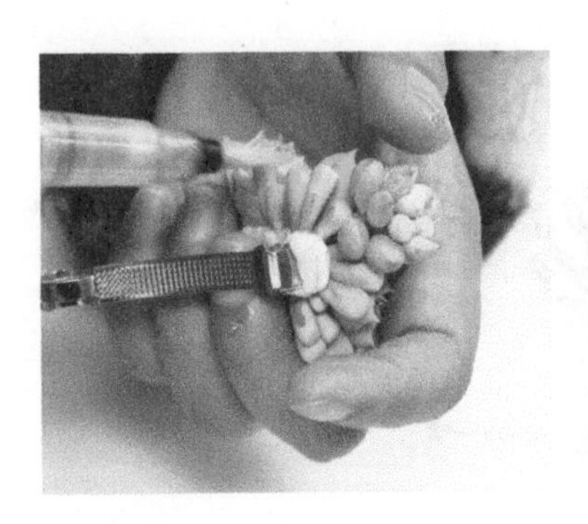

04

最后用水笔分别蘸取绿色和黄色水彩颜料给多肉头花整体上色，再用黑色把发夹上的白色黏土涂黑即可。

胸花·浪漫奥斯汀玫瑰胸花

纯洁美丽的奥斯汀玫瑰，用一种独特的形式向人们展现它的美。它的美是极致的，充满了浪漫情调与高贵气质，俘获着人们的心……

胸花是在特殊场合佩戴在胸前的小饰品，造型小巧、精致。制作前，先确定胸花的具体造型，再进行整体色彩搭配和花材选择。

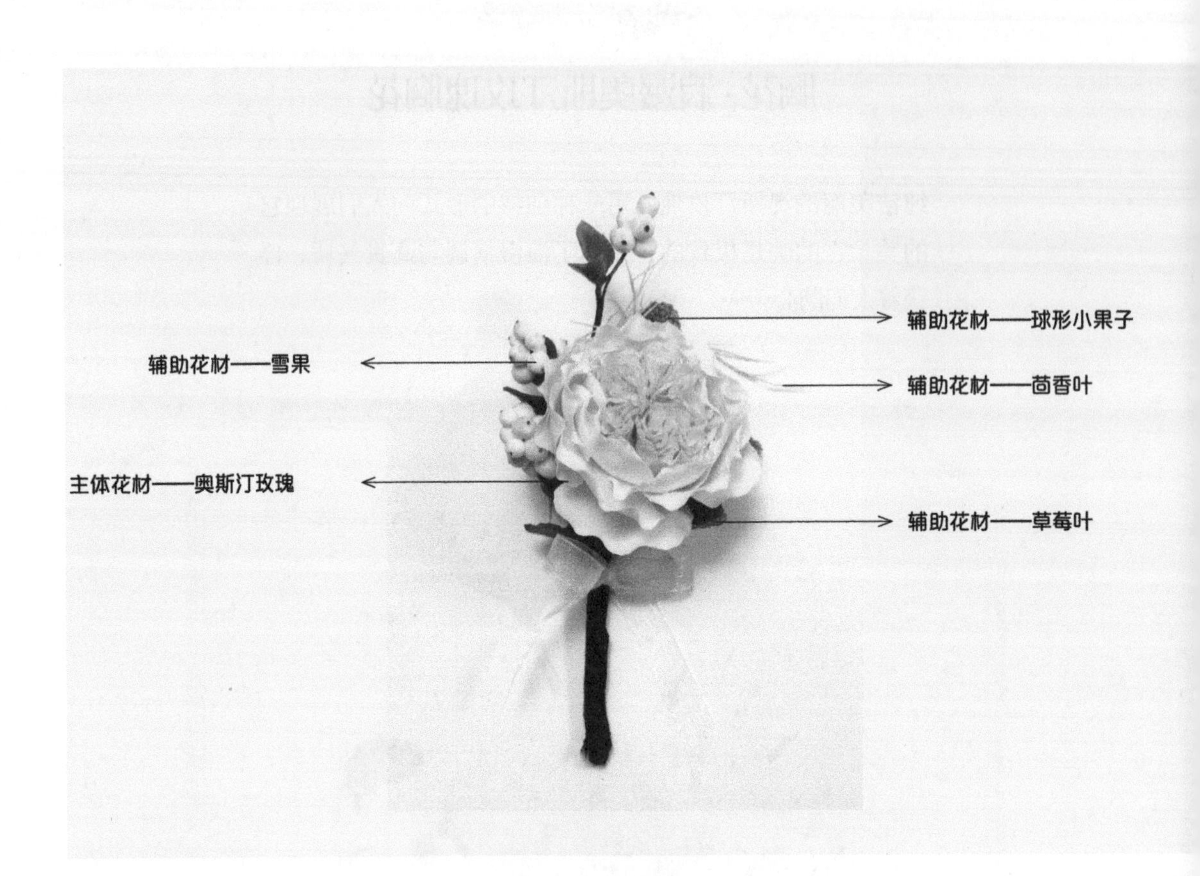

胸花色彩需根据不同场合进行设计。比如，婚宴佩戴的胸花色彩艳丽夺目；庄重场所佩戴的胸花颜色要素雅端庄。

案例中制作的胸花浪漫淡雅，整体色调上没有过于艳丽的颜色。浪漫的奥斯汀玫瑰，搭配奶白色的雪果、翠绿的球形小果子和草莓、茴香叶片，使胸花显得既高雅又浪漫。

3.2.1 准备黏土和工具

准备黏土

准备工具及配件材料

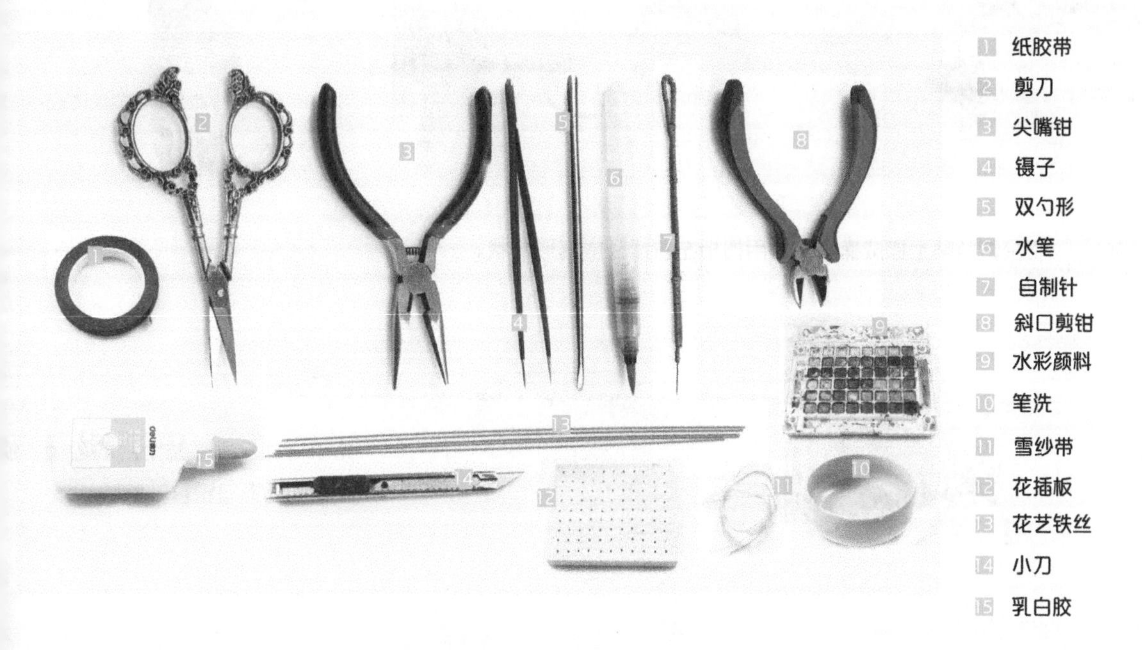

主:

. 作者在制作黏土花时使用了粗、细不同的两种花艺铁丝，我们在制作时，只需用类似粗细的花艺铁丝即可。

. 纸胶带和雪纱带可选用自己喜欢的颜色。在本书中，作者用了深绿色和咖啡色的纸胶带，而雪纱带则用了白色和深绿色。其他案例同理。

3.2.2 制作主体花材

奥斯汀玫瑰

制作时先从奥斯汀玫瑰花心开始制作，然后制作包裹花心的外层花瓣，再进行花朵的组合。

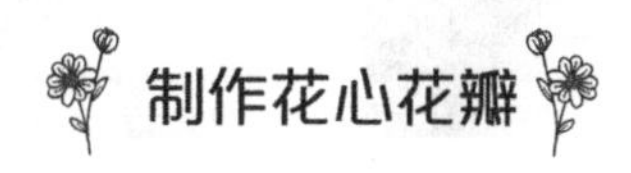

制作花心花瓣

奥斯汀玫瑰的花心是由花瓣层层包裹组合而成，花瓣的大小要有变化，外形也可做适当变形处理。案例中展示了花瓣两种外形的制作方法，花瓣的外形可参考实物进行调整。

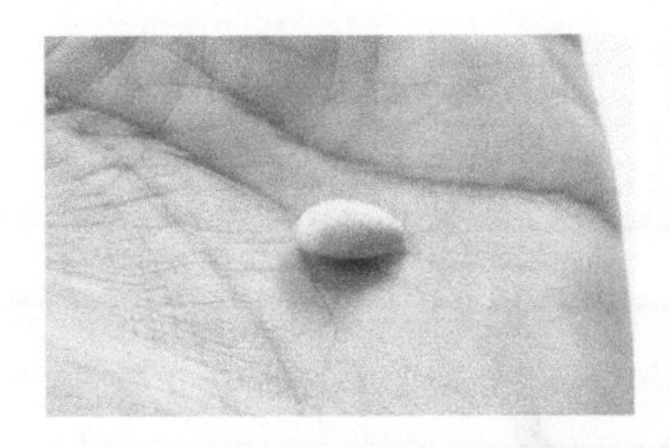
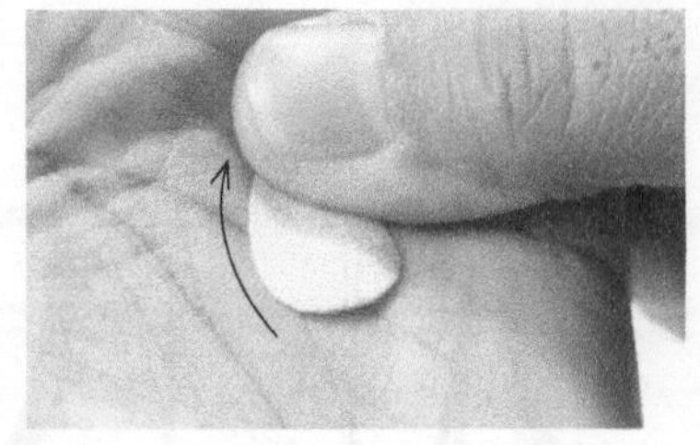
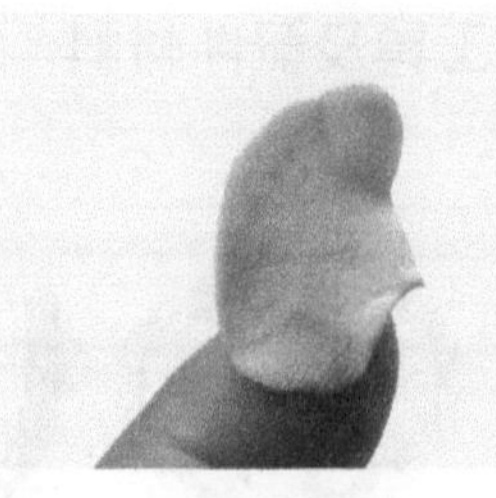

01 将金黄色黏土搓成椭圆状，用拇指左右揉开成扇形形状。

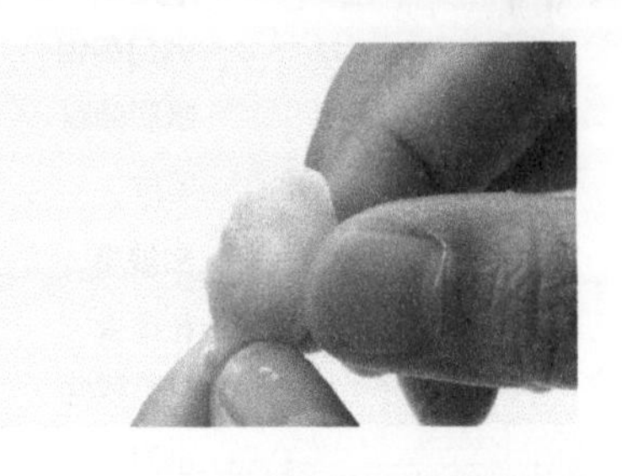
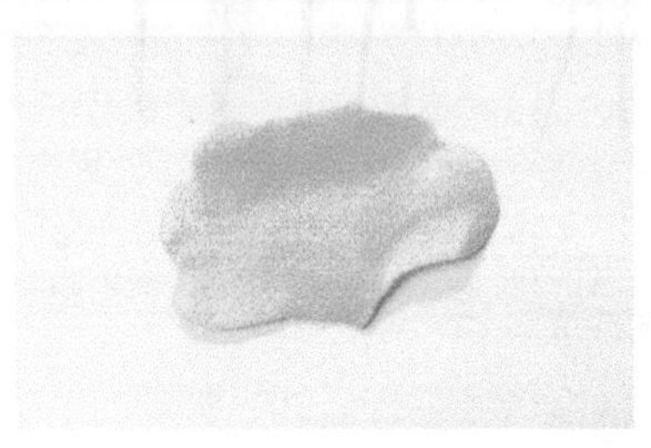

02 用手指揉捏扇形黏土片的边缘，使花瓣的外形呈银杏叶状。

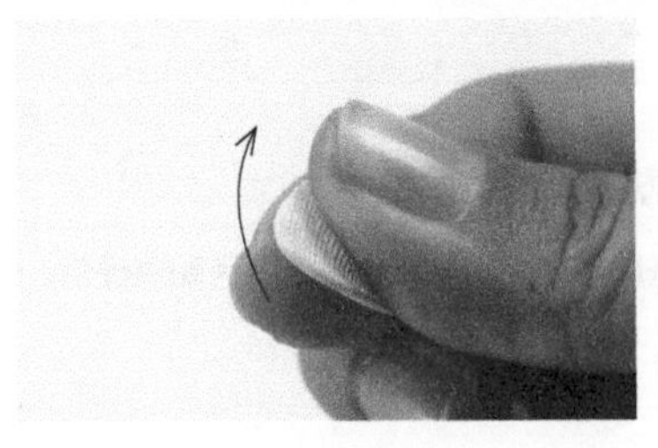
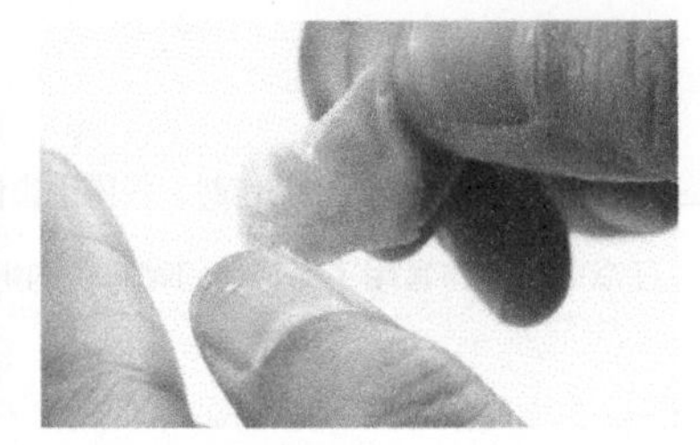
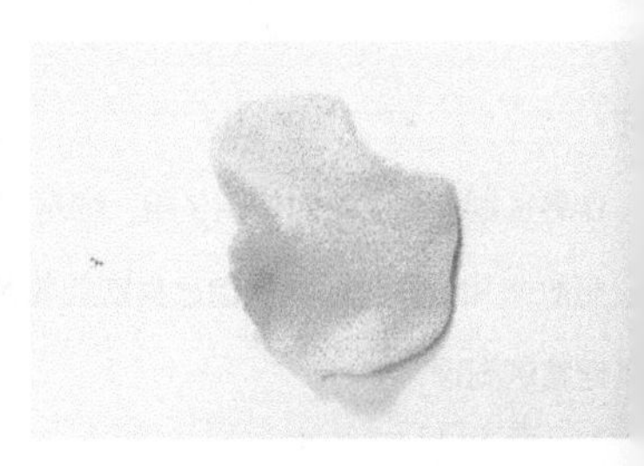

03 将适量金黄色黏土放在食指上，用拇指向右揉开，做成长片状的花瓣。

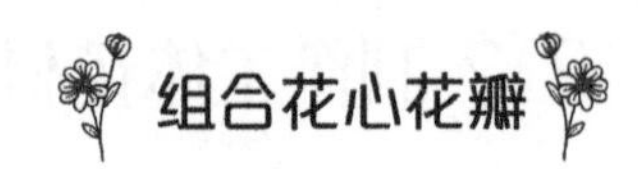

组合花心花瓣

组合花心时，将花瓣对折后按从小到大的顺序层层叠加即可。

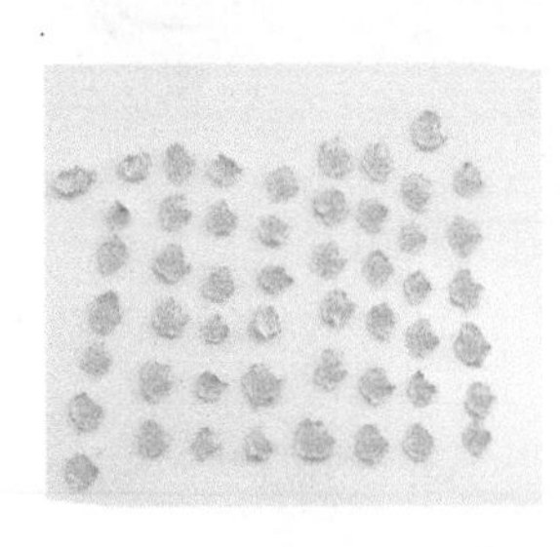
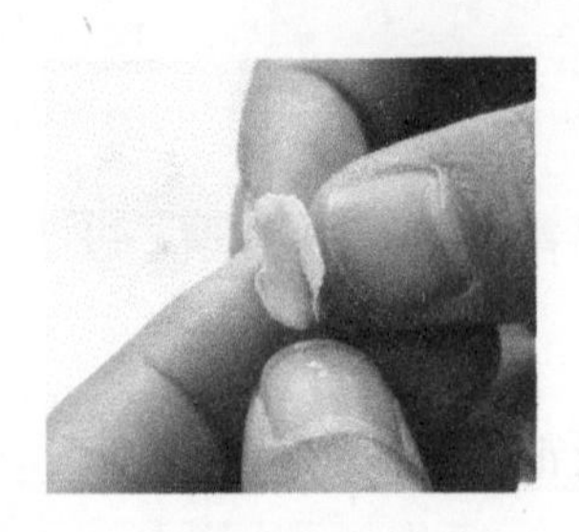
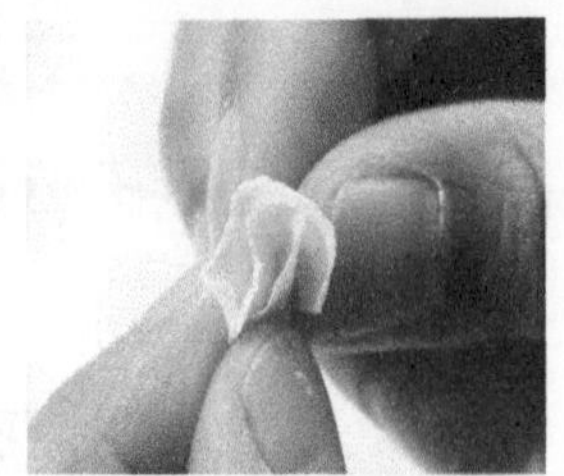

01 准备 50 片左右的花瓣片，扇形花瓣和长片状花瓣各一半。先将一片小花瓣对折，再用一片稍微大的花瓣把对折后的小花瓣包住，层层叠加 6~7 片即可。

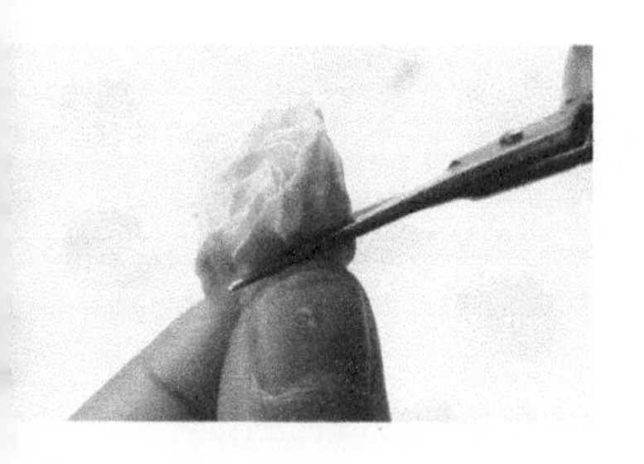

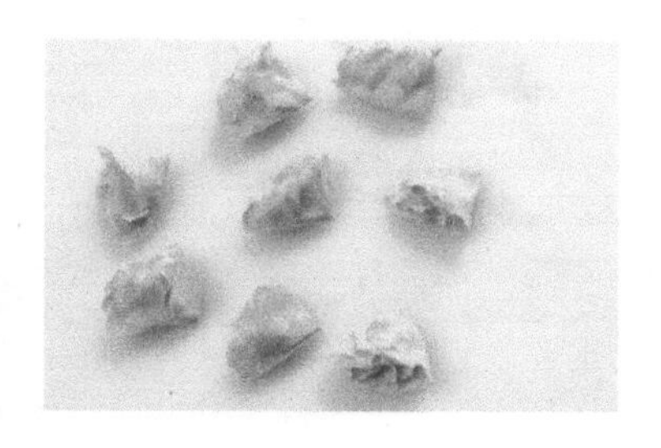

02 用剪刀把花瓣的底部修剪平整，使之能更好地固定在底托上，用相同的方法制作 8 组花瓣。

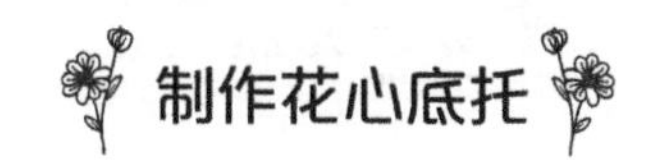

制作花心底托

根据花心的形状和大小确定花心底托的样式和大小。

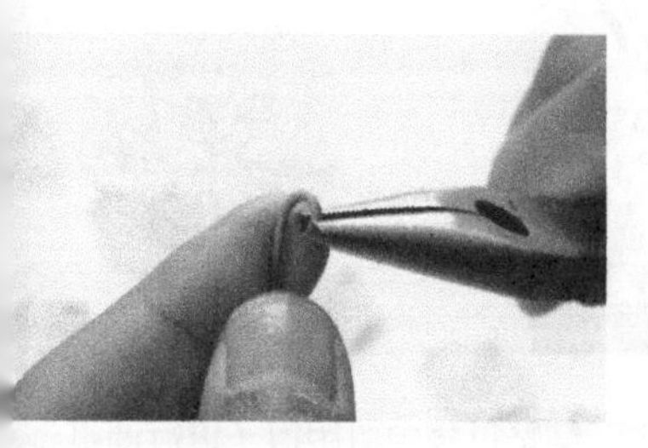

01 将粗一点的花艺铁丝用尖嘴钳卷出类似蚊香形的圆盘。奥斯汀玫瑰的花心呈椭圆形，因此将花心底托的形状做成圆形。

小贴士

可根据制作的花材大小选用合适的花艺铁丝，制作花型较大的花心底托时，要选用粗一点的花艺铁丝，制作小一点的花心底托或树枝等辅助花材，就要选用细一点的花艺铁丝。

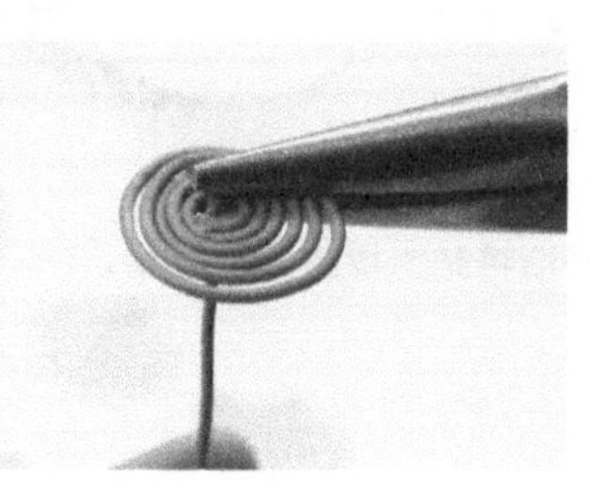

02 把铁丝的另一端穿入圆盘的中心，用尖嘴钳拉紧固定后涂上乳白胶。

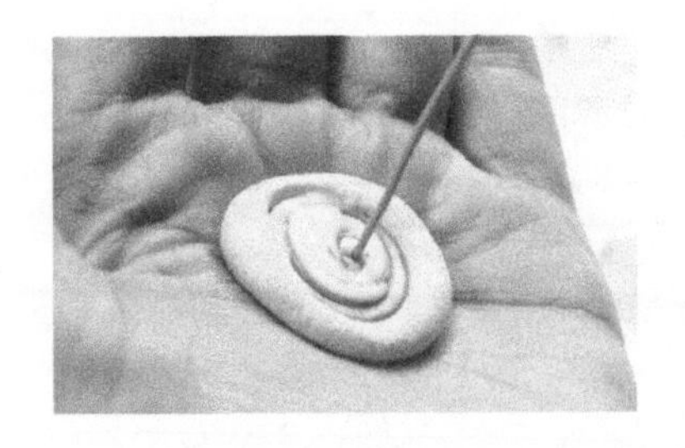
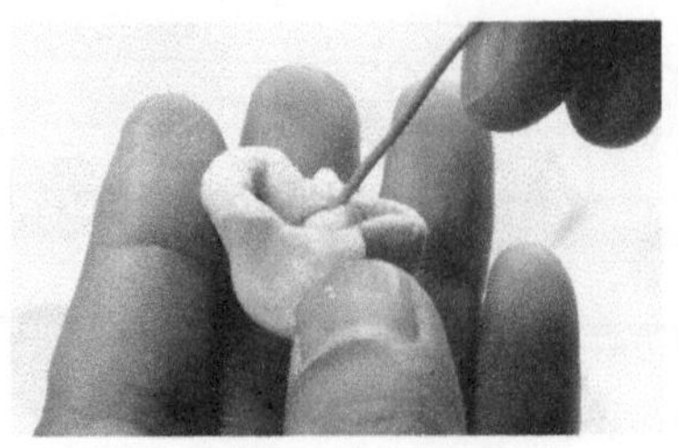

03 用金黄色黏土包裹花心底托。

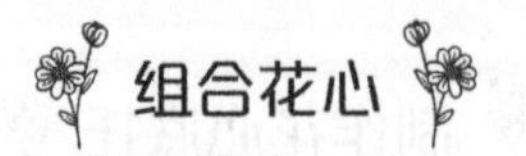

组合花心

奥斯汀玫瑰绽放时，花心的花瓣会整齐排列，显得特别优雅。

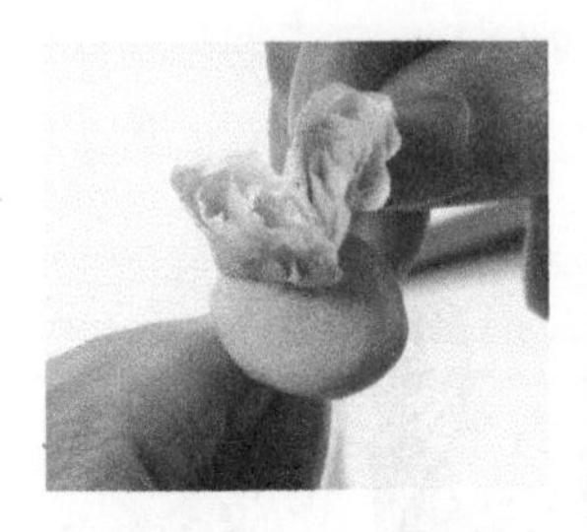

将做好的花心底托插在花插板上，把做好的 8 组花瓣依次固定在花心底托上。粘贴过程中可用镊子进行调整。

制作外层花瓣

奥斯汀玫瑰外层花瓣的体型比较大，边缘薄，有明显的波浪弧度，显得十分美观。

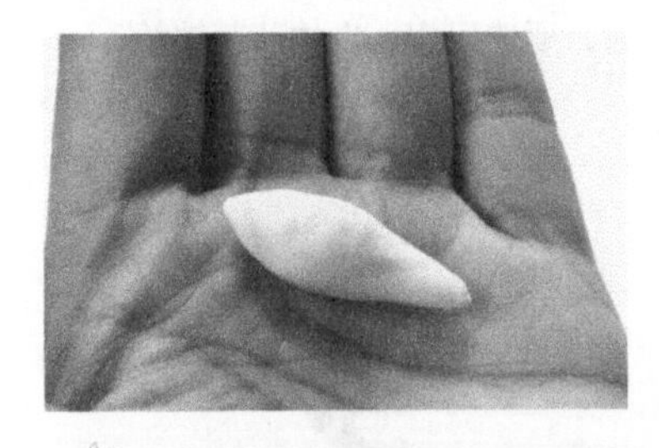
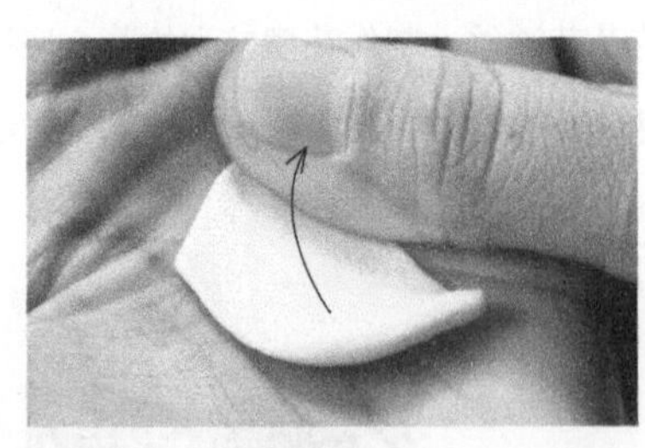
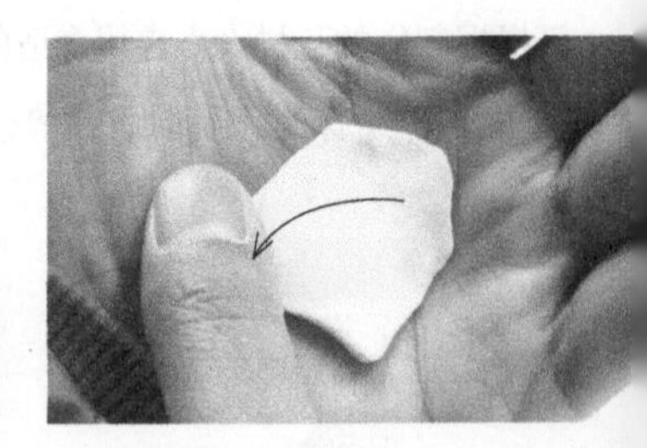

01 将肉色黏土搓成水滴状，用拇指将黏土揉成扇形形状。

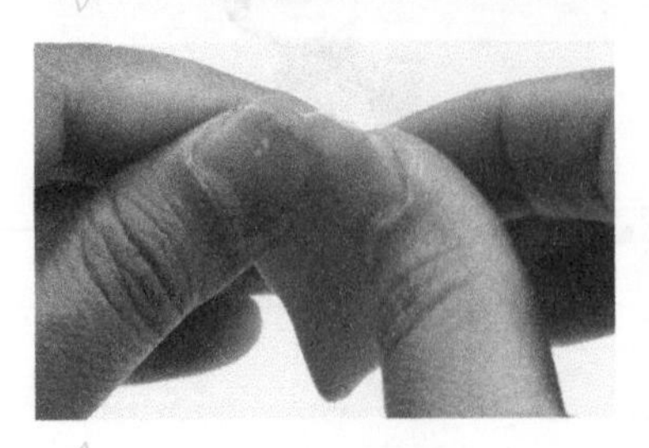
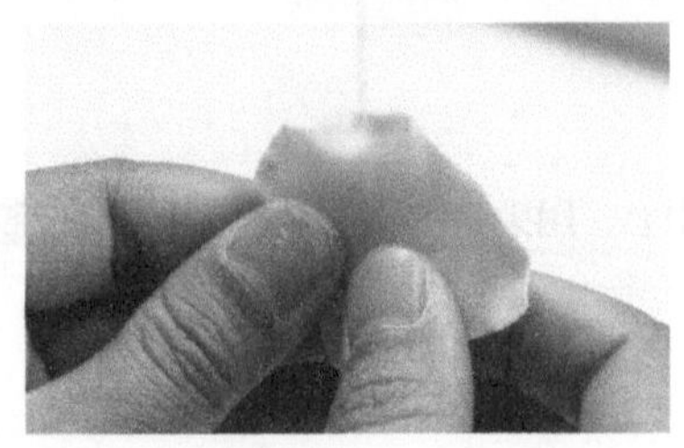

02 用双手揉搓扇形黏土片的边缘和中心等位置，捏出奥斯汀玫瑰的花瓣形状。

03 将花瓣包在金黄色花心的外面，要沿着花心的外形包裹，最里层花瓣要紧贴花心表面。

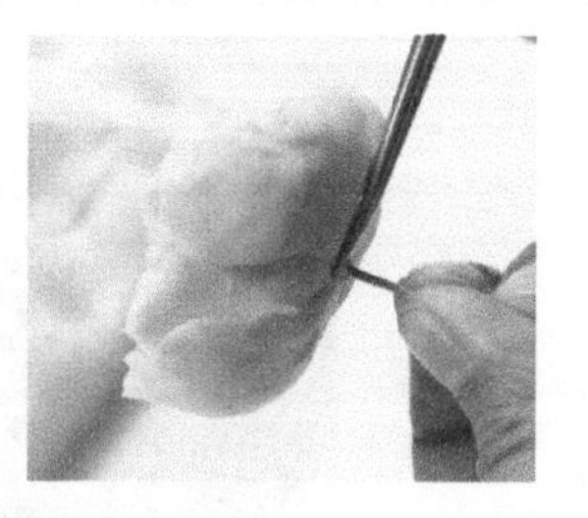

04 继续添加 3~4 层花瓣，然后用双勺形的平滑切面对花朵底部进行调整。

3.2.3 制作辅助花材

球形小果子

制作球形小果子时，要把小果子的底托搓成椭圆形的球状。

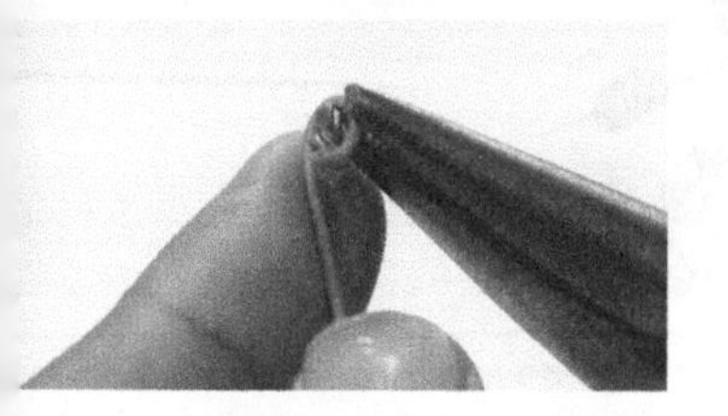

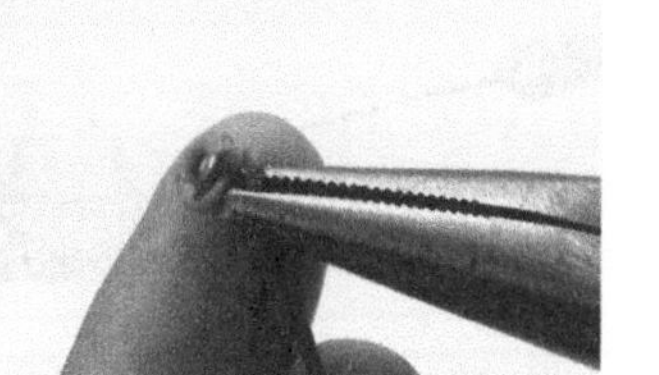

01 用尖嘴钳将花艺铁丝拧成弹簧状。

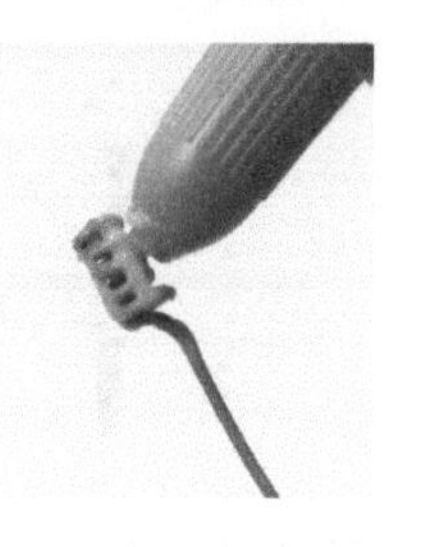

02 给弹簧状的花艺铁丝涂上乳白胶，并用深绿色黏土包裹，将包裹后的底托搓成椭圆形的球状。

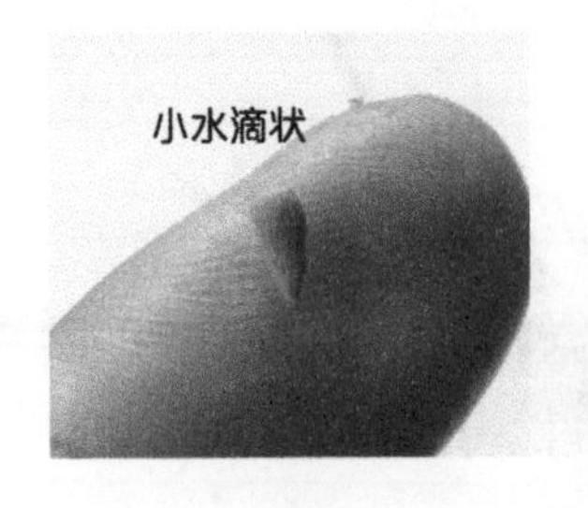

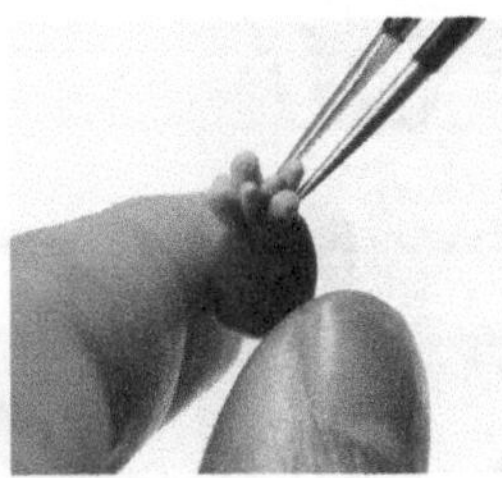

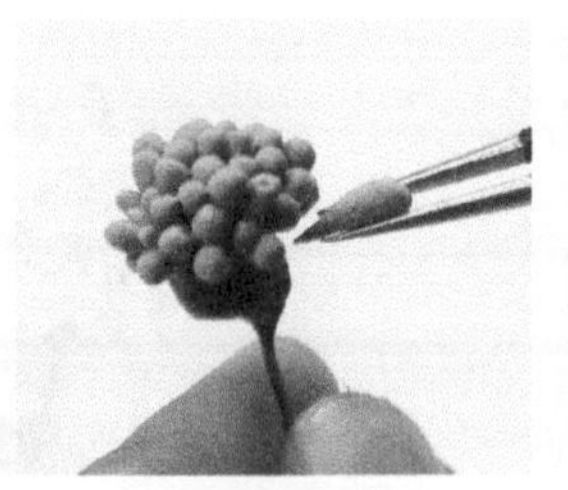

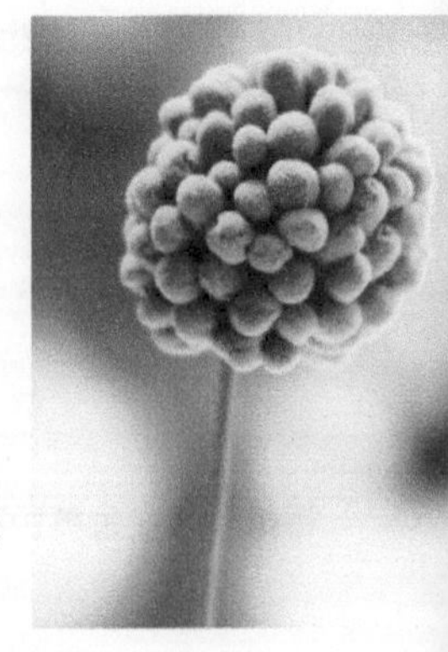

03 取少量绿色黏土并搓成小水滴状，在水滴黏土一端涂上乳白胶，用镊子将其固定在底托上。用相同的方法做成一颗饱满的球形小果子。

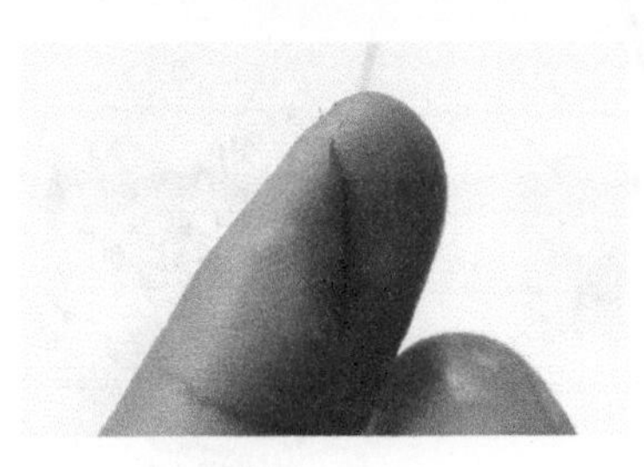

04 取少量深绿色黏土搓成叶片形状粘在球形小果子底部。最后在果子的表面涂一层黄绿色的水彩颜料即可。

雪果

雪果的叶子两头尖、中间圆，边缘光滑无锯齿。制作雪果时，需要在花艺铁丝表面涂上乳白胶，然后再用黏土包裹。

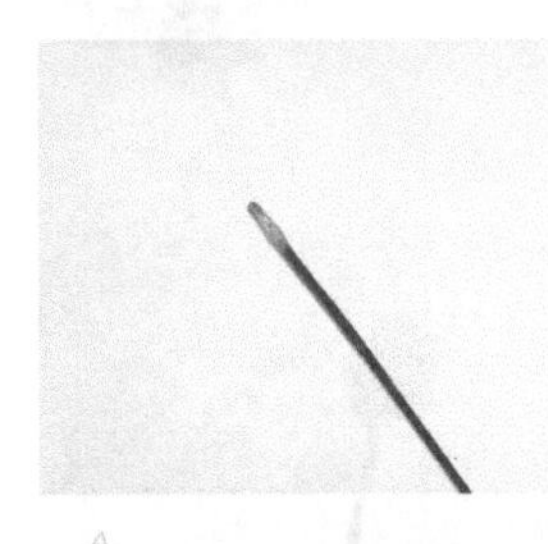

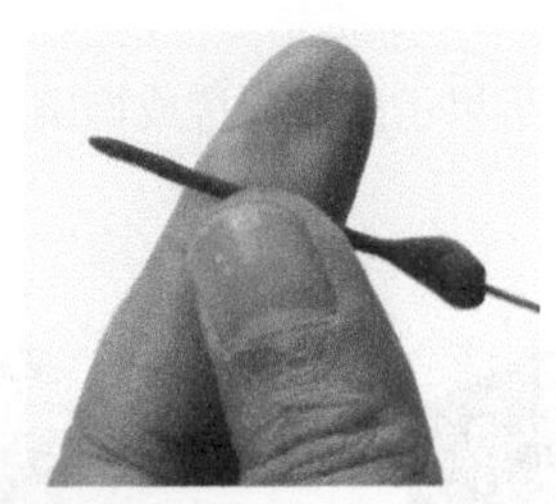

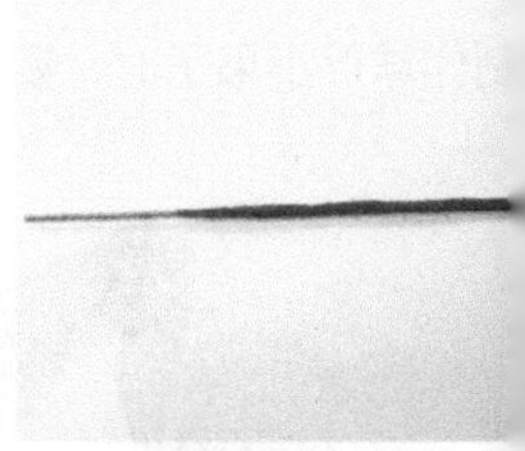

01 剪一截细一点的花艺铁丝，涂上乳白胶后用深绿色黏土包裹。

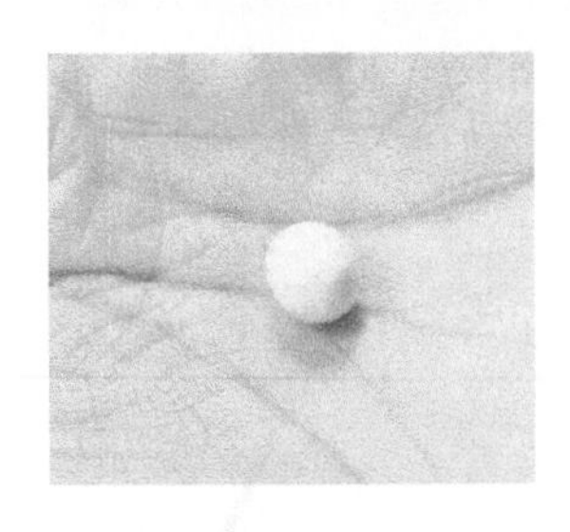

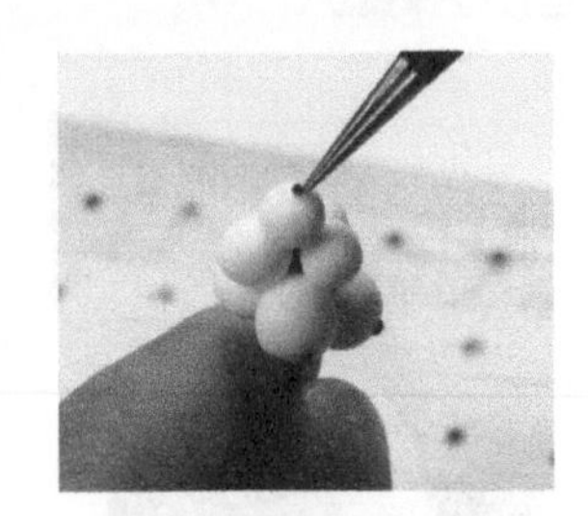

02 将做好的雪果树枝固定在花插板上，把白色的球状雪果粘在树枝上，然后用镊子在雪果上点一颗黑色小点。

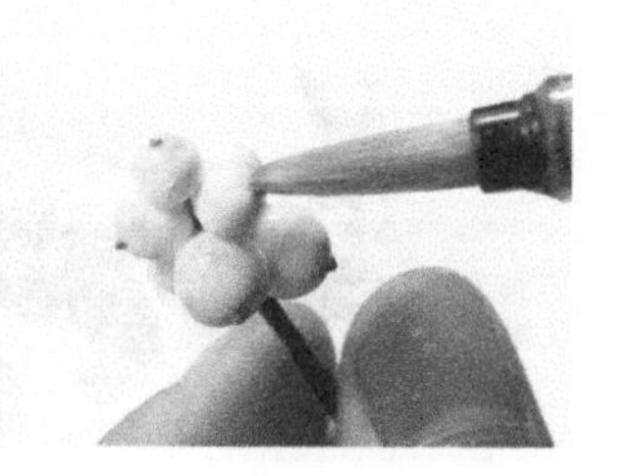

03 先用水笔蘸取白色水彩颜料给雪果涂一层白色，然后再涂一层浅浅的粉色。

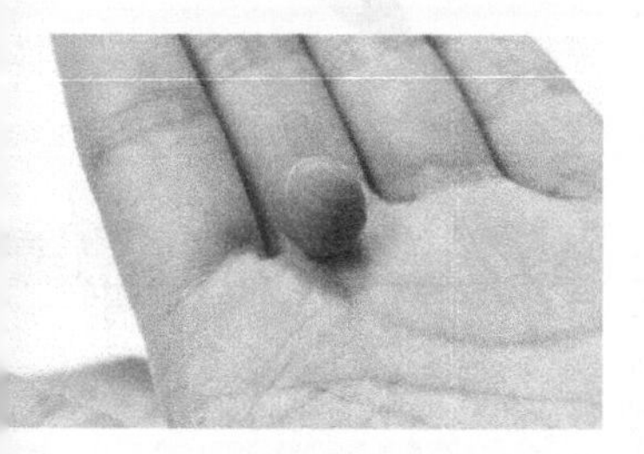
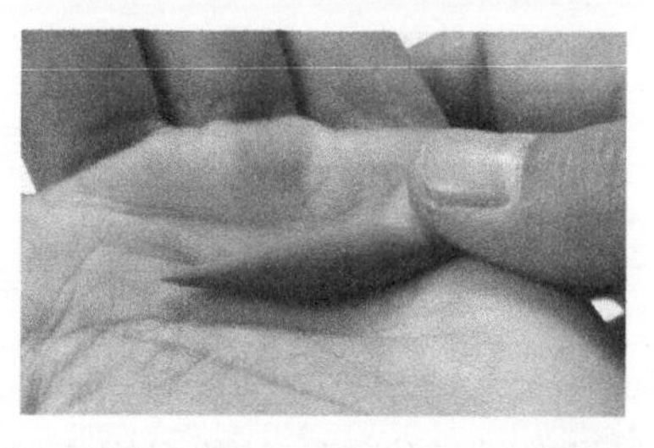

04 将深绿色黏土搓成球状，用拇指按住圆球搓成两头尖、中间圆的橄榄球形状。

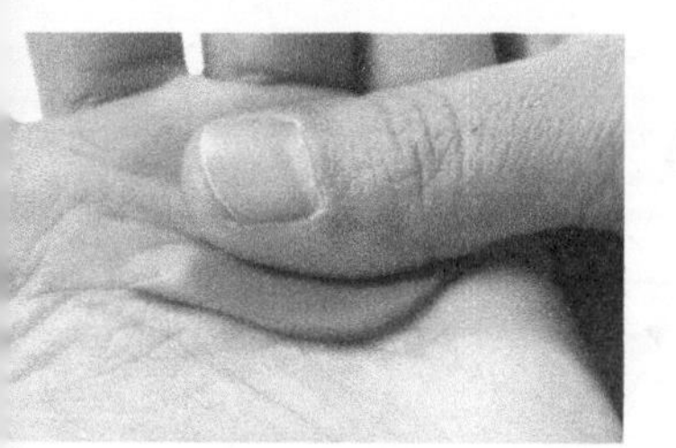

05 用拇指指腹把橄榄球形状的黏土压扁，再用手指反复按压，捏出雪果叶片的外形。

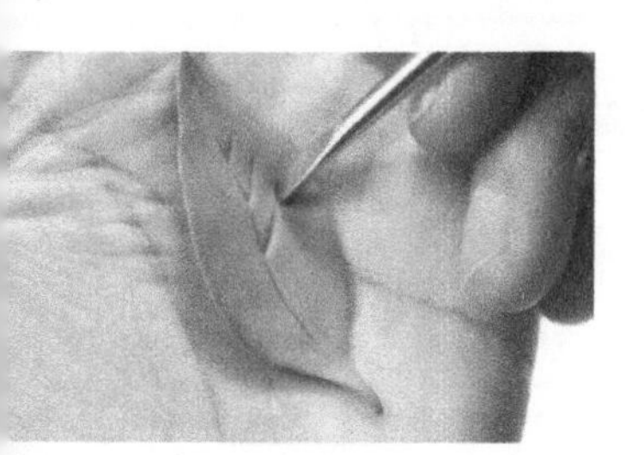
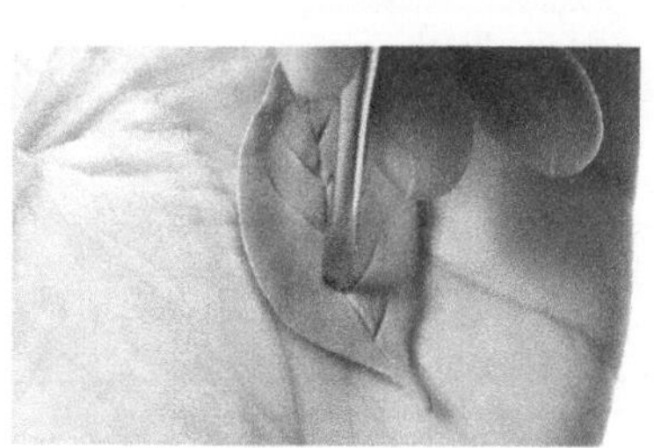

06 用双勺形的侧面划出叶片的叶脉。

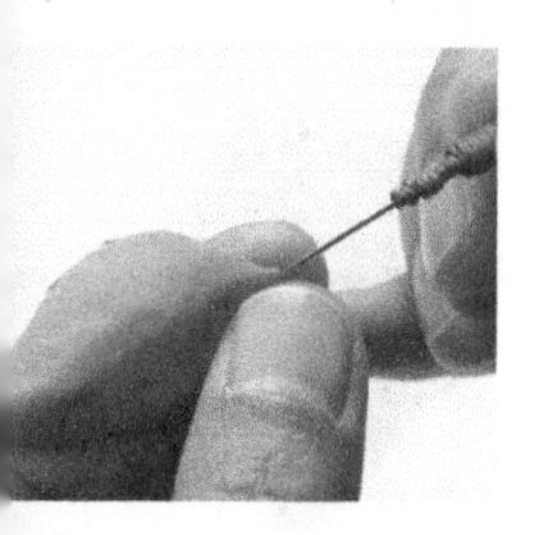
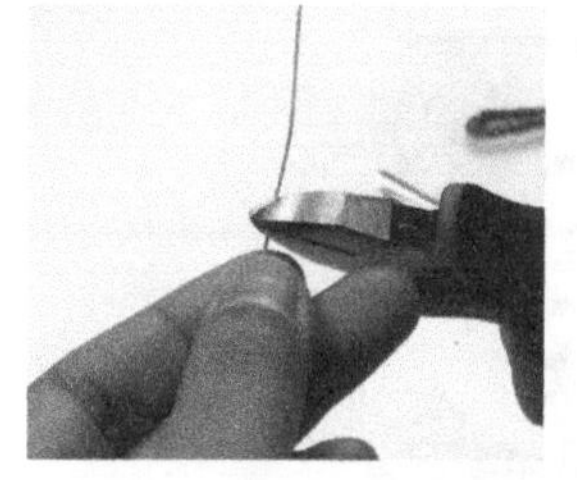
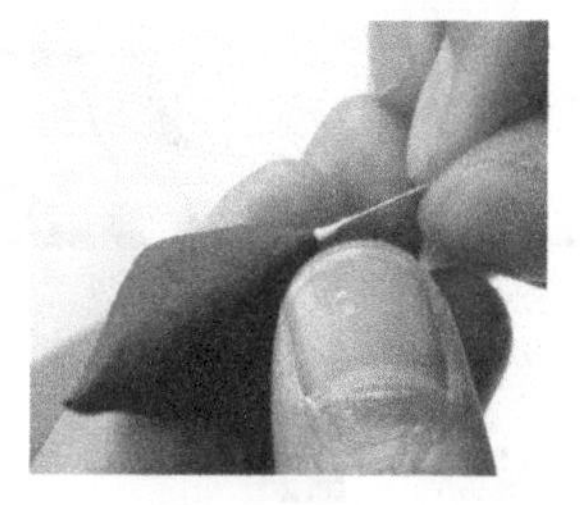

07 先用自制针在叶片的根部戳一个小洞，再剪一截长度适中的花艺铁丝，给铁丝涂上乳白胶后插入小洞内。

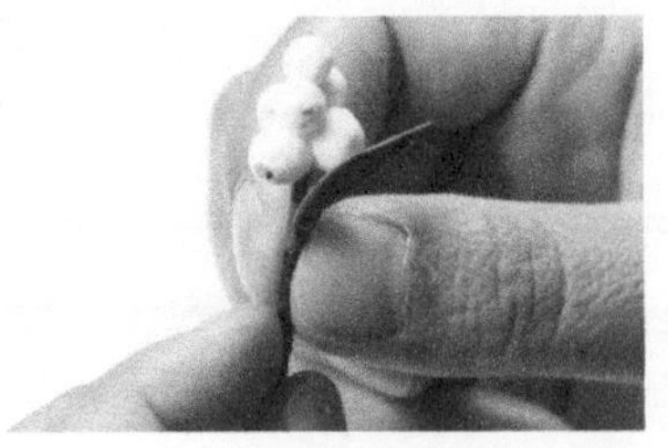

08 最后用深绿色纸胶带把雪果枝条和叶子交错固定在一起。

草莓叶

草莓叶的叶形为倒卵形，叶片顶端钝圆，根部短粗，边缘呈锯齿状，叶脉纹理明显。

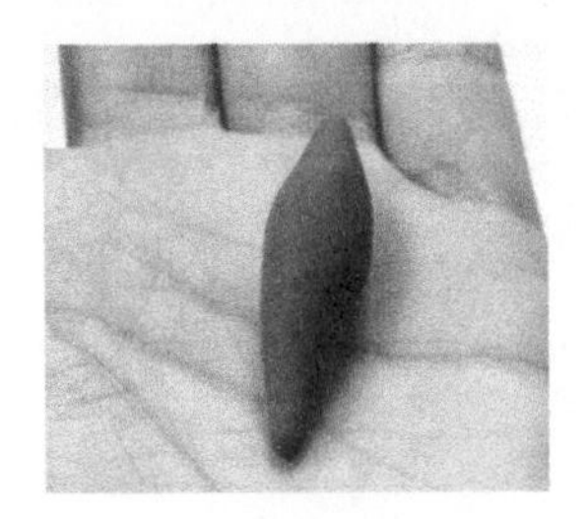
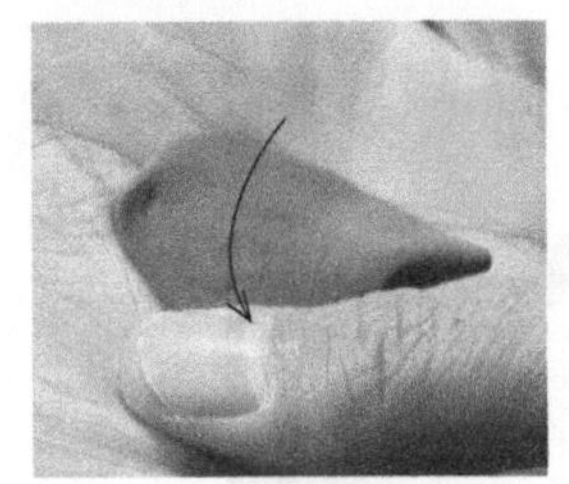

01 用深绿色黏土制作出草莓叶的叶形。

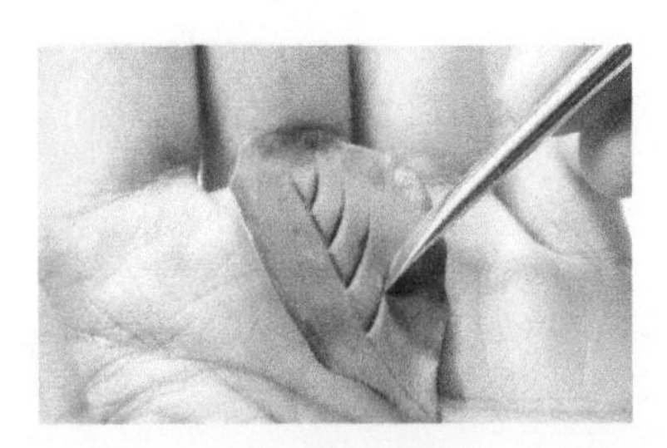

02 先用水笔给草莓叶的边缘涂一层清水，再用双勺形的侧面划出草莓叶的叶脉。

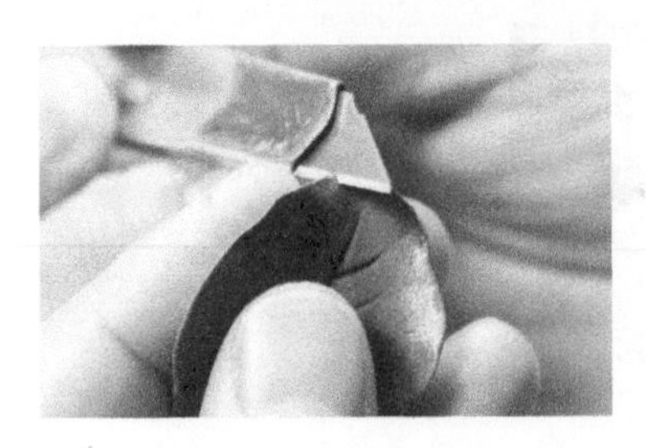
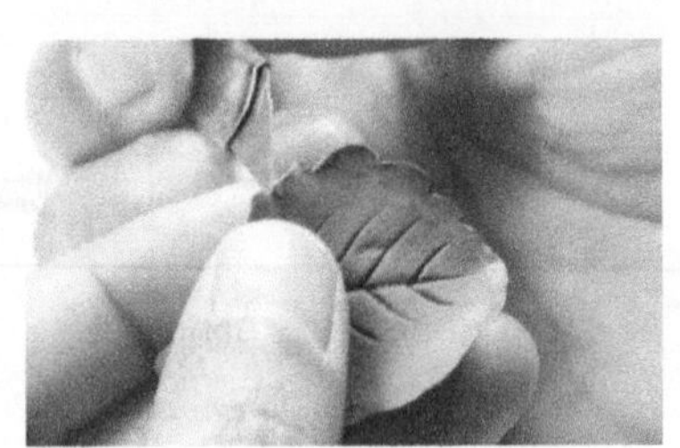

03 用小刀将草莓叶边缘切成锯齿形状。

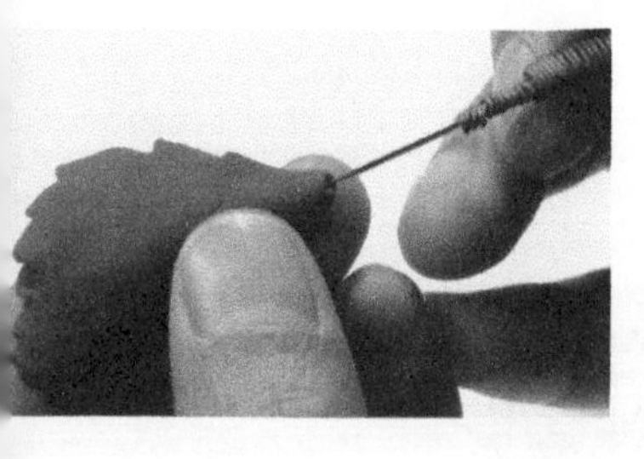
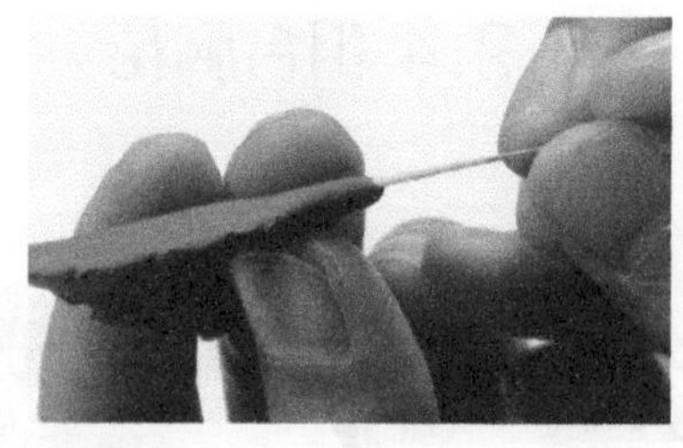

04 用自制针在草莓叶的根部戳一个小洞，再穿入一截长度适中的花艺铁丝。

05 用水笔蘸取黄绿色水彩颜料涂在草莓叶的边缘处，接着在叶片的根部和中心以及背面涂一层绿色。

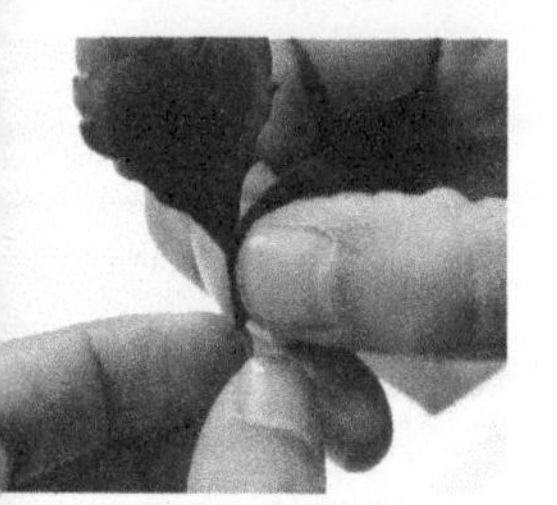

06 最后用咖啡色纸胶带把 3 片叶子组合在一起。

茴香叶

茴香叶是辅助花材，制作时对其外形进行了简化，主要由粗细、长短不一的细枝条拼接而成。

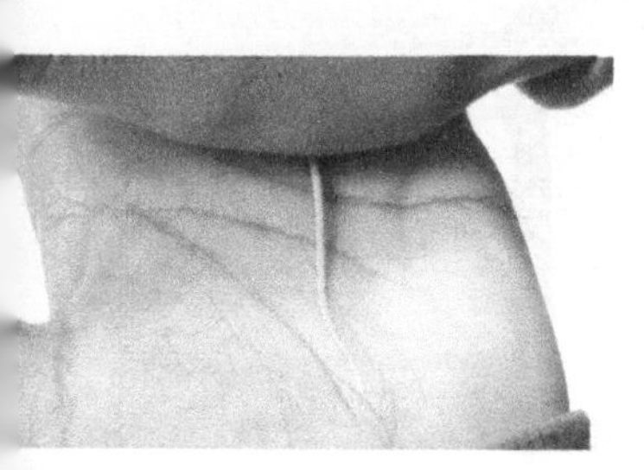

先将少量绿色黏土搓成长条，再把长条拼成如图所示的茴香叶形状。

3.2.4 组合胸花

奥斯汀玫瑰　球形小果子　雪果　草莓叶　茴香叶

01

先将不同的花材有层次地一一组合，再用深绿色的纸胶带将手把处的铁丝包裹起来。

02

最后用绿色的雪纱带再次包裹手把，用白色的雪纱带在手把处扎一个蝴蝶结即可。

腕花·多花材精致腕花

从最初的相遇、相识到相知，所有的坚持、信赖与爱都将化作美丽的腕间花，见证我们牵手一生的浪漫！

腕花是佩戴在手腕处的装饰花环。制作时，腕花与手腕接触的内侧要平整光滑，同时粘贴一条装饰织带，避免刺伤手腕。

案例的主体花材选用了灯笼花、银莲花和玫瑰花，辅助花材是紫色花苞和树叶，热情艳丽的大红色搭配梦幻素雅的白色、紫色，再用绿色点缀衬托，使腕花更让人惊艳。

案例中制作的玫瑰花颜色与效果图展示的略有不同，我们可以选喜好的颜色。效果图中的黄绿色小花主要用来装饰腕花，不讲解制作方法，我们也可用其他花材替换。

3.3.1 准备黏土和工具

准备黏土

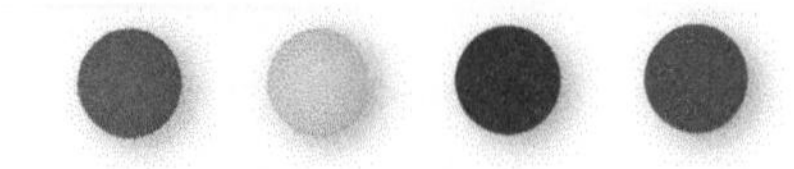

准备工具及配件材料

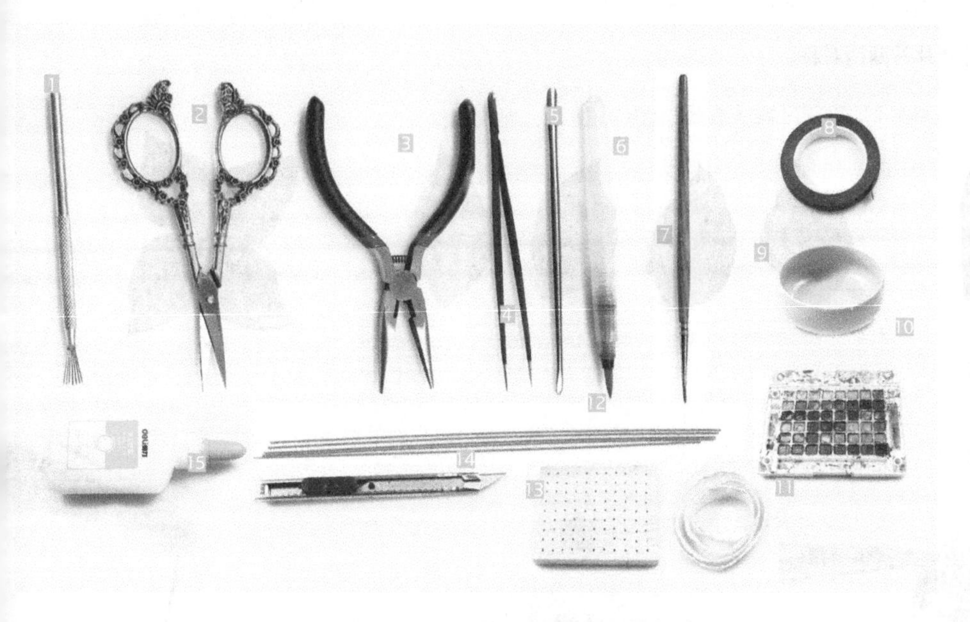

1 七本针
2 剪刀
3 尖嘴钳
4 镊子
5 双勺形
6 水笔
7 勾线笔
8 绿色纸胶带
9 笔洗
10 水彩颜料
11 白色织带
12 花艺铁丝
13 花插板
14 小刀
15 乳白胶

3.3.2 制作主体花材

灯笼花

 制作灯笼花叶片 

灯笼花的叶片上尖下圆，形状优美，且表面带有放射状的纹理。

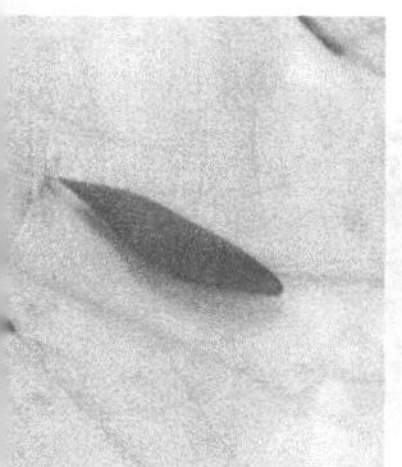
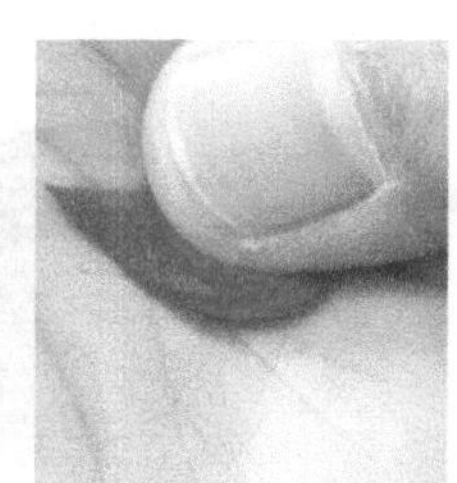
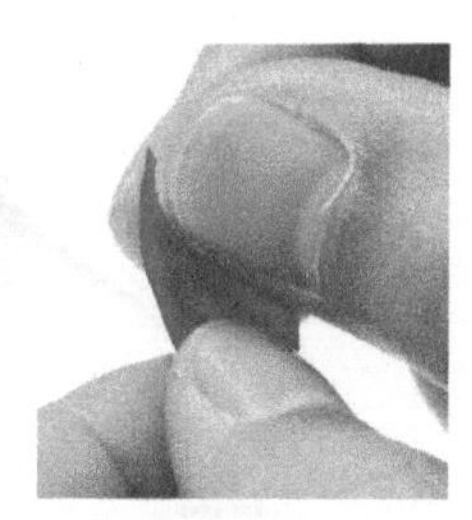
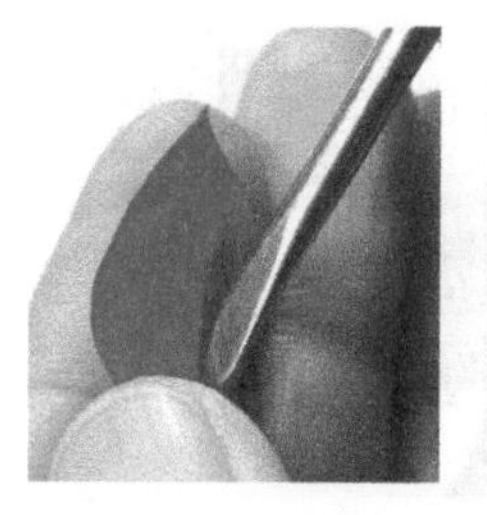

01 将适量红色黏土搓成上尖下圆的椭圆状，用拇指将椭圆状黏土压扁并捏成叶片形状，再用双勺形的侧面划出叶片表面的纹理。

小贴士

灯笼花有 4 片叶片并两两对称。

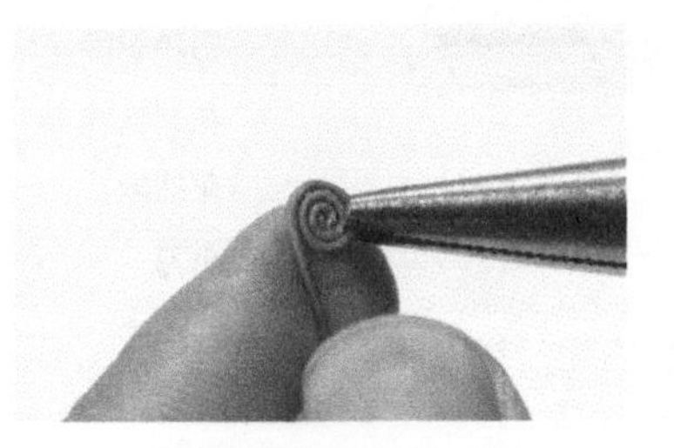

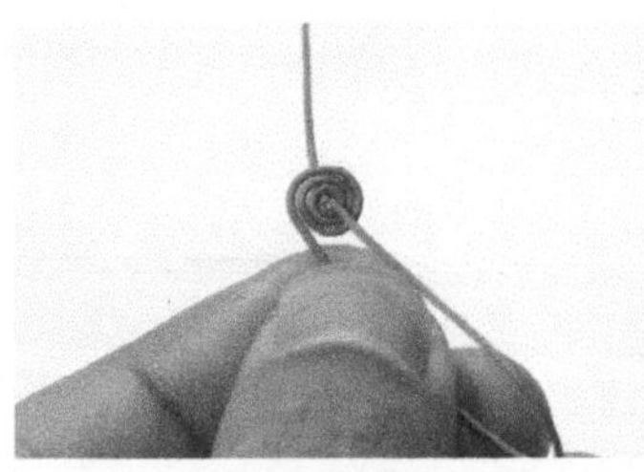

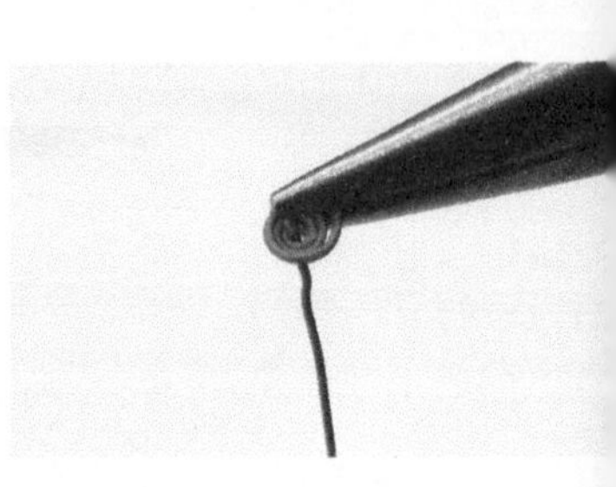

02 用尖嘴钳把花艺铁丝的一端卷成蚊香状圆盘，再把另一端从圆盘的中心穿过，用尖嘴钳拉紧固定。

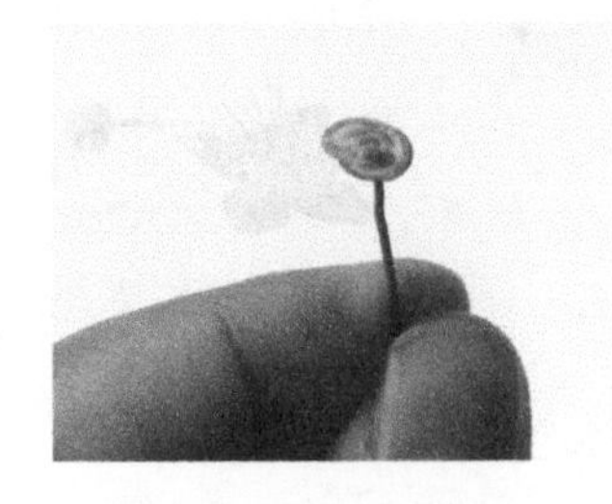

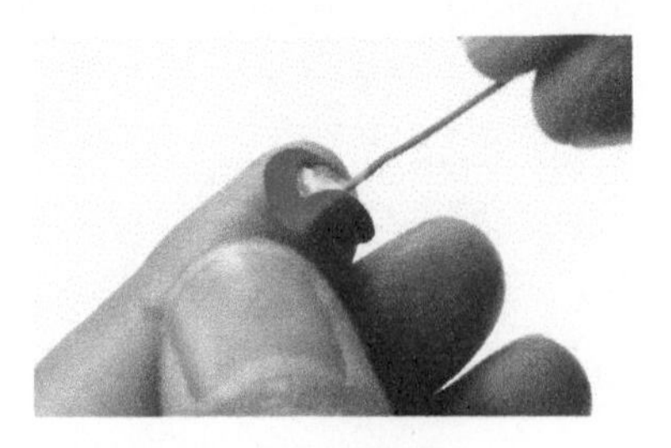

03 在做好的圆盘上涂上乳白胶，用适量的红色黏土包裹住。

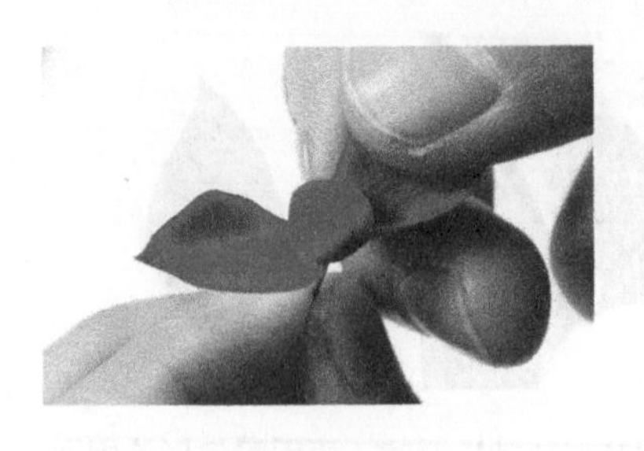

04 把花托固定在花插板上，以两两对称的方式把叶片固定在花托的底面。

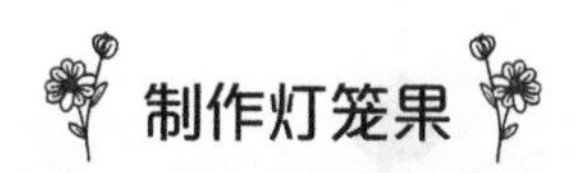

制作灯笼果

制作灯笼果时，要注意表现出果子顶部凸起的尖端和灯笼的造型。

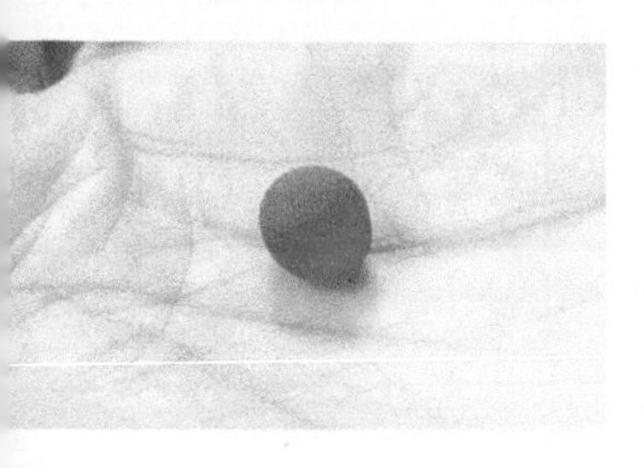

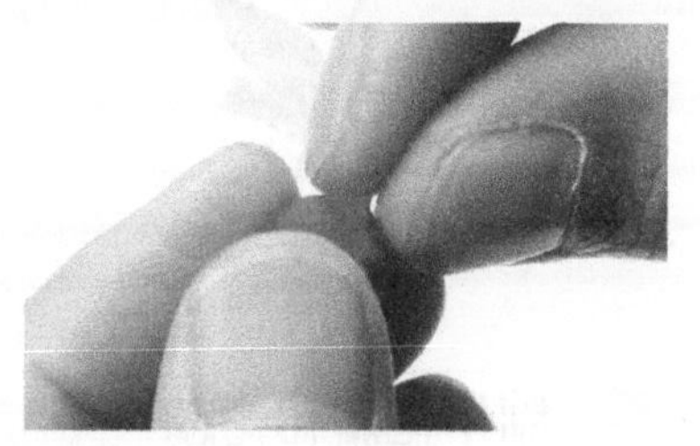

01 将红色黏土搓成球状，在球状的一端用手指揪出顶部的尖端。

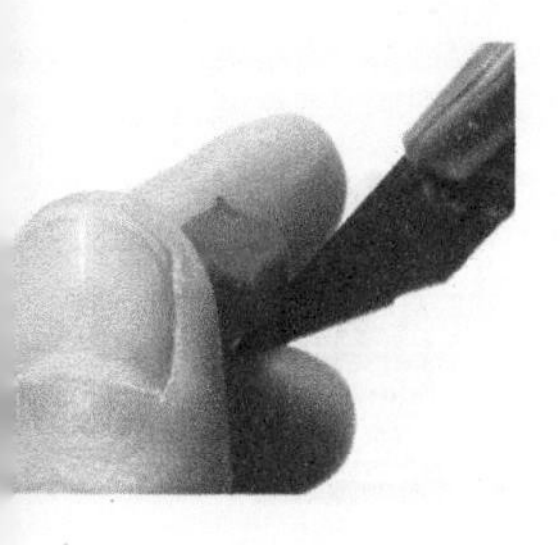

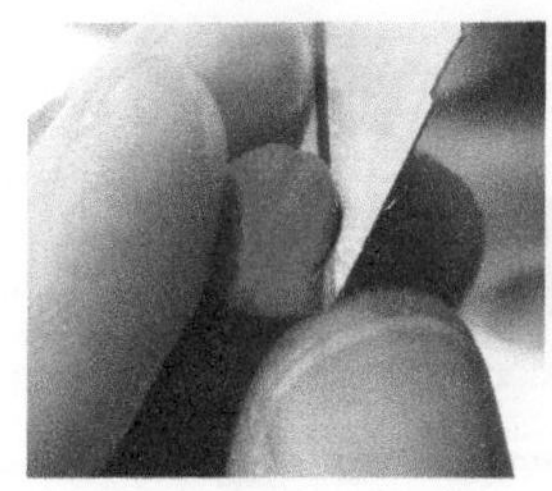

02 用小刀在灯笼果的周围压几条纹路，做出灯笼的造型。

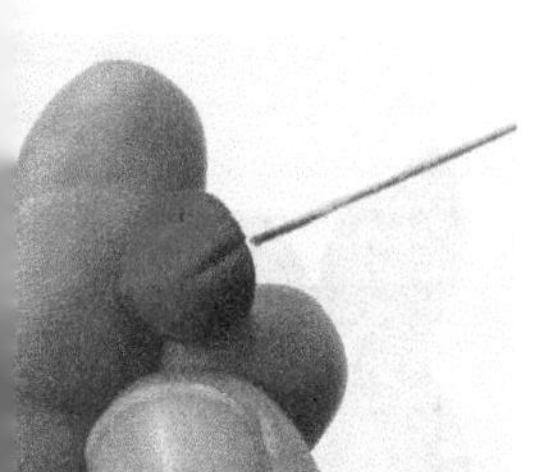

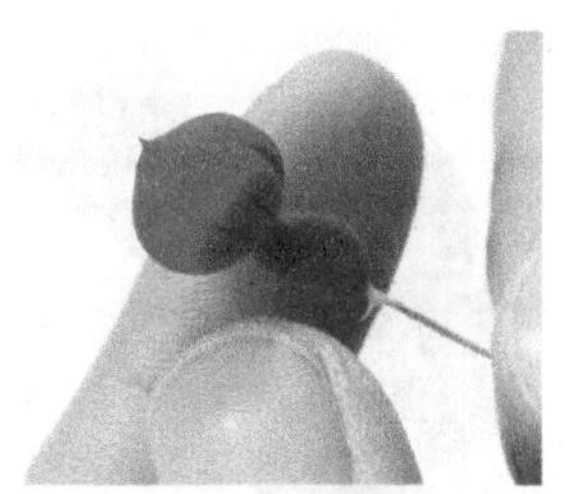

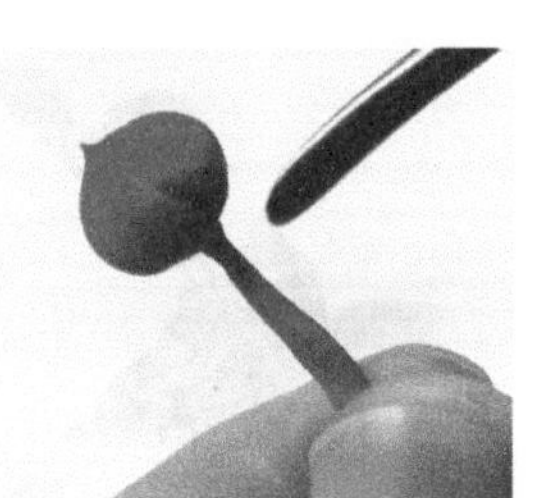

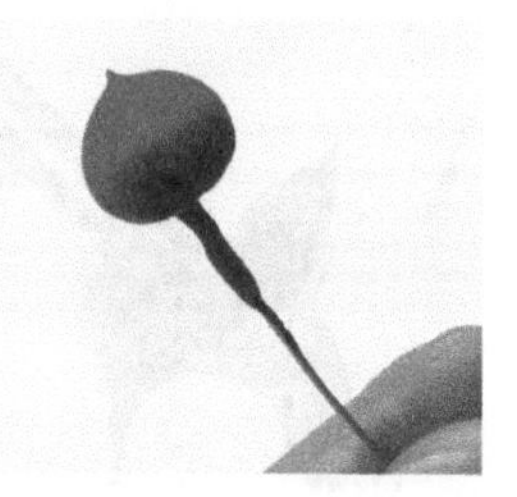

03 在灯笼果的底部穿一截长度适中的花艺铁丝，然后在花艺铁丝上包裹一层红色黏土。用双勺形把果子底部的连接点按压平整。

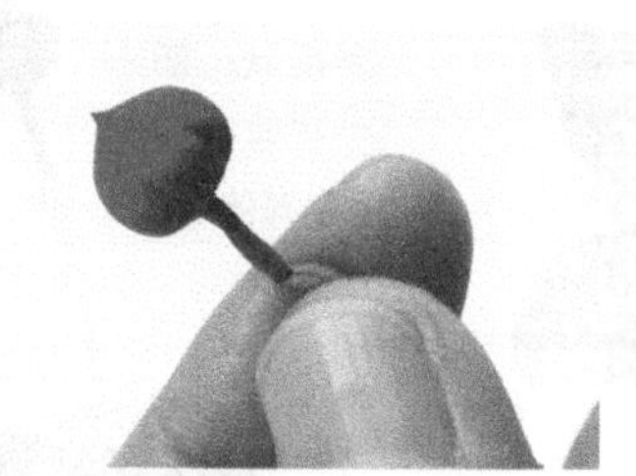

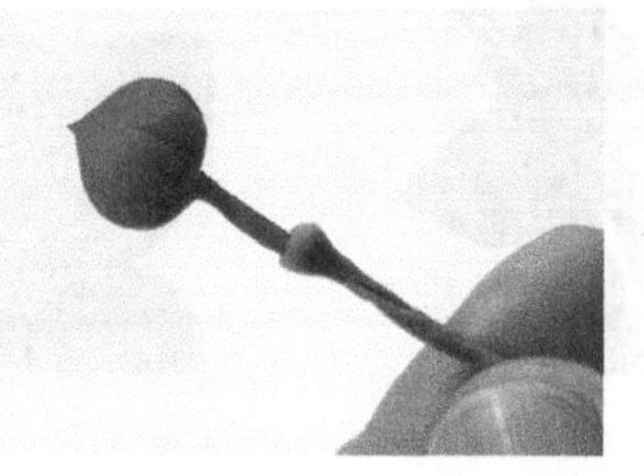

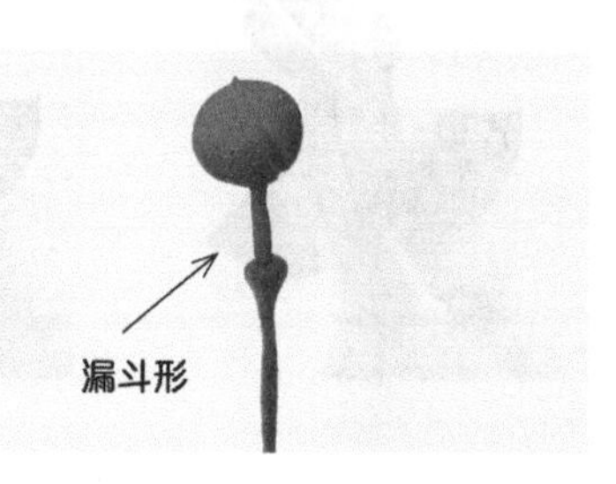

04 在花艺铁丝的下方包裹一层绿色黏土，与红绿色黏土相接处要捏成漏斗状。

05 将灯笼果花枝插在灯笼花的花心处

 制作花瓣和花蕊 

灯笼花的花瓣形态比较随意，可用长片状褶皱形式的黏土薄片来表现。

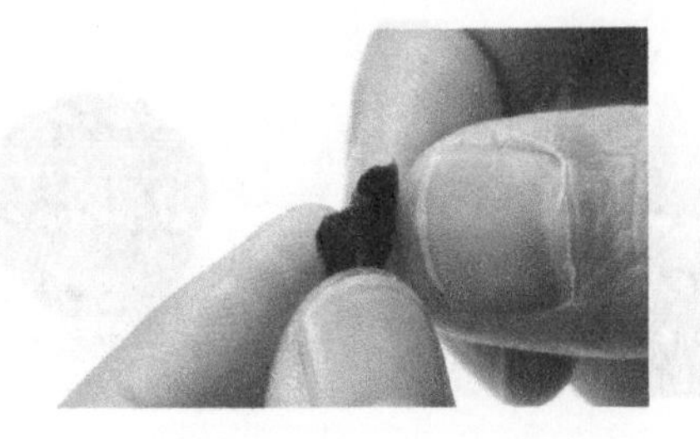

01 将适量紫色黏土搓成长长的薄片，再用手指把薄片折成褶皱形式的花瓣。

02 把做好的花瓣用镊子插入灯笼花的花心。

03 继续用镊子在花心处插入花瓣，并将花瓣排成覆瓦状。

覆瓦状：即一片花瓣盖着相邻花瓣的1/3。

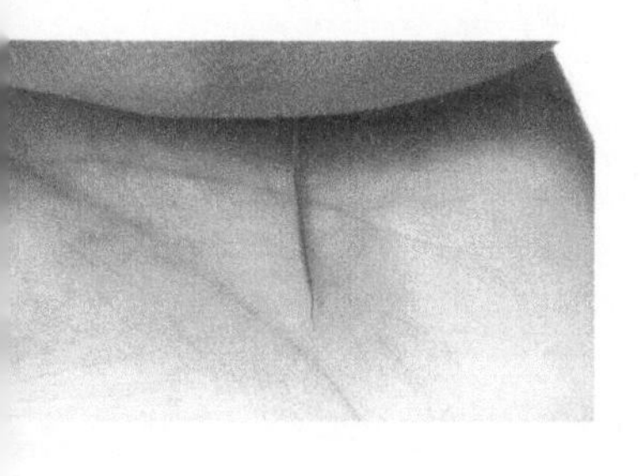

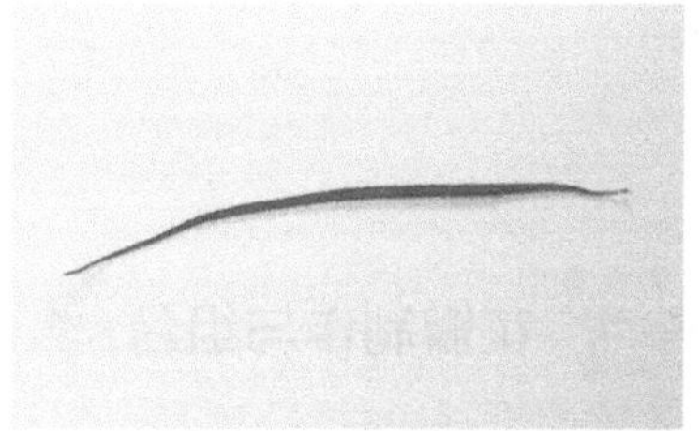

将少量红色黏土搓成细长条，制作成花蕊。

用镊子把花蕊插入花瓣中，花蕊的数量不要过多。

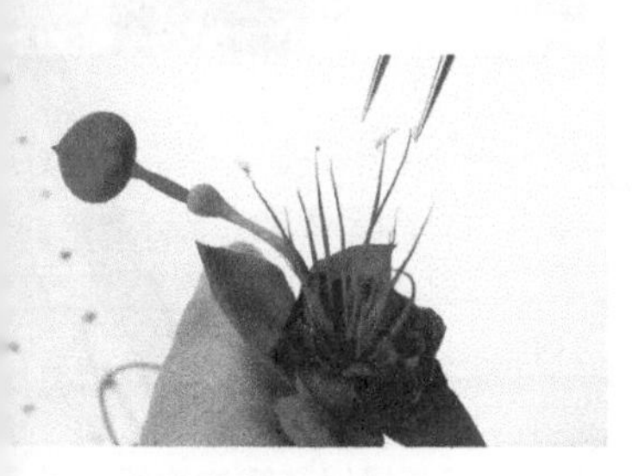

06

用镊子在花蕊的顶端粘上黄色黏土，完善花蕊的制作。

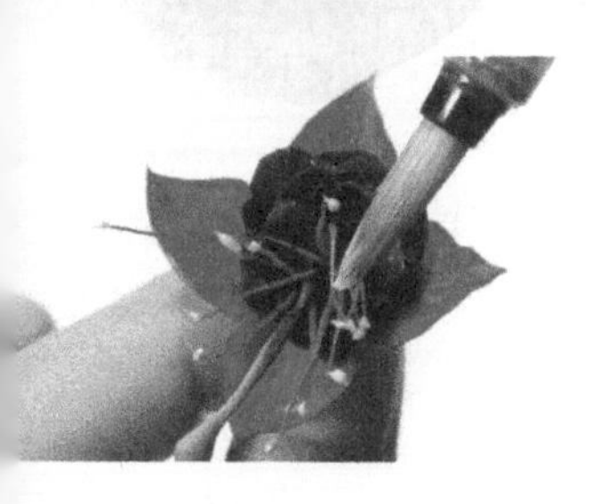

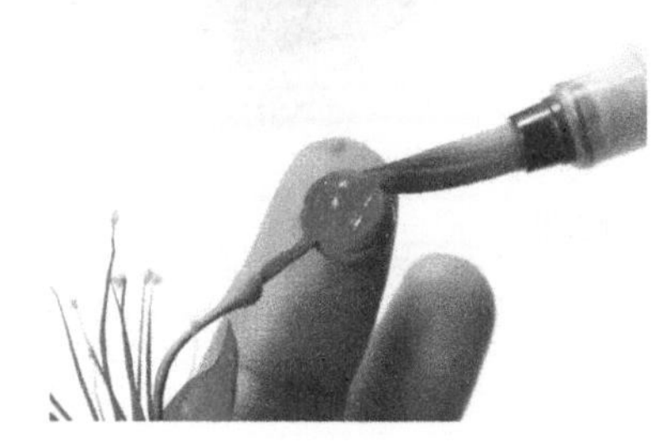

07 用水笔分别蘸取黄色和紫色水彩颜料给灯笼花上色，最后用白色水彩颜料添加高光即可。

银莲花

花瓣制作与组合

银莲花的花色丰富多彩,其品种有重瓣和单瓣之分,案例中制作的银莲花为红色重瓣品种,两层共8片。

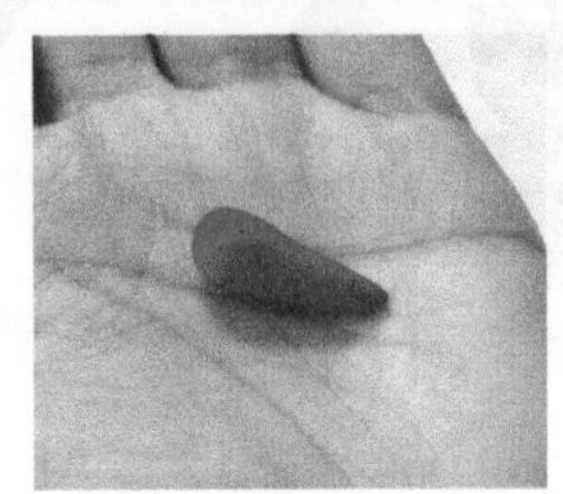
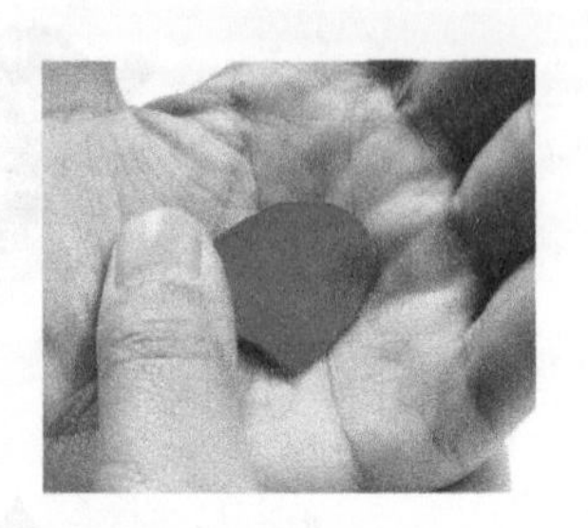
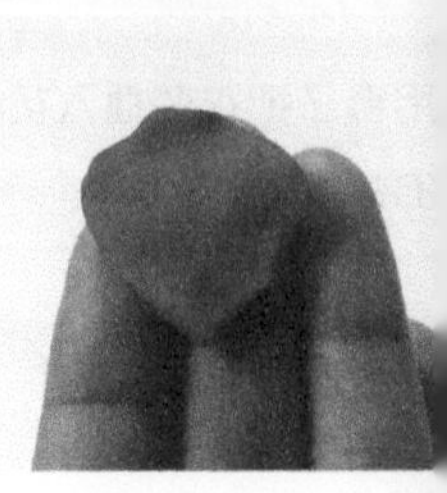

01 将红色黏土搓成水滴状，用拇指将水滴状黏土捏成银莲花的花瓣外形。

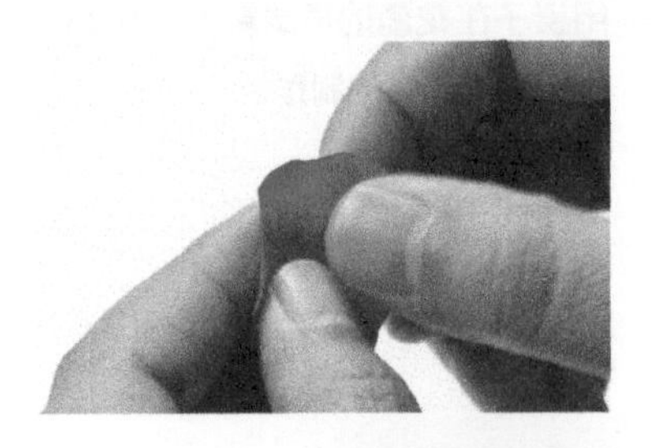
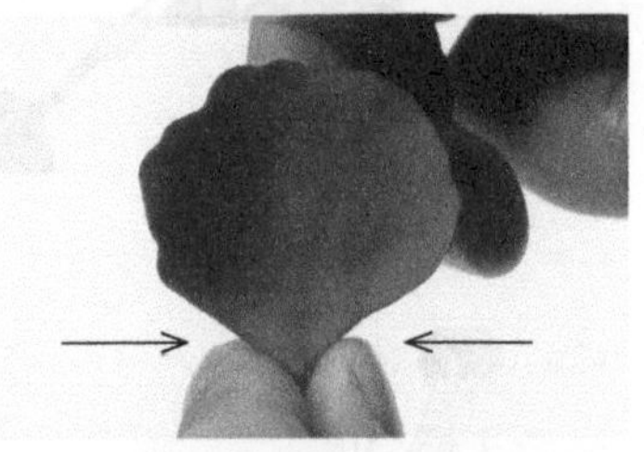

02 用手指不断揉捏花瓣的边缘、调整花瓣外形，并挤压花瓣的根部，使花瓣的外形显得更加逼真。

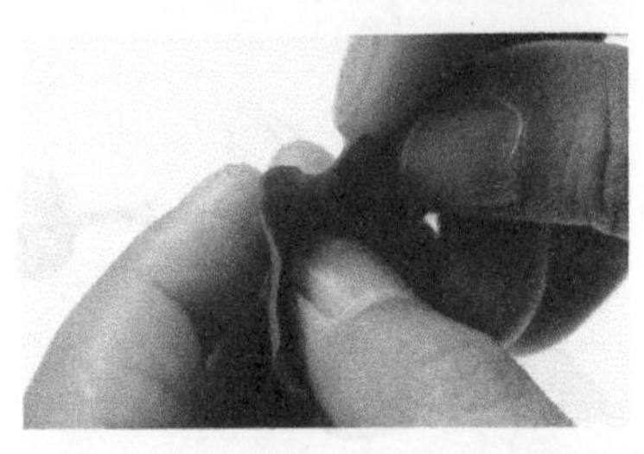
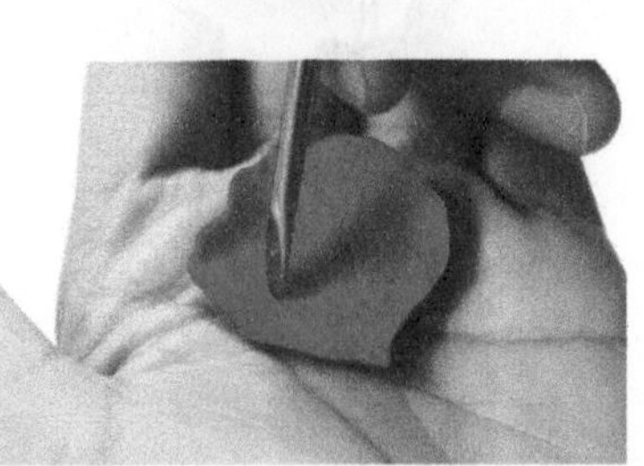

03 用双勺形的侧面划出花瓣表面的纹理。

小贴士

银莲花花瓣呈倒卵形，顶部为大圆，边缘有明显弯曲幅度，共有两层花瓣，并两两对称。

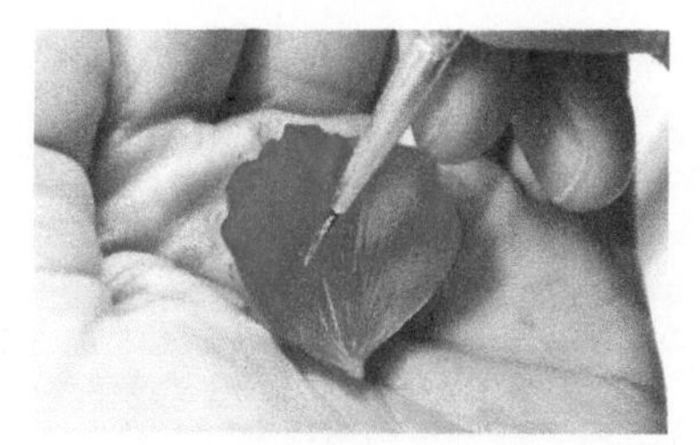

04 用水笔蘸取黄色水彩颜料在花瓣的根部上色，再用勾线笔蘸取黄色水彩颜料沿着花瓣表面的纹理勾线。

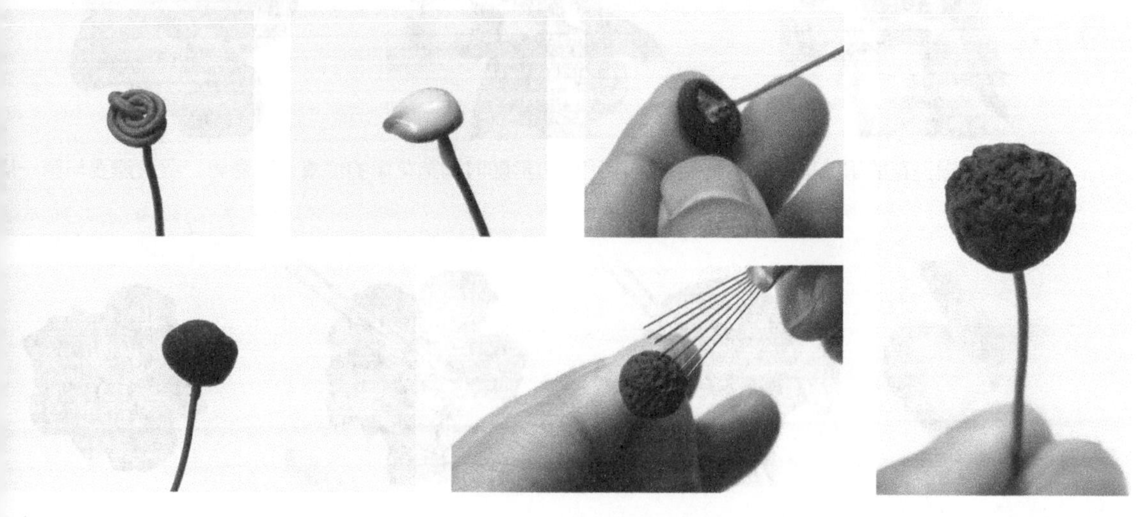

05 用细一点的花艺铁丝制作花心底托，给底托涂上乳白胶，然后在外面包裹一层紫色黏土。调整好花心外形后，用七本针戳出花心的纹理。

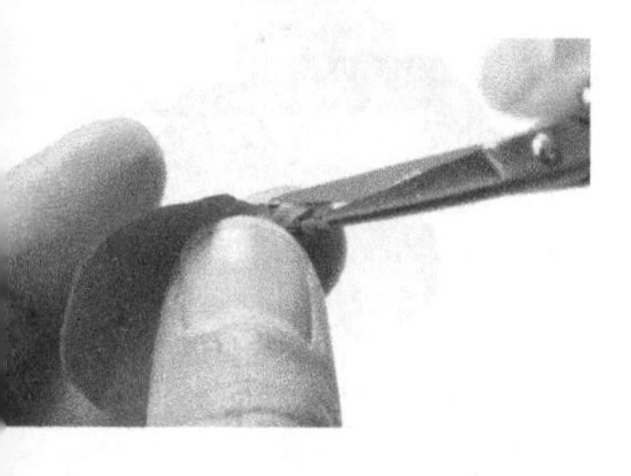

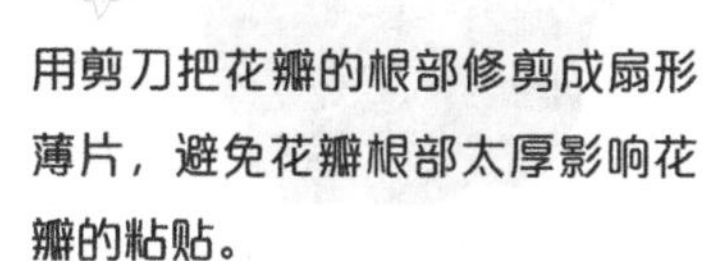

06

用剪刀把花瓣的根部修剪成扇形薄片，避免花瓣根部太厚影响花瓣的粘贴。

07 把花心固定在花插板上，将花瓣粘在花心底部，并用双勺形的平滑切面调整固定。

将银莲花的内侧一层花瓣两两对称粘在花心的底部。

09 继续粘贴银莲花的第二层花瓣，粘贴过程中用双勺形随时调整花瓣的位置，注意第二层花瓣要与第一层花瓣错位。

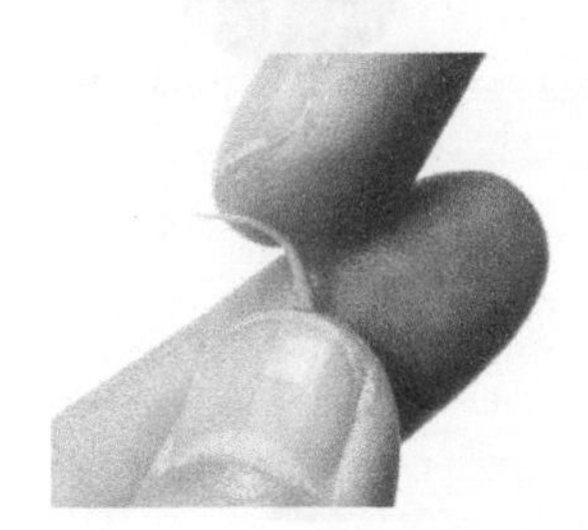

10 将少量的肉色黏土用手搓成花蕊，并用镊子把花蕊插在花心的边缘。

11 用镊子在花蕊的顶部粘上紫色黏土，完成银莲花的制作。

玫瑰花

玫瑰花的花朵和花苞的制作方法有些不同。制作花苞时先做出花心造型，然后将花瓣包裹在花心上，通过层层错位添加花瓣的方式做出花苞形态，并由内到外逐渐改变花瓣的大小与形态。

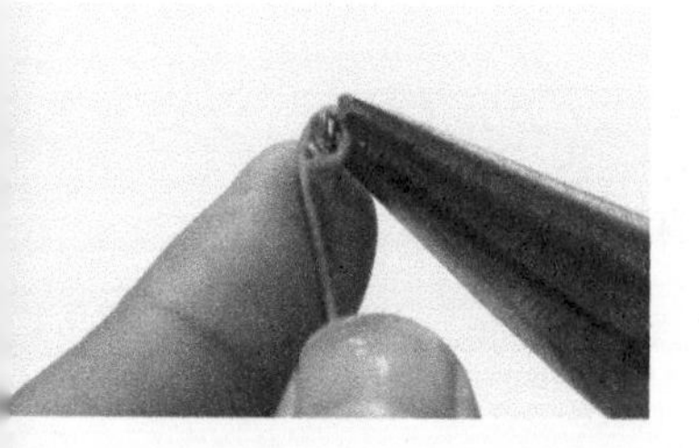
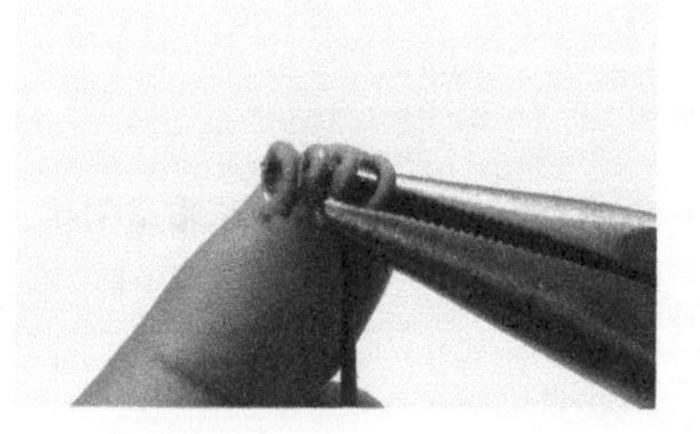
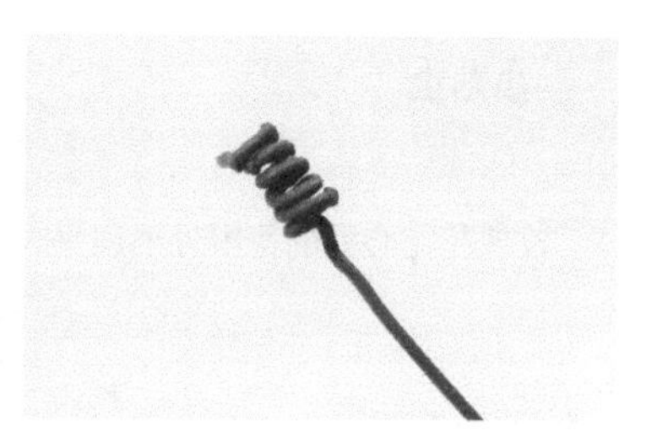

01 将花艺铁丝用尖嘴钳拧成螺旋状的花心底托。

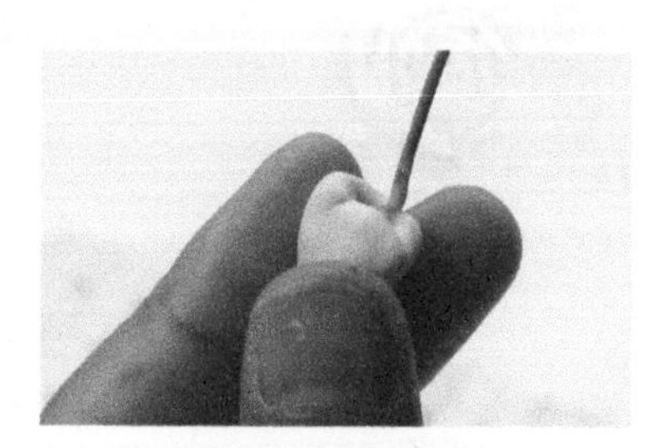

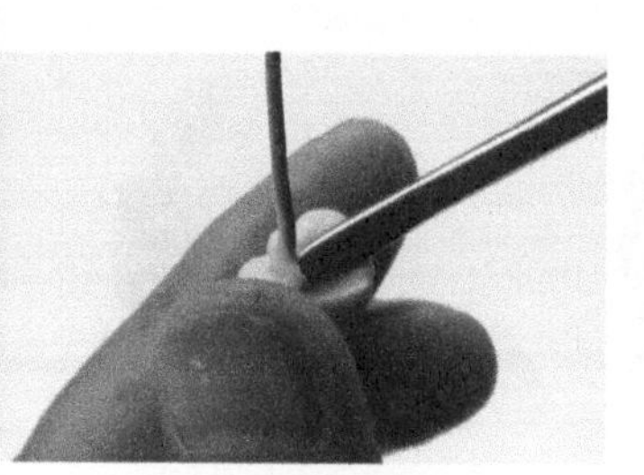
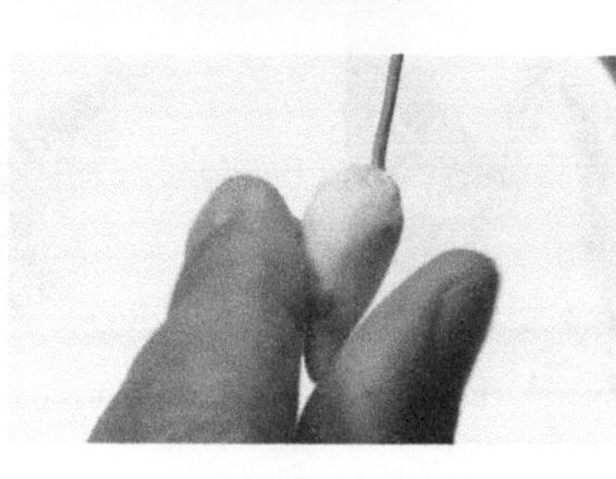

02 给底托上涂上乳白胶，并用肉色黏土包裹，然后将花心捏成上尖下圆的水滴状。

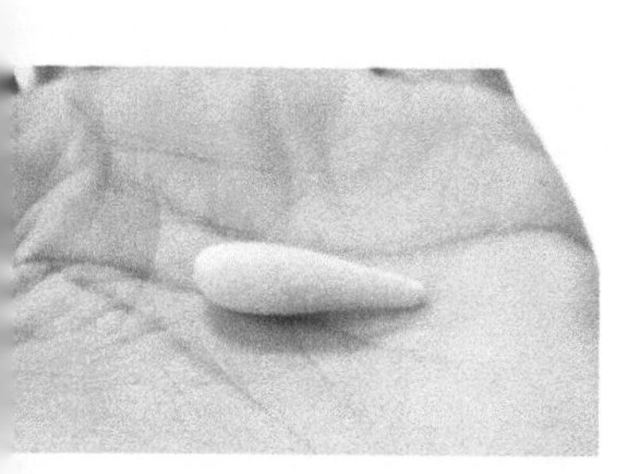
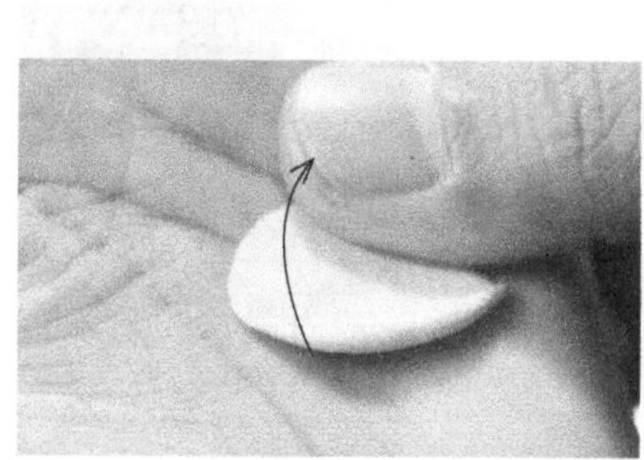

03 将肉色黏土搓成水滴状，然后将水滴状的黏土捏成花瓣形状。

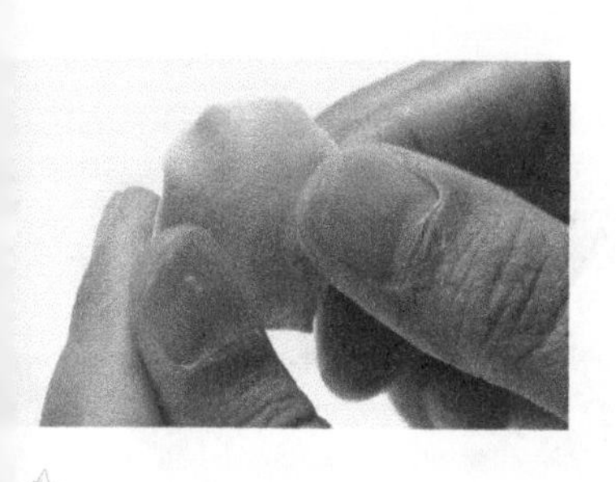
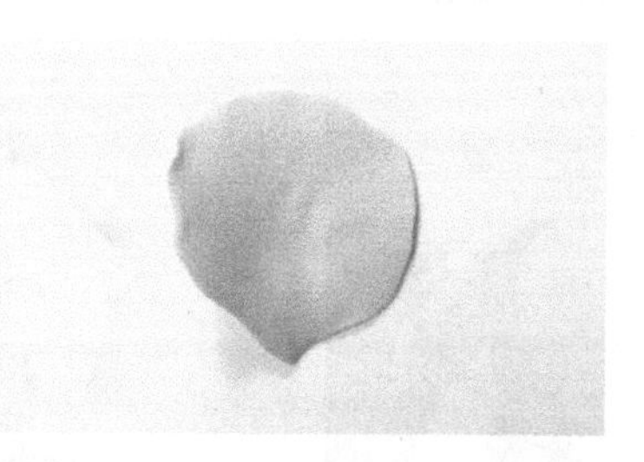

04 调整花瓣的形状，制作出两种形状不同的玫瑰花瓣。

小贴士

玫瑰花花心处的花瓣外形扁平，无明显内凹；边缘外层的花瓣呈勺状，有明显内凹。

花苞部分的花瓣形状

花朵外层的花瓣形状

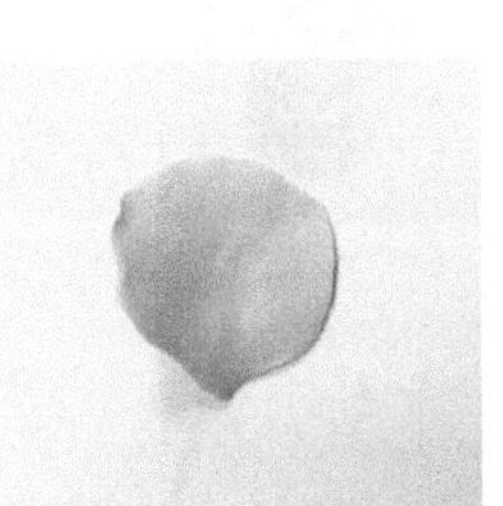

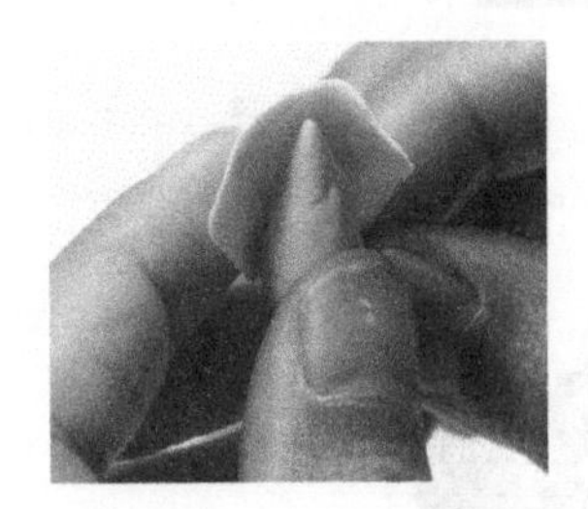

05 将花心插在花插板上并固定，在花心上包裹一片外形扁平且较小的花瓣。

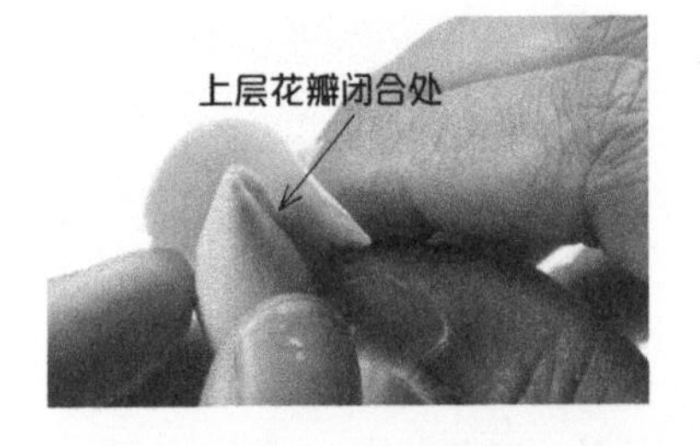

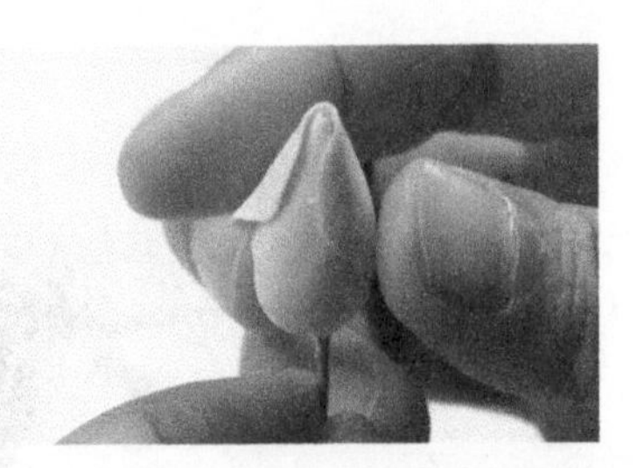

06 沿着上一片花瓣的闭合处包裹下一层花瓣。

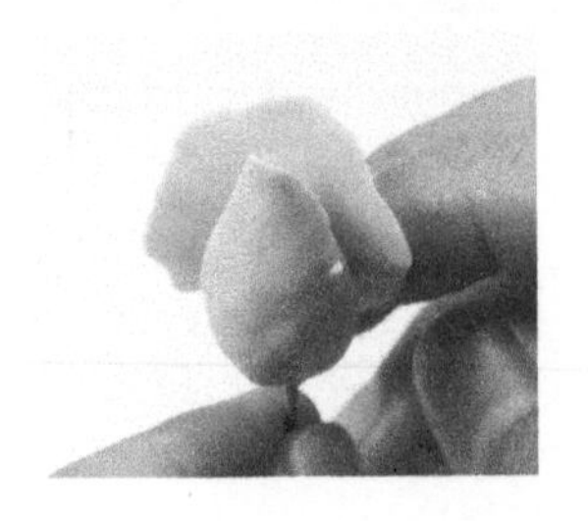

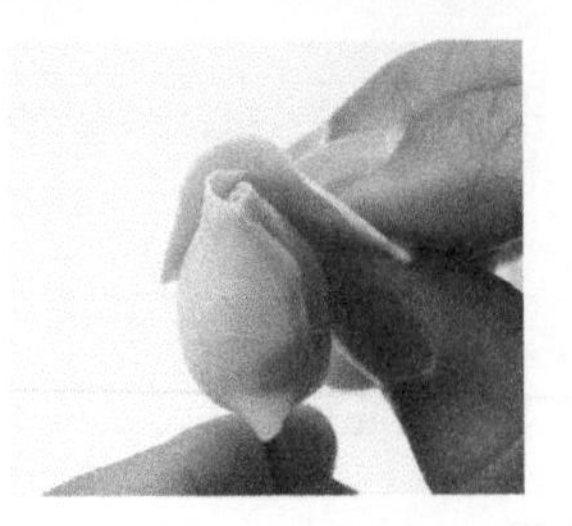

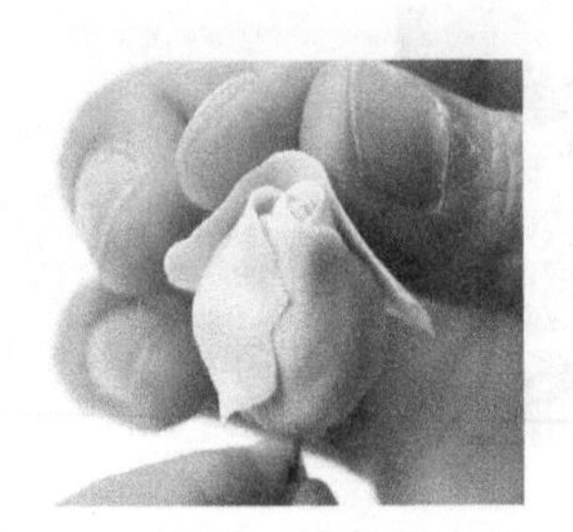

07 继续层层错位叠加花瓣，做出玫瑰花的花苞部分。

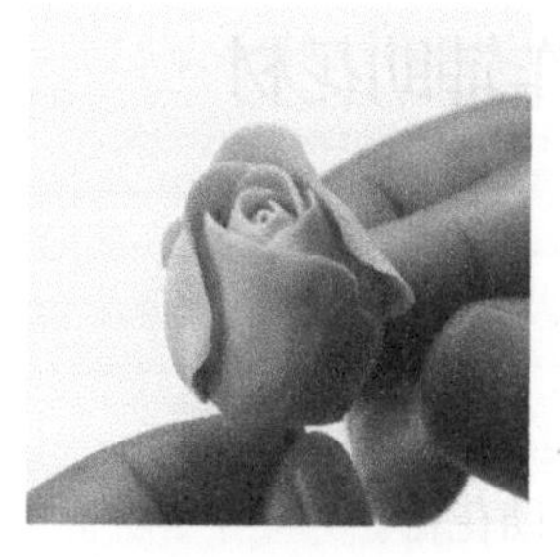

08 将外层的花瓣继续包裹在花苞上，并用手指轻轻地调整花瓣的状态。

09 继续粘贴花瓣，并把花瓣的边缘向外翻卷，做出花瓣盛开时的状态。

10 花瓣经过层层粘贴后，花朵底部变厚，需要用工具将其固定。

11 粘贴完所有花瓣后，用手指简单调整花瓣的形态，完成玫瑰花的制作。

3.3.3 制作辅助花材

紫色花苞

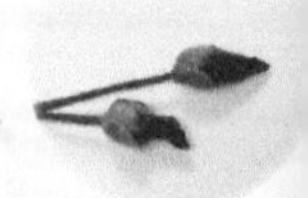

造型简单、神秘优雅的紫色花苞，是一种常用的辅助花材。

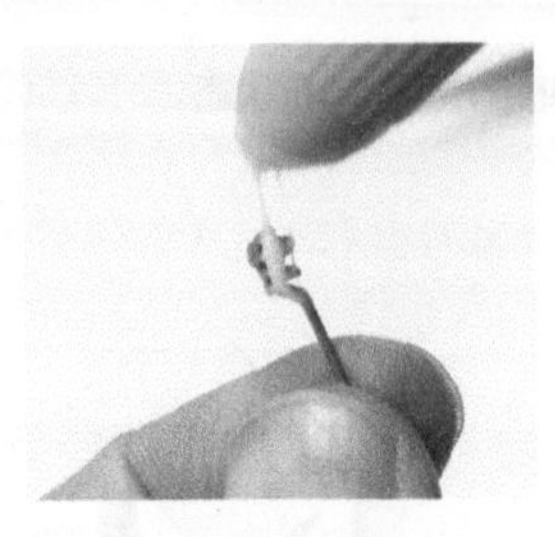

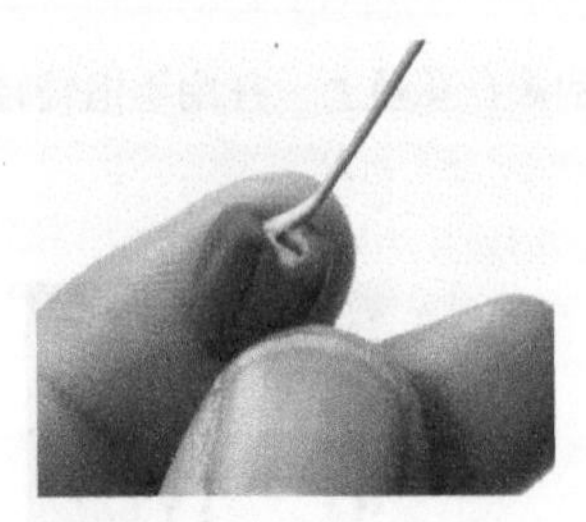

01 将花艺铁丝用尖嘴钳拧成金字塔式的花苞底托，给底托涂上乳白胶后包裹适量紫色黏土，并捏成辣椒的形状。

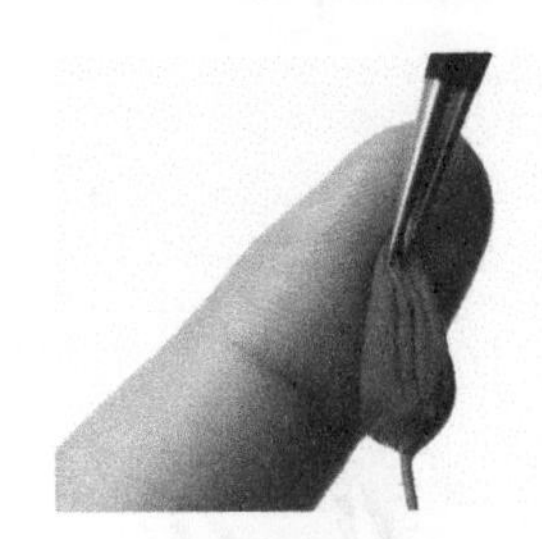

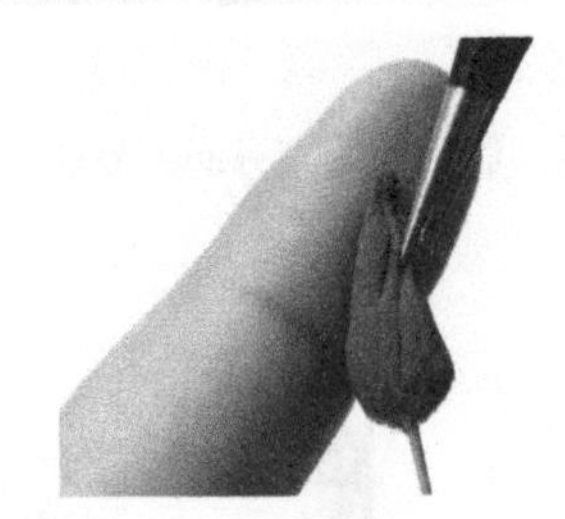

02 用镊子在紫色花苞上划出线状划痕，制作成即将枯萎时的紫色花苞。

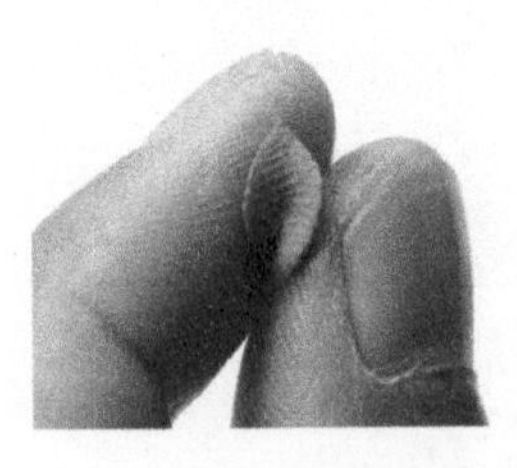

03 将少量绿色黏土捏成紫色花苞的叶子，并且粘在花苞的根部。

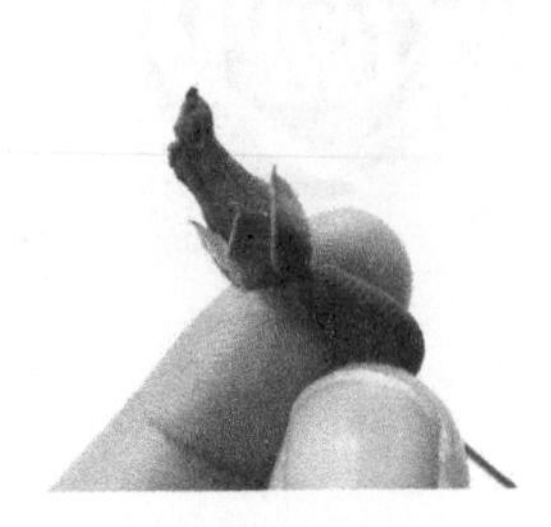

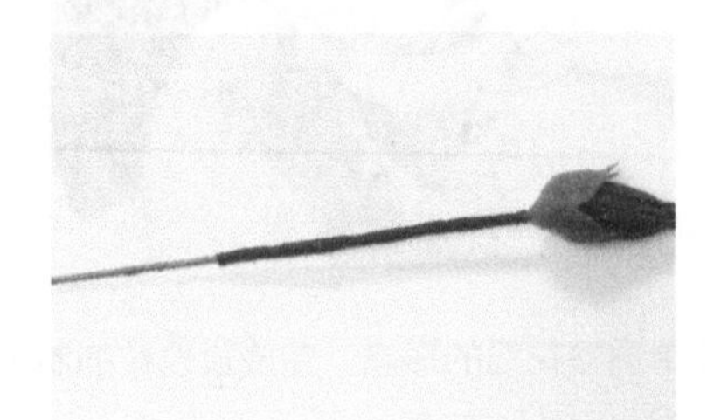

04 在紫色花苞的花枝上包裹一层咖啡色黏土。

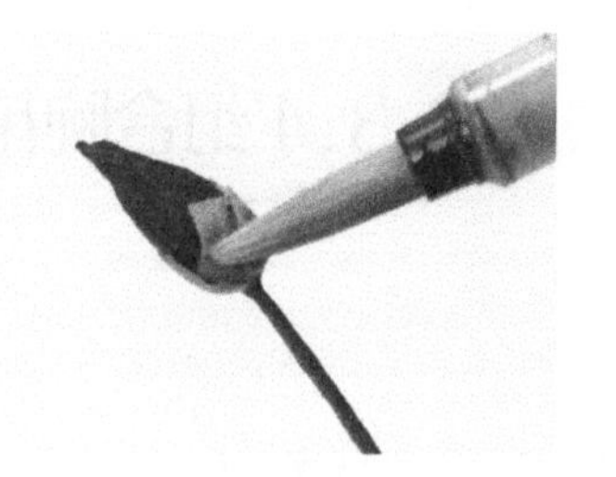

05 用水笔给紫色花苞刷一层浅淡的黄色。

06 用咖啡色的纸胶带把两支紫色花苞按交错组合固定在一起即可。

树枝

叶子的制作方法在胸花案例中已经详细介绍，下面只讲解怎样把单片叶子组合成一枝树枝。

准备如图所示的叶片。

02 将树叶按叶片的生长方向进行组合，并用绿色纸胶带固定。

3.3.4 组合腕花

主体花材：灯笼花、银莲花、玫瑰花

辅助花材：紫色花苞、树枝

01 先将各种花材简单搭配组合，确定好手腕花的组合形式后，用花材自带的铁丝进行固定。

02

继续添加其他花材，并用铁丝固定
最后粘贴一条白色织带做手绳。

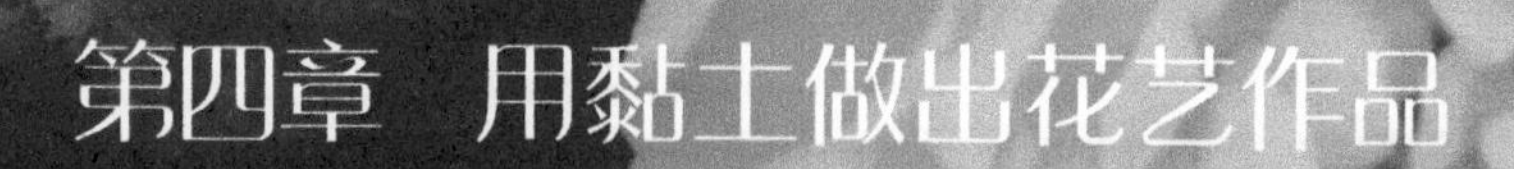

第四章 用黏土做出花艺作品

这一章，我们来学习用黏土制作复杂的花艺作品。在这里，我们不仅要做出逼真的花朵，还要发挥我们的艺术创造力，将做出的黏土花材组合、美化创造具有美感的花艺作品。

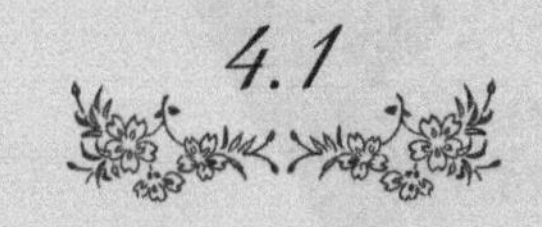

4.1 花束·清新九莲灯花束

当我们捧着花束，就意味着重要时刻的到来，它承载了家人、朋友对我们的祝福与期望，这一刻弥足珍贵。

案例中的花束清新自然，色彩淡雅，造型呈火炬形态，花体部分可看做一个三角形。

花束整体配色是冷色调，并用暖色点缀。用九莲灯作为主体花材，再搭配草莓叶（草莓叶的制作方法见第42页）、小雏菊、金槌花和落新妇等辅助花材，偏冷的黄绿色系与暖黄色的花材搭配，令花束充满了清新自然的气息。

4.1.1 准备黏土和工具

准备黏土

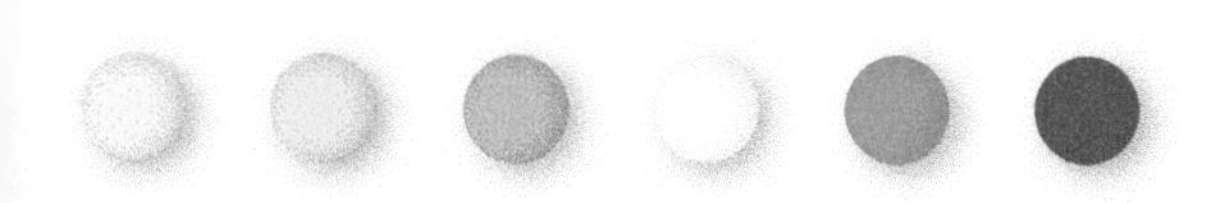

准备工具及配件材料

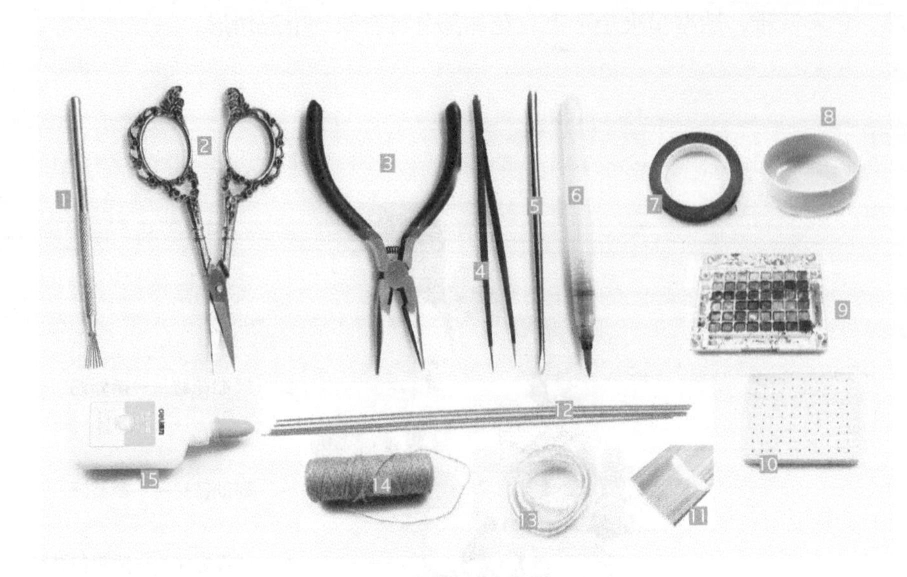

1. 七本针
2. 剪刀
3. 尖嘴钳
4. 镊子
5. 双勺形
6. 水笔
7. 纸胶带
8. 笔洗
9. 水彩颜料
10. 花插板
11. 透明包装纸
12. 花艺铁丝
13. 白色织带
14. 麻绳
15. 乳白胶

4.1.2 制作主体花材

九莲灯

九莲灯，根茎长，耐寒，喜欢阴凉潮湿的生长环境，具有一定的药用价值和观赏价值。

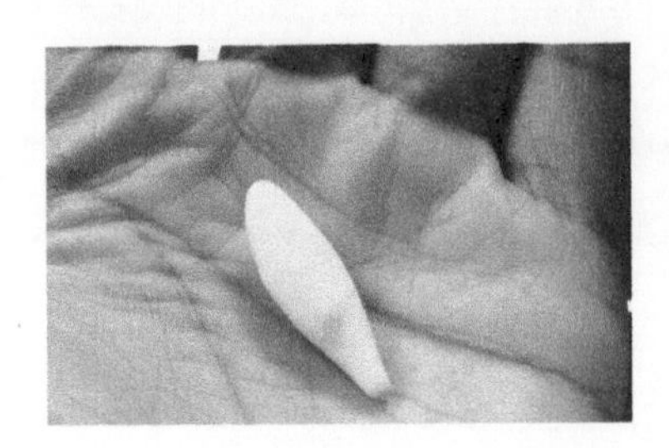

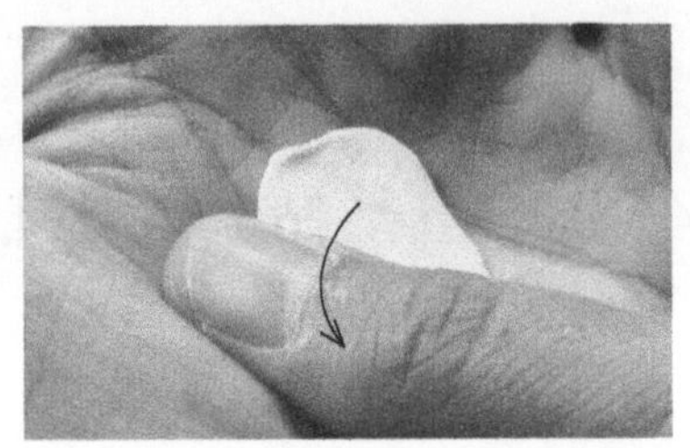

01 将适量浅黄色黏土搓成水滴状，用拇指把水滴状黏土捏成类似扇形形状。

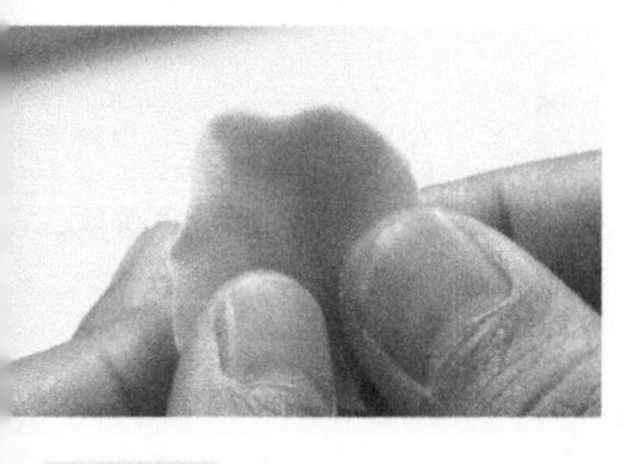

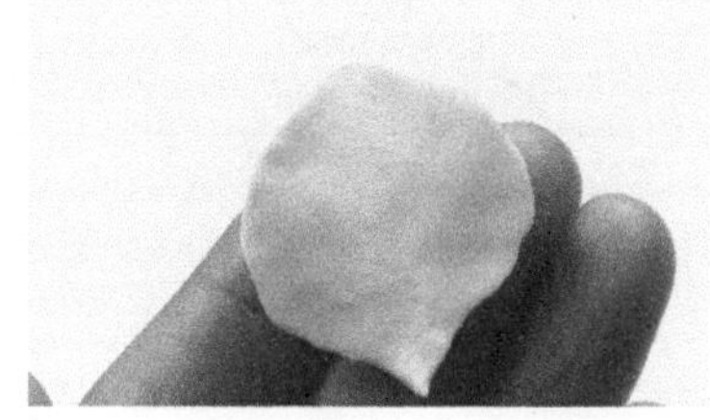

用手指反复揉捏黏土片，捏出顶部尖突、中心内凹、根部细尖的九莲灯花瓣。

小贴士

单朵九莲灯花瓣有 6 片，花瓣外形类似椭圆形，向中心内凹呈 U 形，且中部最宽并逐渐向两端变窄。

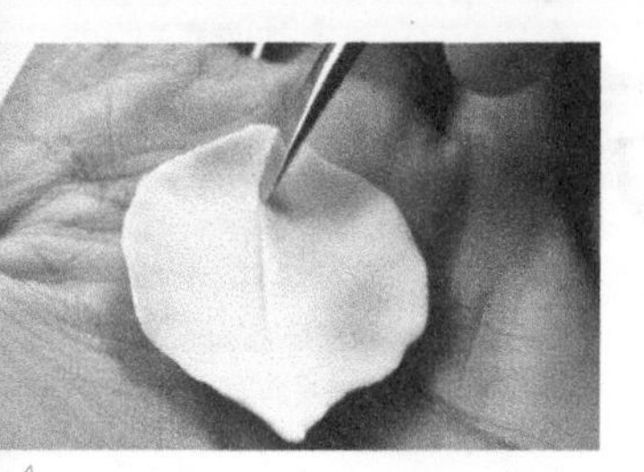

03 在做好的花瓣表面用双勺形的侧面划出放射性线状纹理。

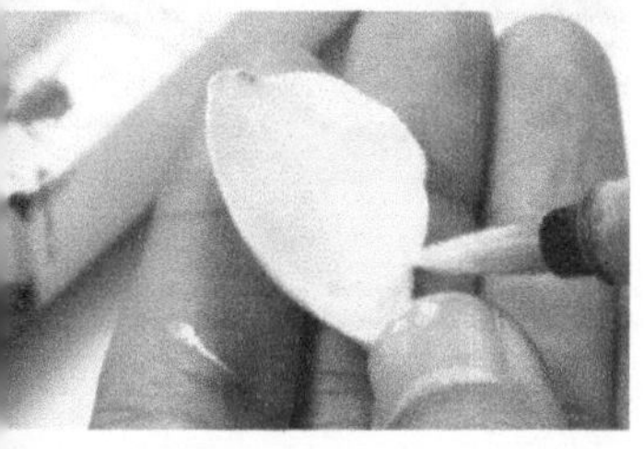

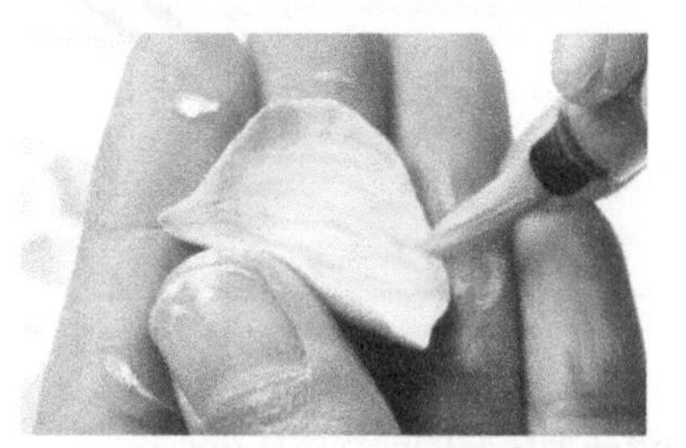

04 用水笔分别蘸取黄色和绿色水彩颜料给花瓣上色。先铺一层黄色打底，然后在花瓣上选择性地叠加一层绿色。

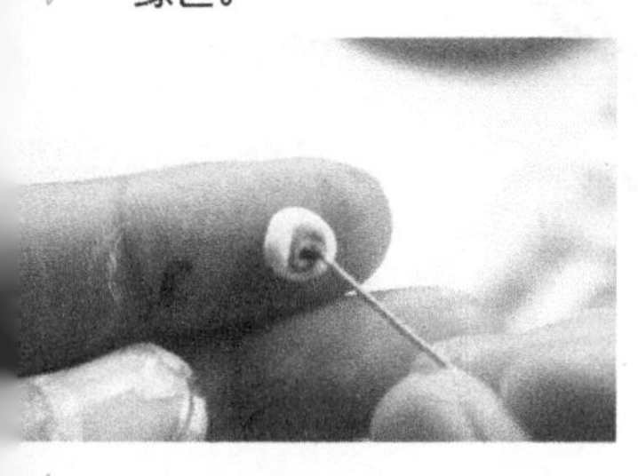

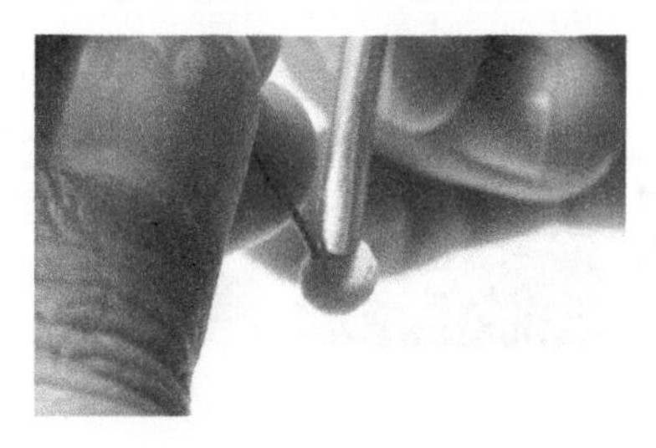

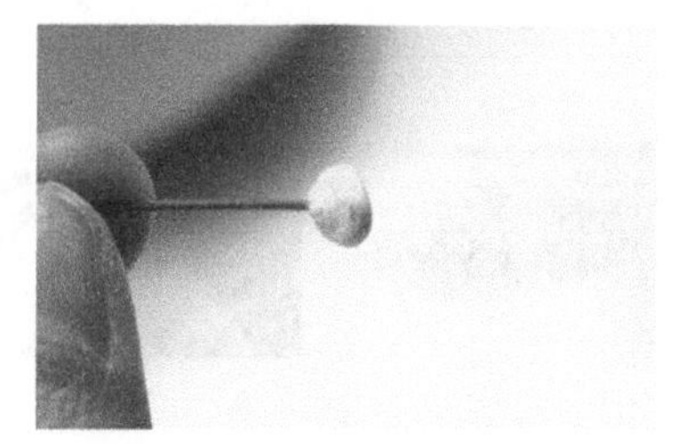

05 用少量浅黄色黏土包裹花心底托，再用双勺形调整花心底托的形状。

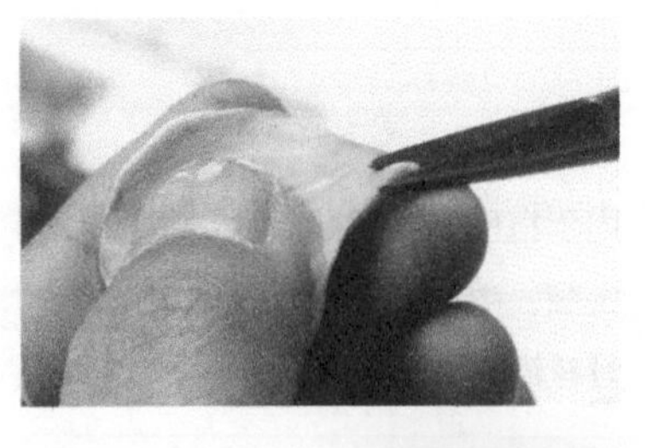

用剪刀把花瓣根部修剪成薄片。

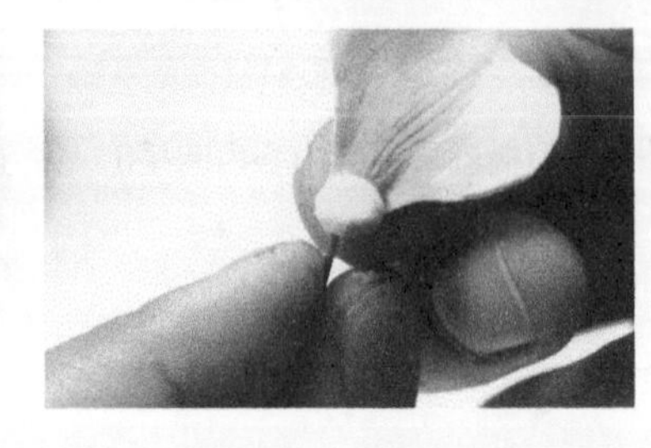

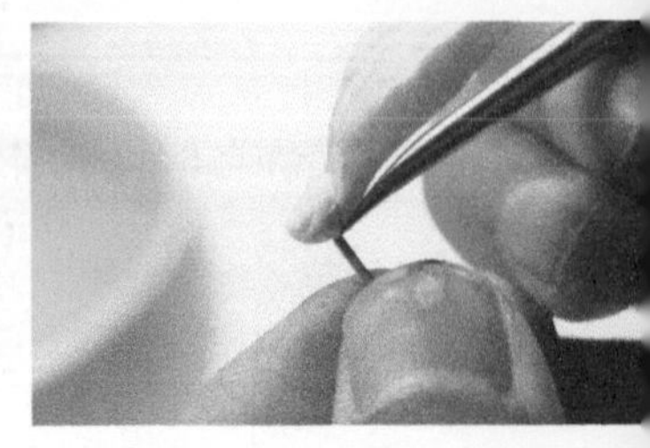

07 用花瓣底部的尖角蘸取滴在花插板上的乳白胶，然后粘在花心的底面，最后用双勺形按压，让花瓣牢牢地粘在花心上。

08 用相同的方法把余下的花瓣粘在花心上。

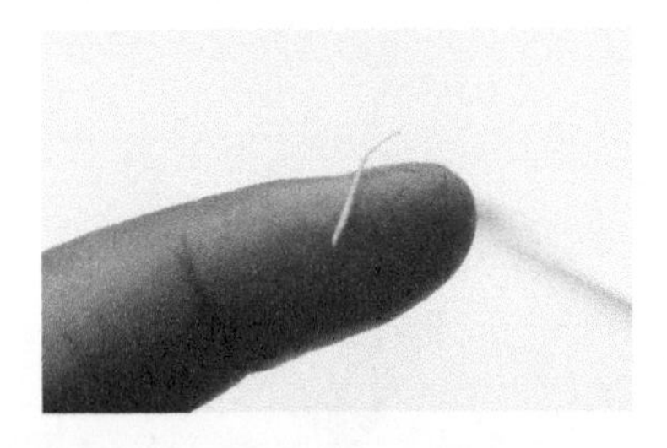

09 将绿色黏土用手搓成细丝，用镊子把搓好的细丝插在花心。

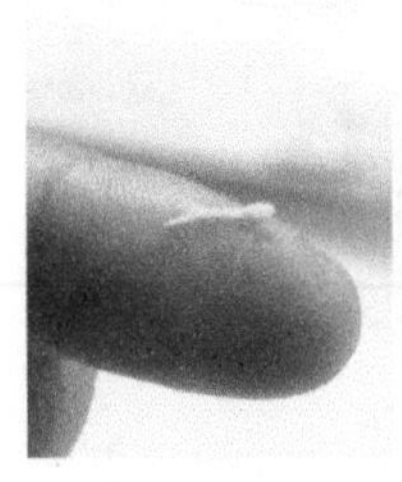

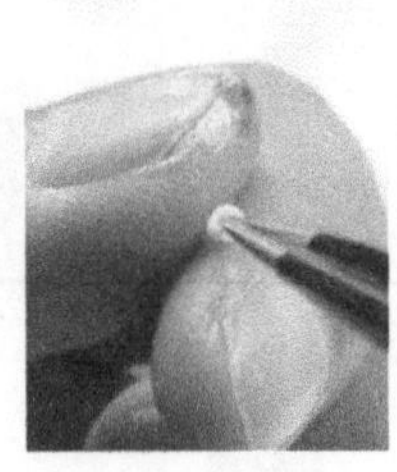

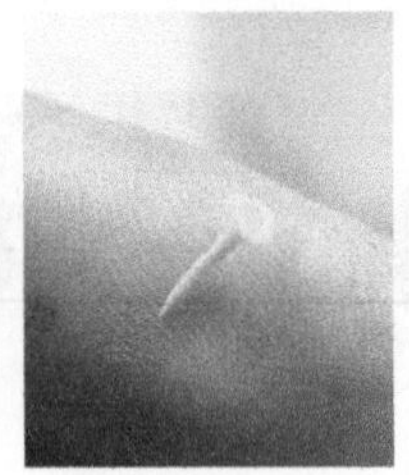

10 用镊子制作出喇叭状的花蕊并插在花心，完成九莲灯的制作。

4.1.3 制作辅助花材

小雏菊

小雏菊的花瓣短小，形态类似菊花，同属菊花科。小雏菊大多为白色，代表浪漫唯美。

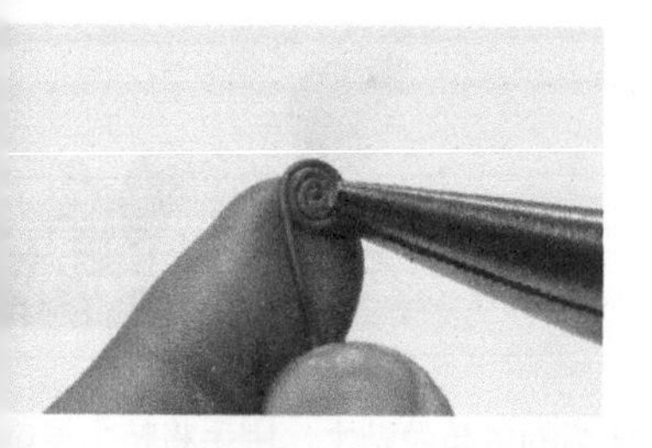
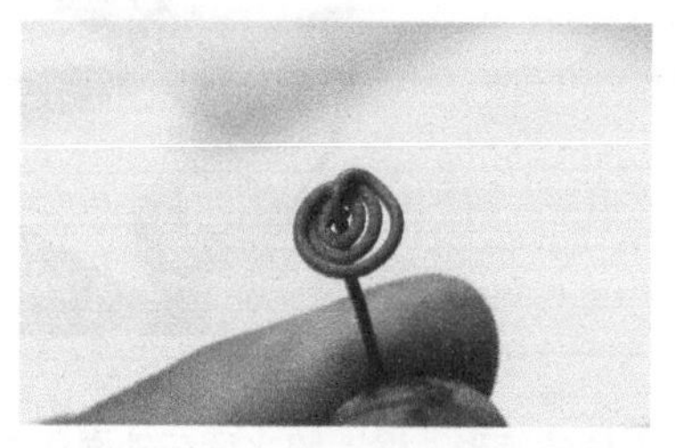

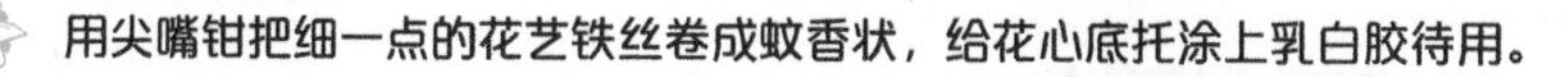

01 用尖嘴钳把细一点的花艺铁丝卷成蚊香状，给花心底托涂上乳白胶待用。

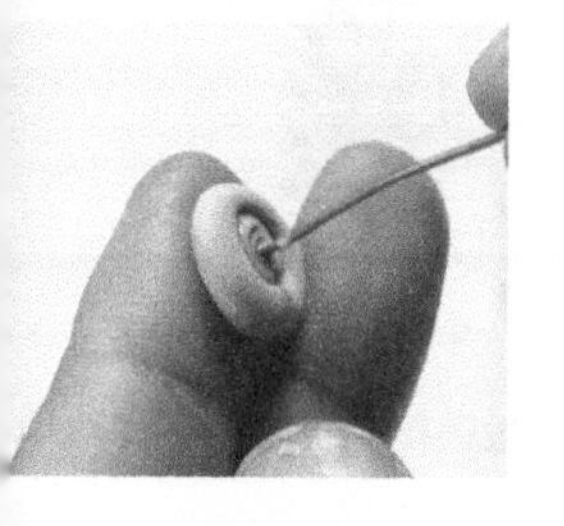
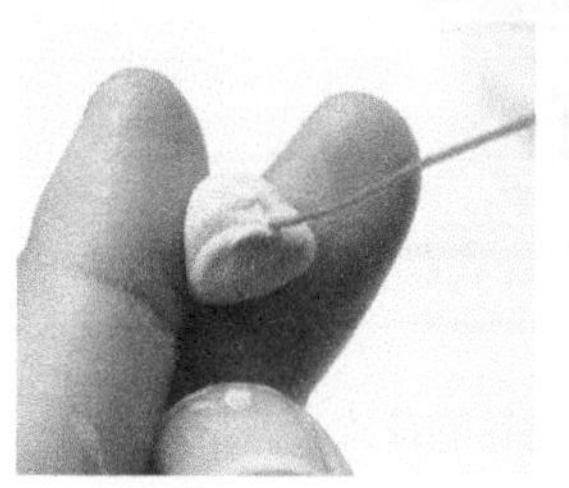

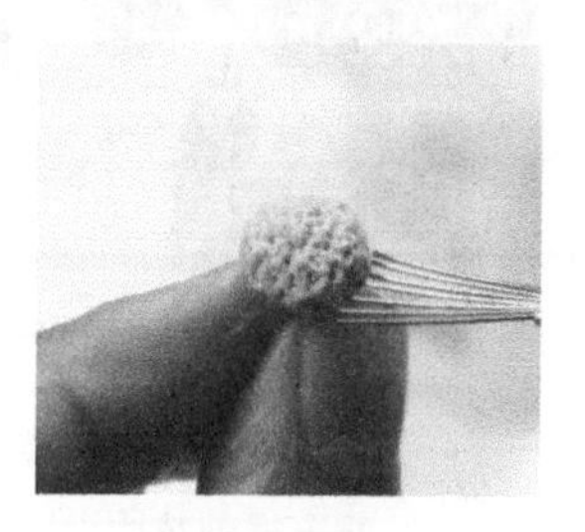

02 在花心底托外包裹适量的金黄色黏土，并用双勺形调整花心形状，用七本针在花心表面戳出密集的小针孔，制作小雏菊花心的纹理效果。

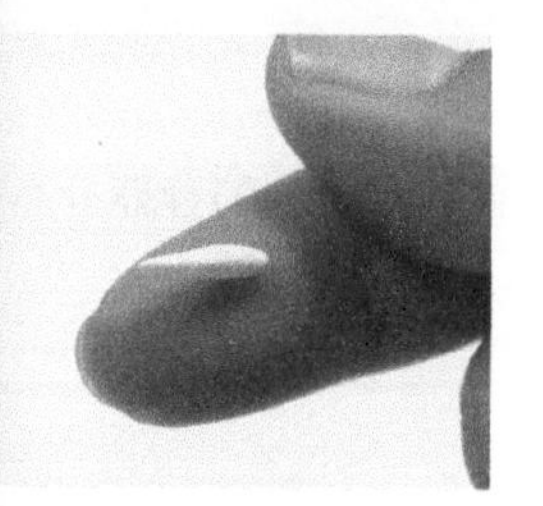

03 将少量白色黏土搓成小水滴状，先用拇指指腹压扁，再用镊子夹出小雏菊花瓣的内凹弧度。

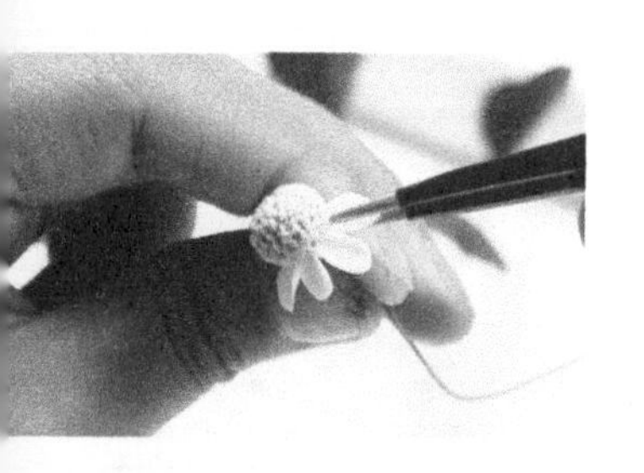

04 用镊子把做好的花瓣一一粘在花心的底部，小雏菊制作完成。

金槌花

金槌花也称黄金球，整体外形类似棒槌状或圆形状，花茎顶部的球形花由众多的小花片组合而成。

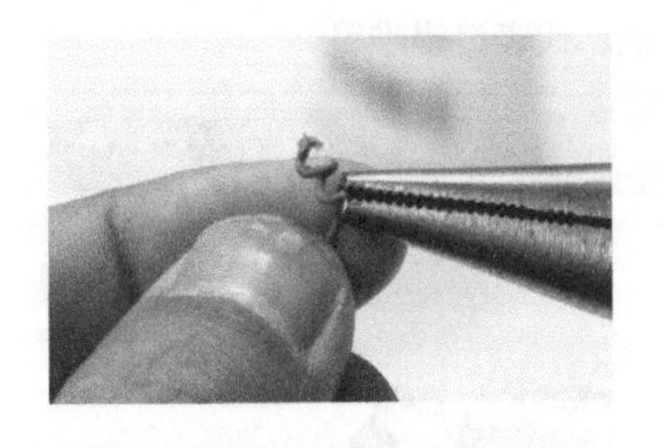

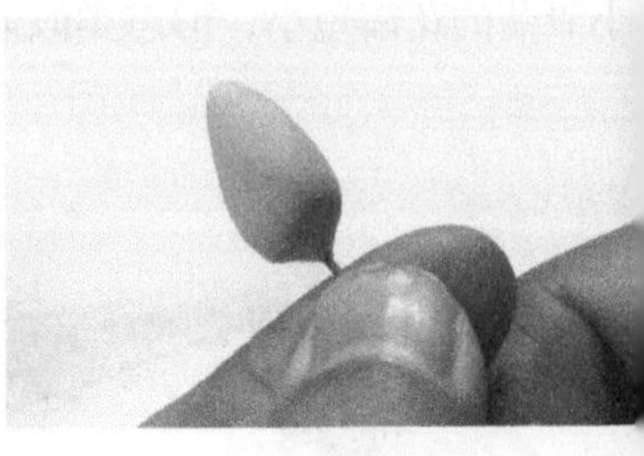

01 将细一点的花艺铁丝用尖嘴钳卷成螺旋形，涂上胶水后在外面包裹适量的金黄色黏土，用手将黏土捏成金槌花花体的形状。

02 先将金槌花的花体垂直向下，然后用剪刀剪出金槌花的花片。剪花片时，握住金槌花的手指要缓慢转动便于修剪花片。

落新妇

落新妇的花茎为圆柱形，上面长有细碎的小碎花和圆锥状的细枝。制作时需注意花叶之间的合理分布，可不必过分在意外形。

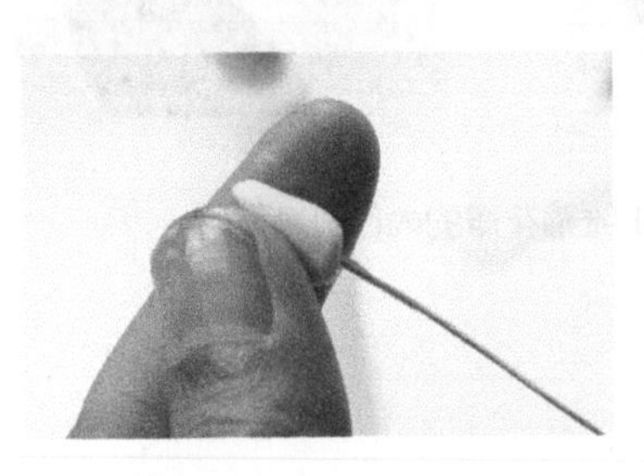
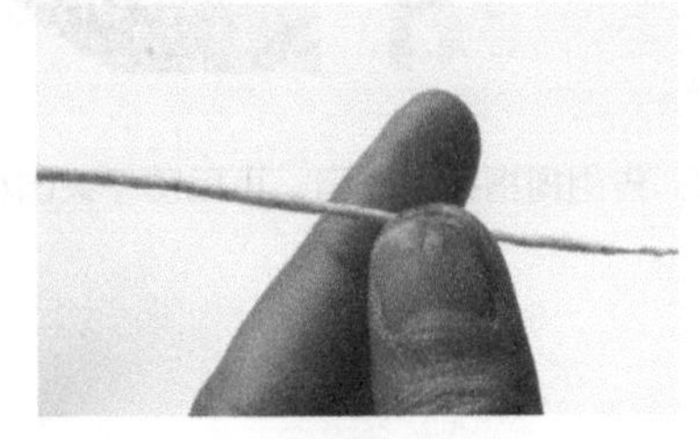
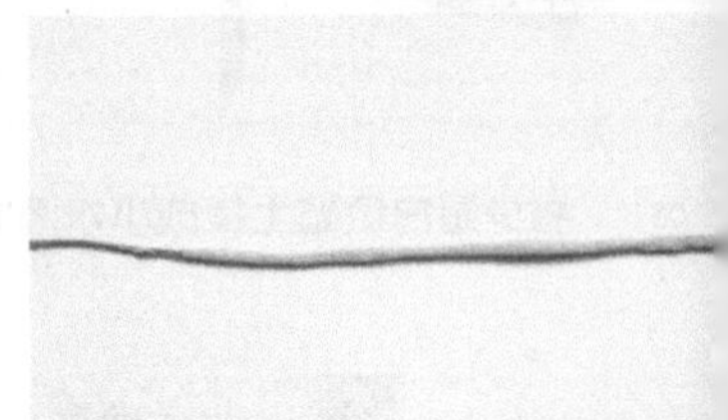

01 在细一点的花艺铁丝上包裹一层嫩绿色黏土，做出新落妇的花茎。

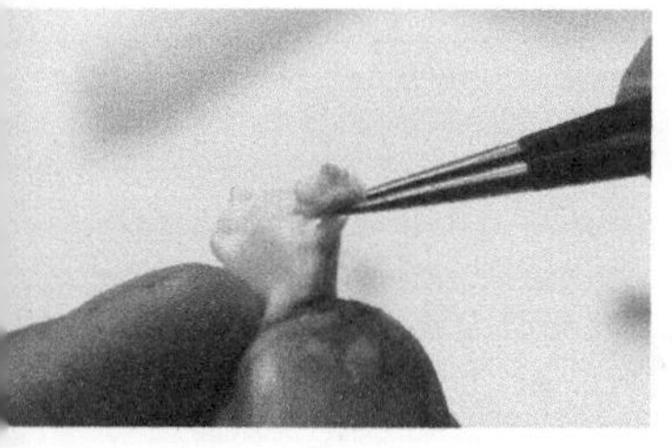

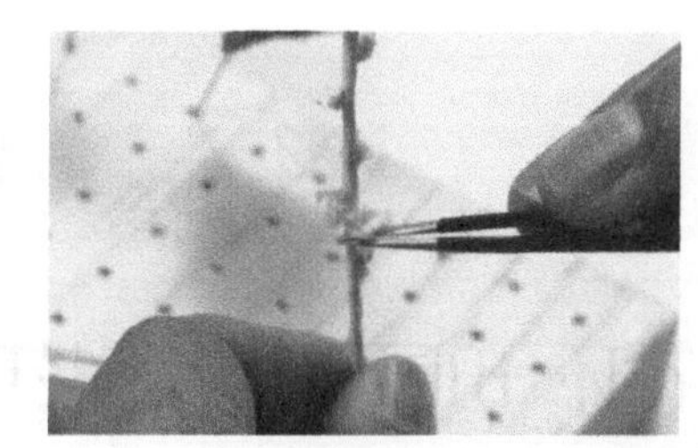

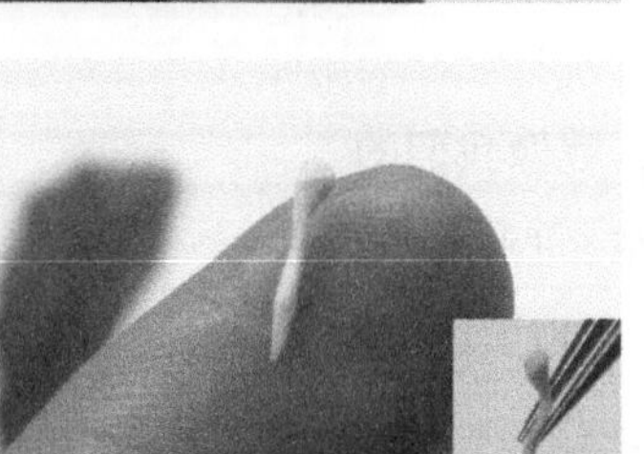

02 用镊子先在嫩绿色黏土上夹出小碎花并固定在花茎上，再把搓好的圆锥状细枝条固定在花茎上，最后粘上少许白色碎花状黏土，落新妇制作完成。

4.1.4 包装花束

主体花材：九莲灯

辅助花材：草莓叶、小雏菊、金槌花、落新妇

01 先将花材按前、后高低错落的层次关系进行整体组合，在手把处用铁丝相互缠绕固定，做出花束的造型。

02 花束初步固定后，先用透明包装纸对花束进行包装（注意包装纸的造型），再用麻绳缠绕，避免划伤手掌（手把处有铁丝），最后用白色织带系上蝴蝶结即可。

花环·田园风六出花花环

它静静地躺在那里，看上去无比温暖和美丽，就像我们的友谊，不会因岁月的流逝变淡，而是越来越浓，心底的友谊之花也将一直绽放……

花环的整体造型为圆形，参考田园特有的朴实特性而创作，表现了贴近自然、朴实无华的风格。

花环整体为粉色调，再配合枯藤特有的咖啡色，表现了田园生活的浪漫与闲适。

案例中只用了一种花材，并将其固定在花环的下半部分，在花环上半部分设计了一只停在鸟窝里的小鸟和一个粉色的蝴蝶结。

4.2.1 准备黏土和工具

准备黏土

准备工具及配件材料

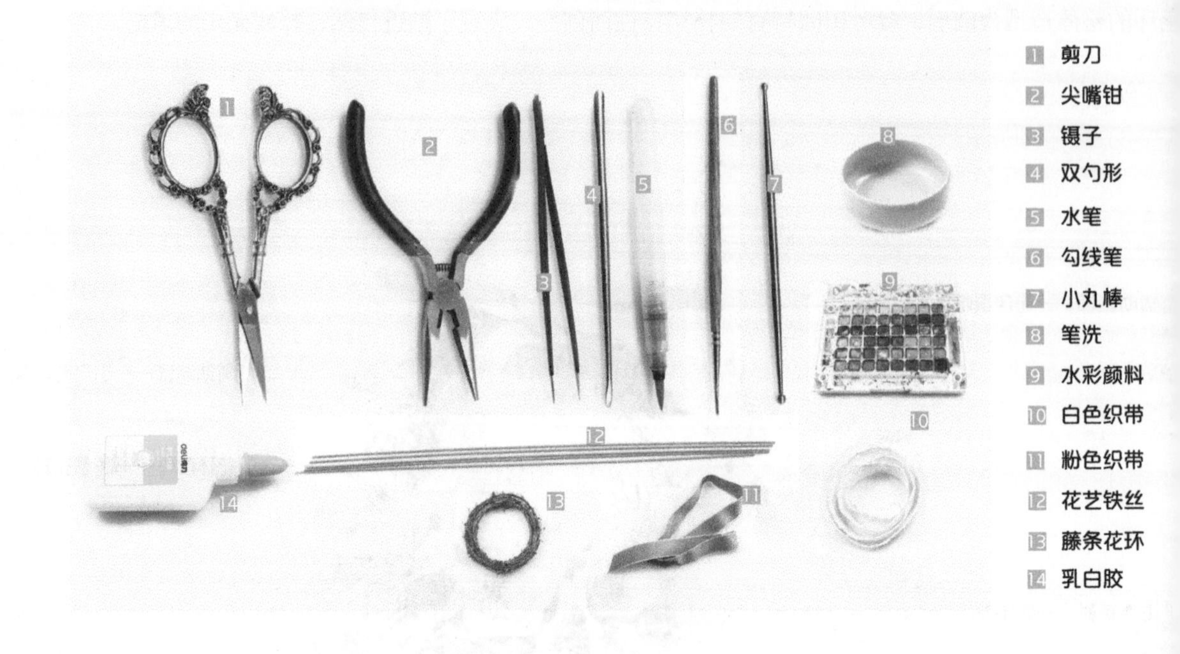

4.2.2 制作花材

六出花

六出花的花瓣为长椭圆形，表面有多条纹理，顶端偏圆，基部较窄，边缘薄呈微波状，同时微微向内弯曲。

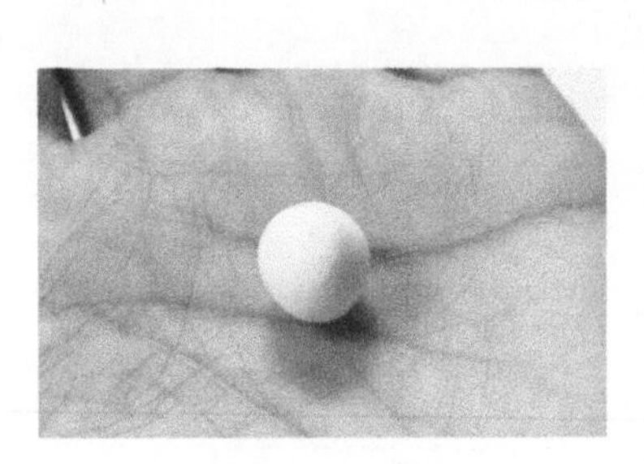

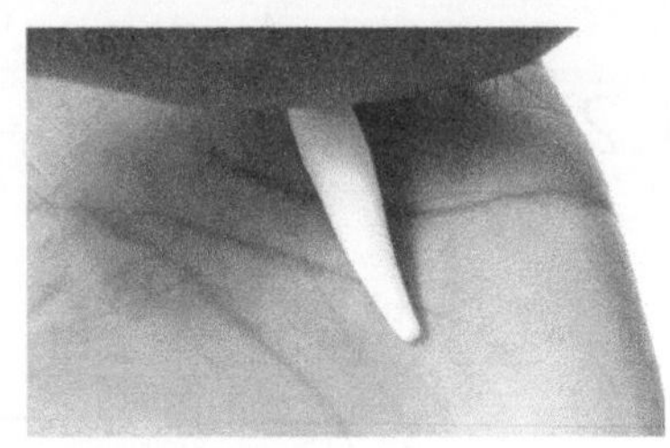

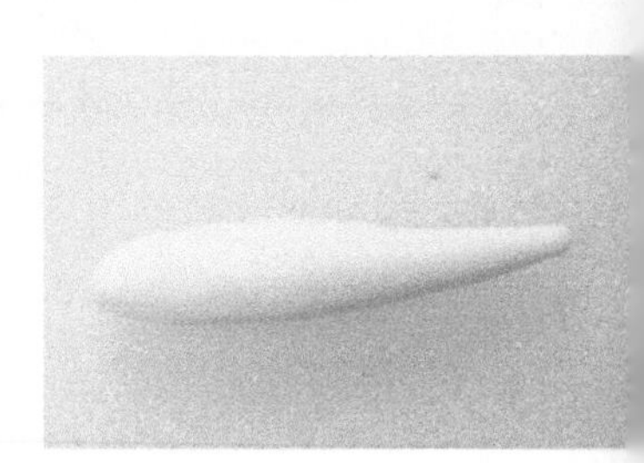

01 将适量白色黏土搓成球状，然后在此基础上搓成长椭圆状。

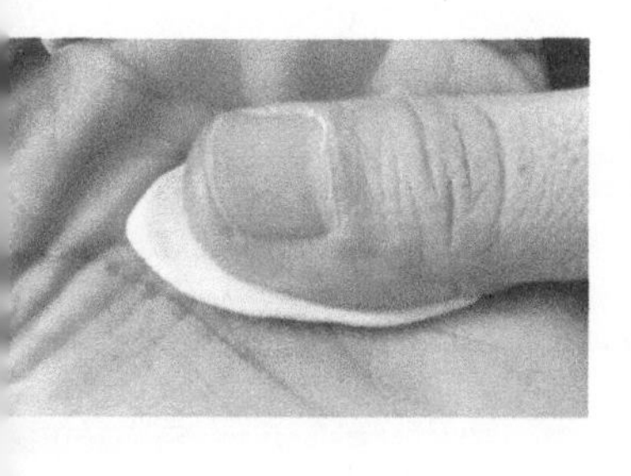

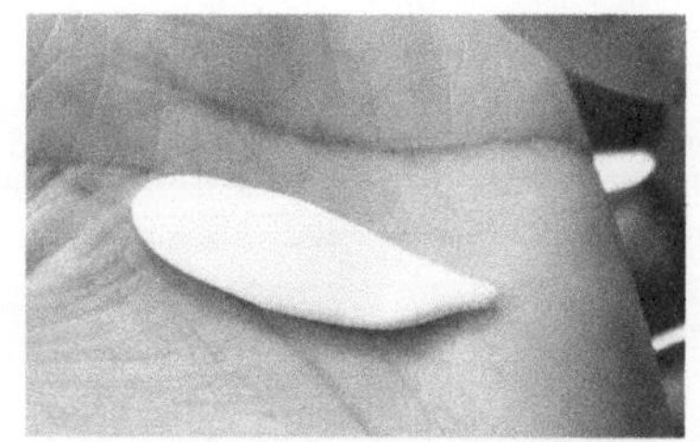

用大拇指指腹把椭圆状的黏土条压成薄片，做六出花的花瓣。

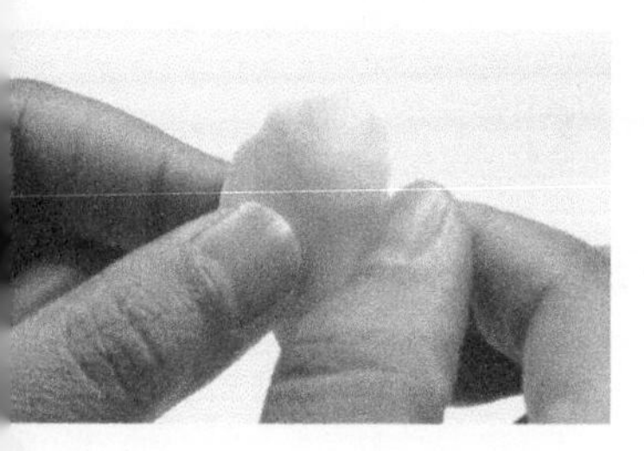

做出六出花的花瓣形状后，再用双勺形的侧面划出花瓣表面的线状纹理。

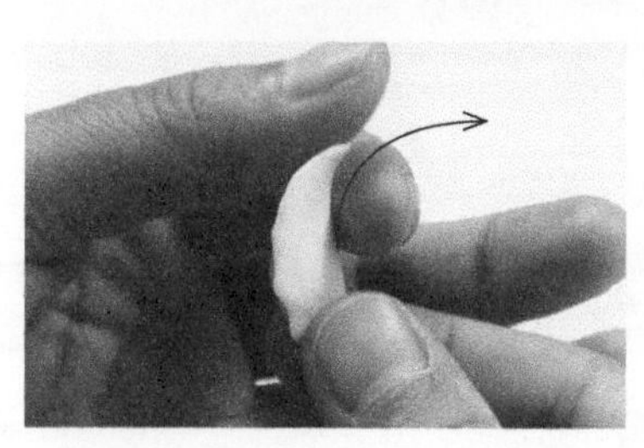

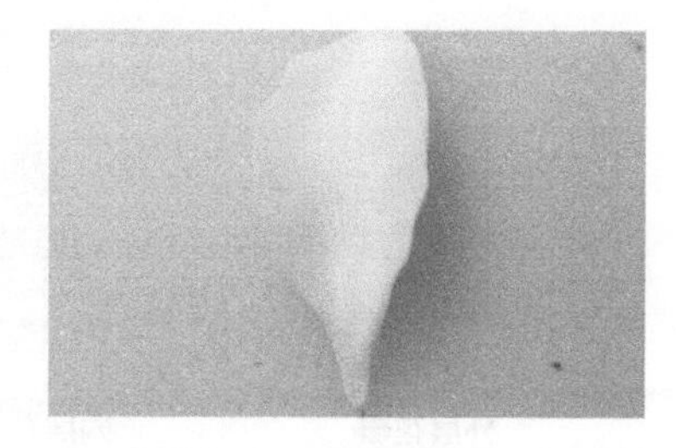

04 用手指挤压花瓣，让花瓣向中心合拢形成明显凹槽。接着用拇指配合食指将花瓣的顶部向外翻，完成第一种花瓣的制作。

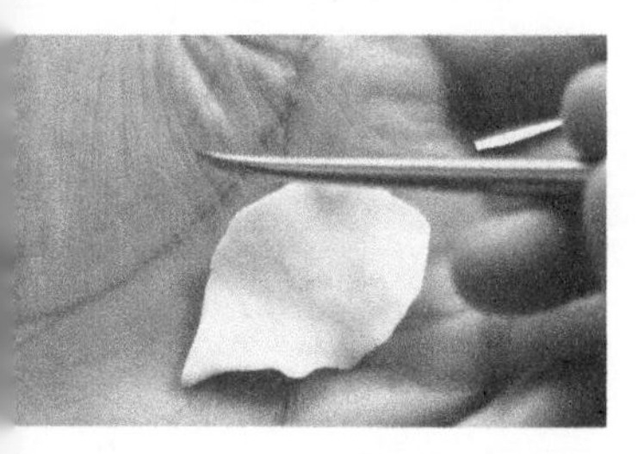

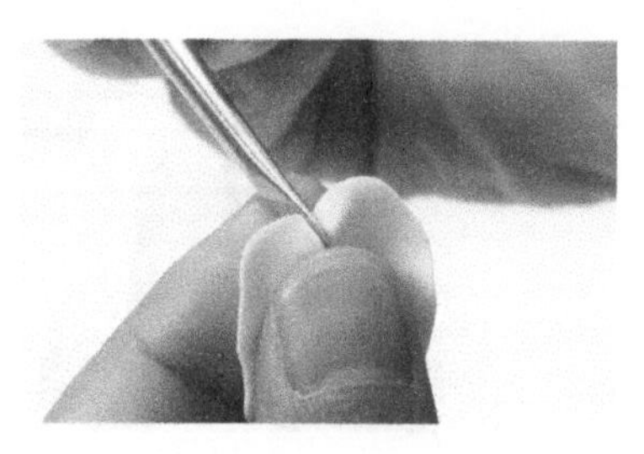

用白色黏土捏出花瓣片的基础形后，用双勺形的侧面把花瓣的顶部切出一个凹槽。

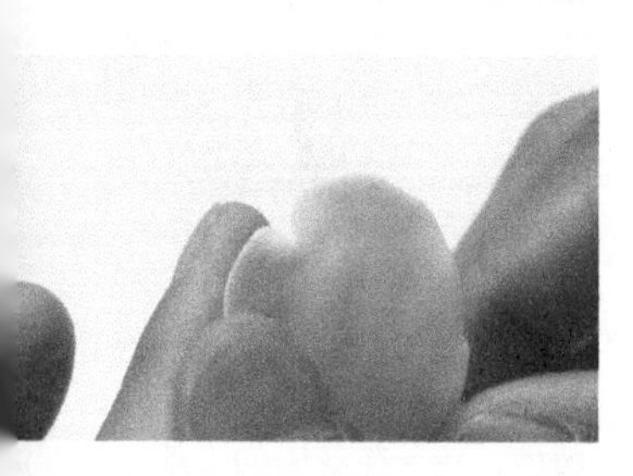

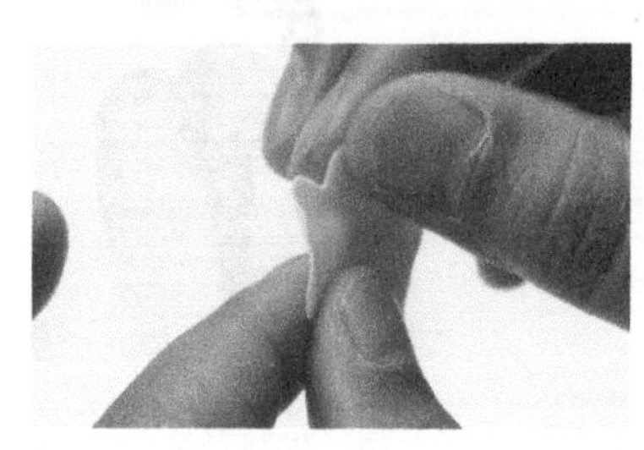

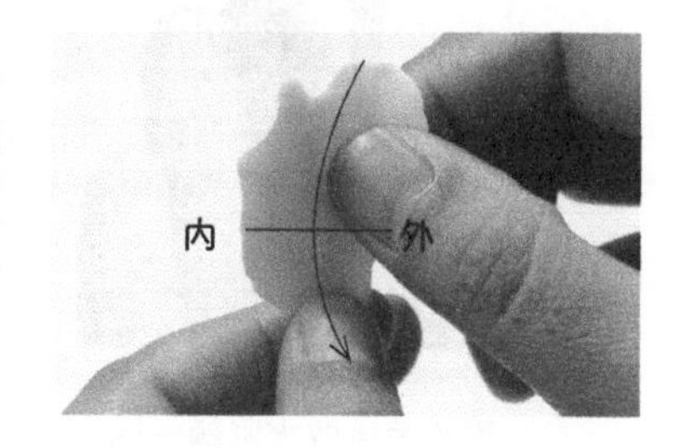

做出花瓣形状后，再用手指分别捏住花瓣的底部与顶部，将花瓣向内弯曲，做出花瓣内凹弯曲的效果。

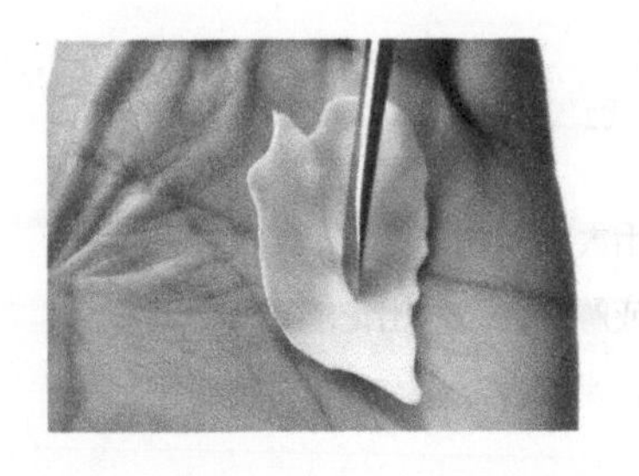

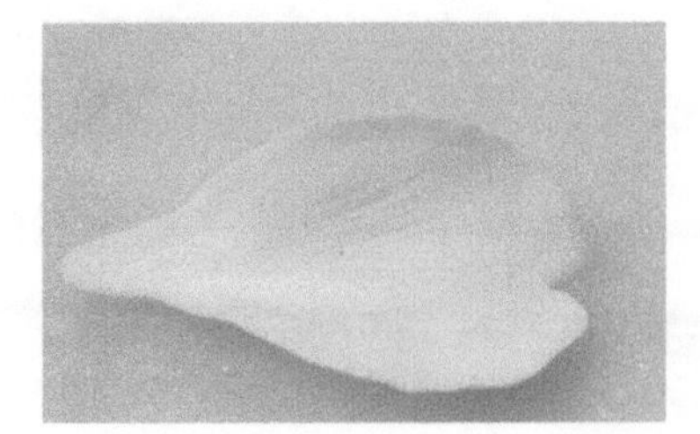

在做好的花瓣表面用双勺形的侧面划出线状纹理，完成第二种花瓣的制作。

小贴士

六出花由两层不同形状、不同大小的花瓣组成，每层 3 片，共 6 片。外层花瓣顶部有明显凹槽，且花瓣较大，内层花瓣顶部无凹槽，且花瓣偏小。

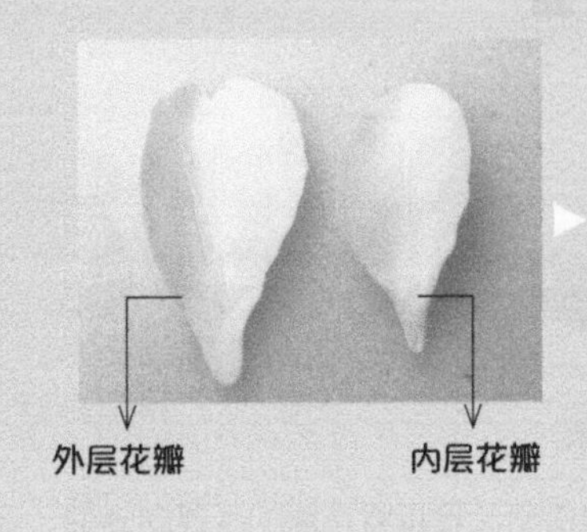

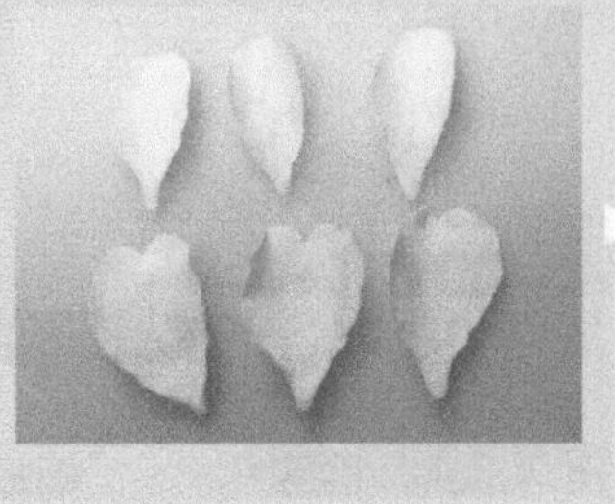

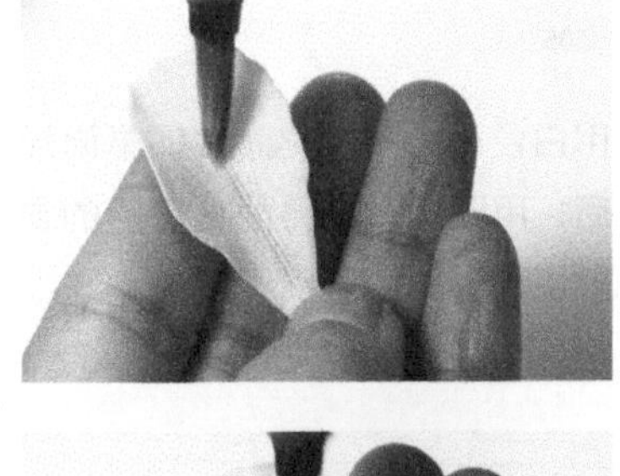

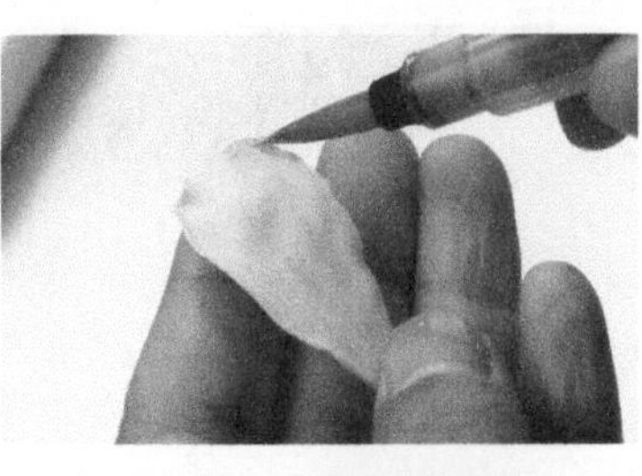

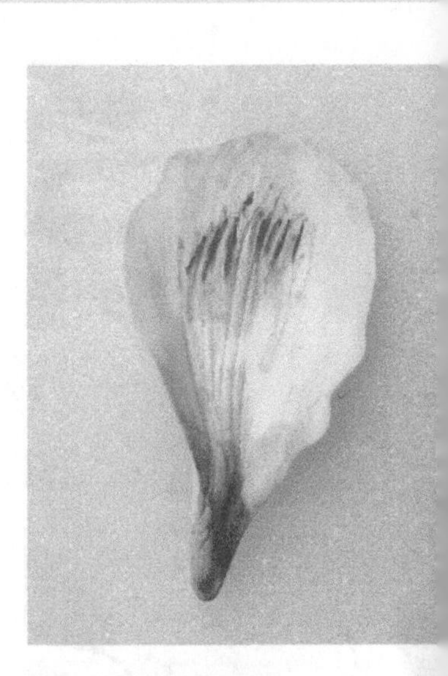

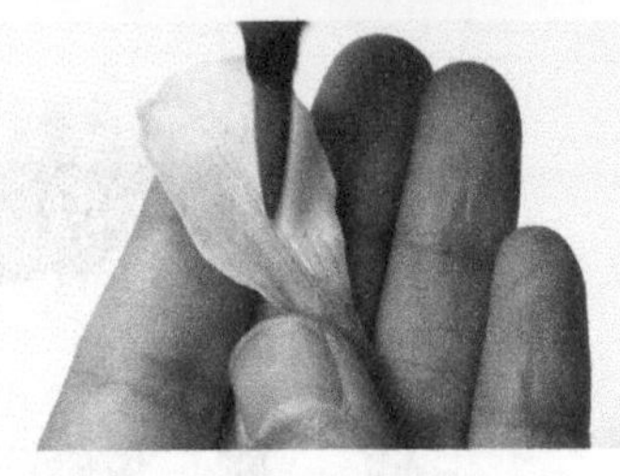

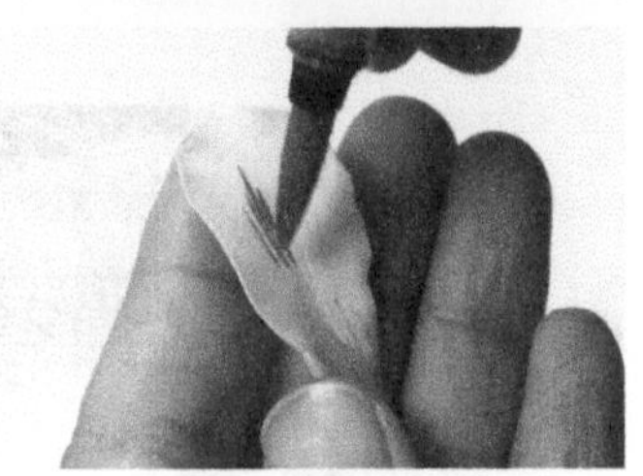

08 用水笔蘸取水彩颜料给六出花的内层花瓣上色，先在花瓣的中心涂上黄色，接着在花瓣的尖部和根部涂上玫红色。

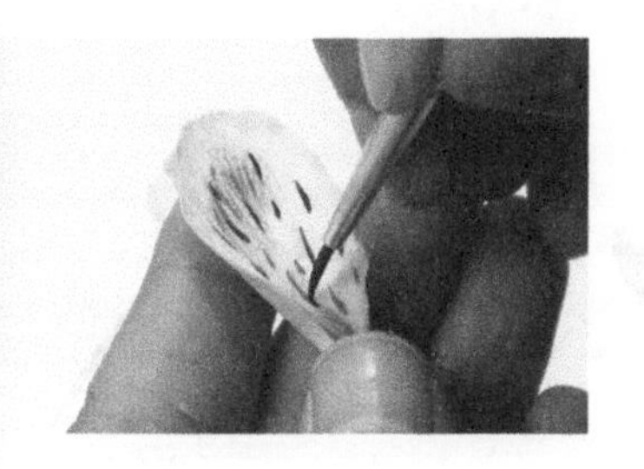
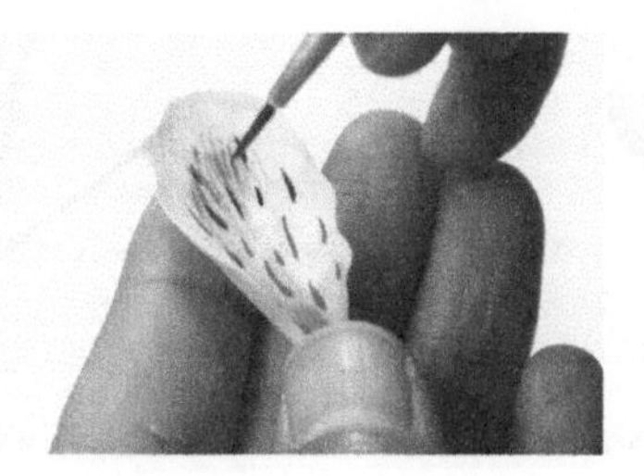

09 用勾线笔蘸取水彩颜料勾画六出花内层花瓣表面上的紫红色斑点。

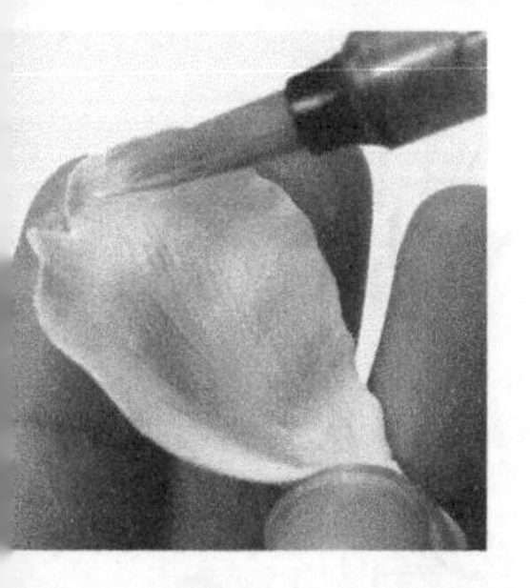

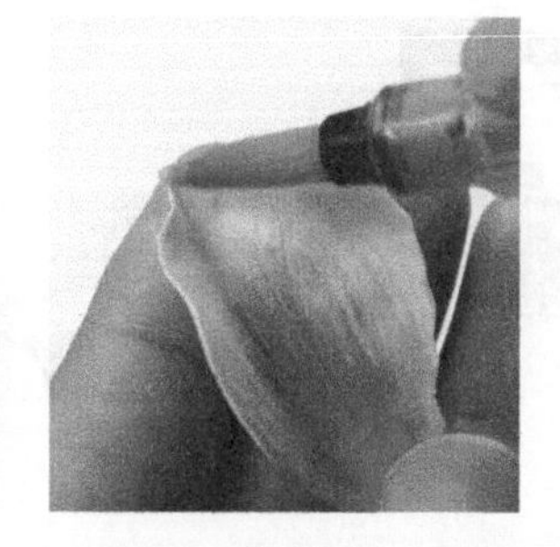
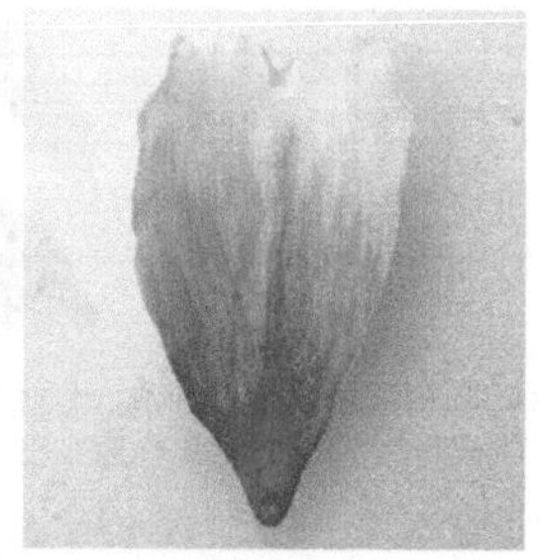

10 用水笔分别蘸取黄绿色和玫红色水彩颜料给六出花的外层花瓣上色，并在花瓣顶部的凹陷处点上少量绿色。

11 继续用水笔分别蘸取黄绿色和玫红色水彩颜料给所有花瓣的背面涂色。

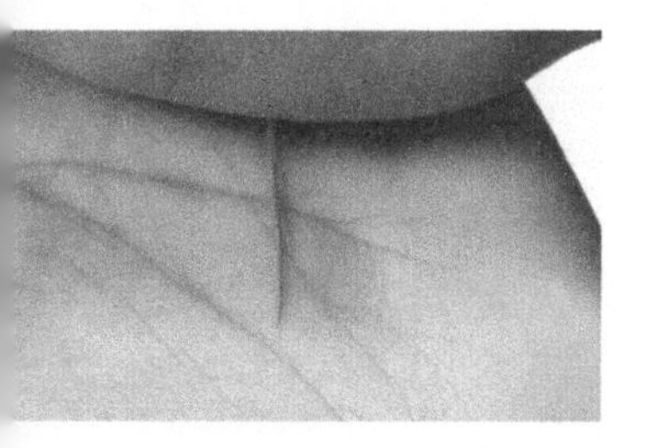
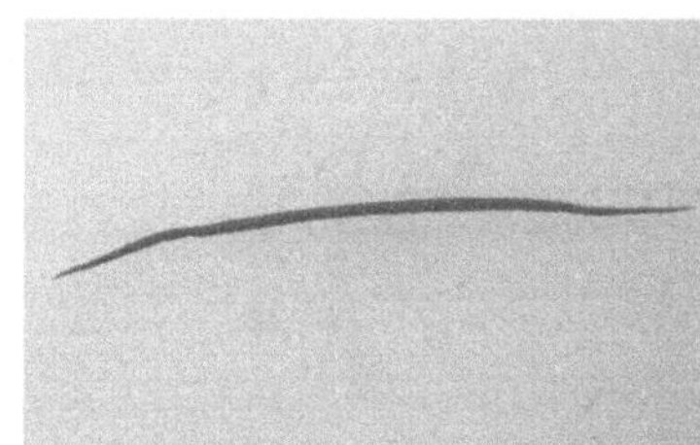

12 用适量玫红色黏土搓成细长条做花蕊。

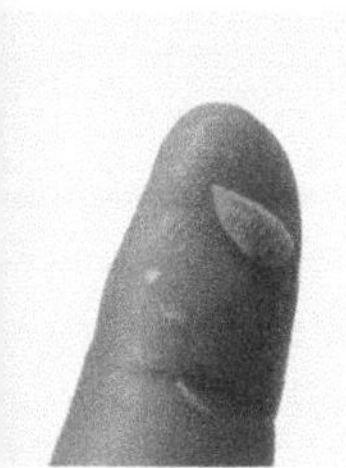
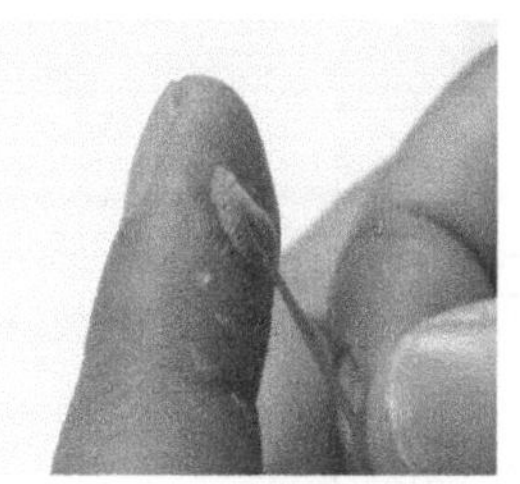
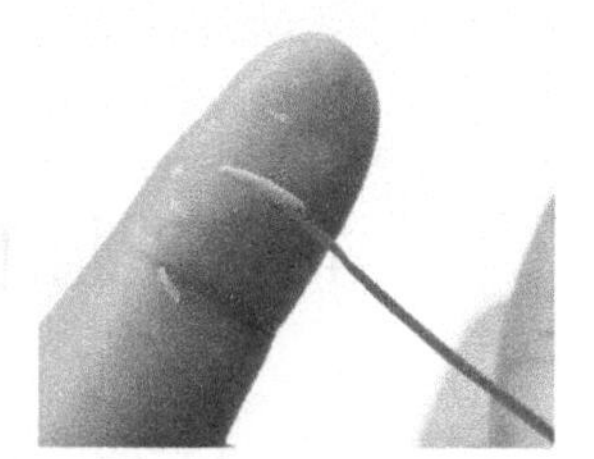
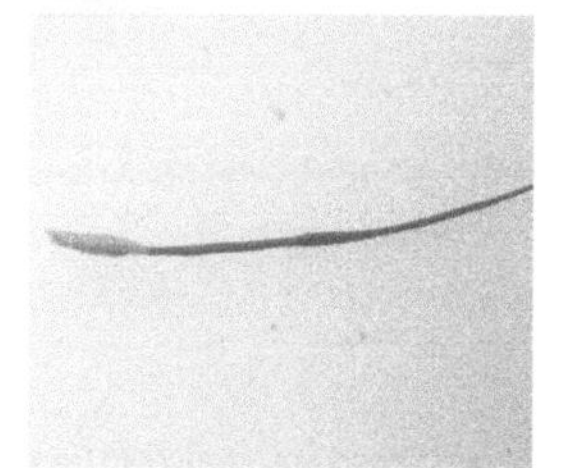

13 用黄色黏土片包裹在花蕊的一端做花药。

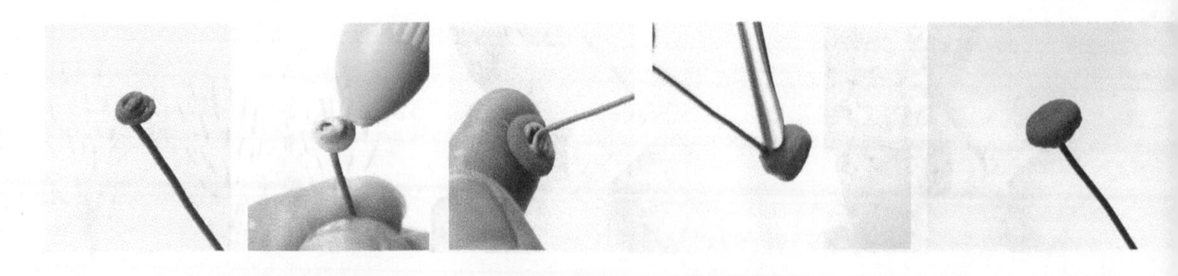

14 准备一个卷好的花心底托，涂上乳白胶后用玫红色黏土包裹做出花心，再用双勺形调整花心形状。

15 将内层花瓣用乳白胶固定在花心的背面。

16 用错位粘贴的方式把外层花瓣粘在花心背面。

17 最后用镊子把做好的花蕊插在花心上，完成六出花的制作。

4.2.3 制作小鸟和鸟窝

小鸟不但可以装饰花环，还为作品增添了一些自然生命的活力。

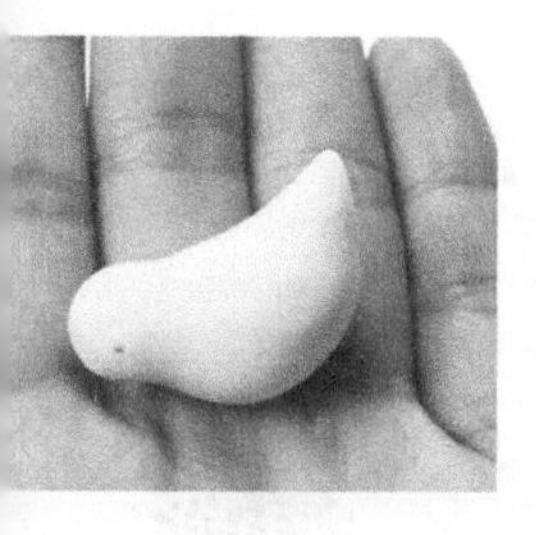
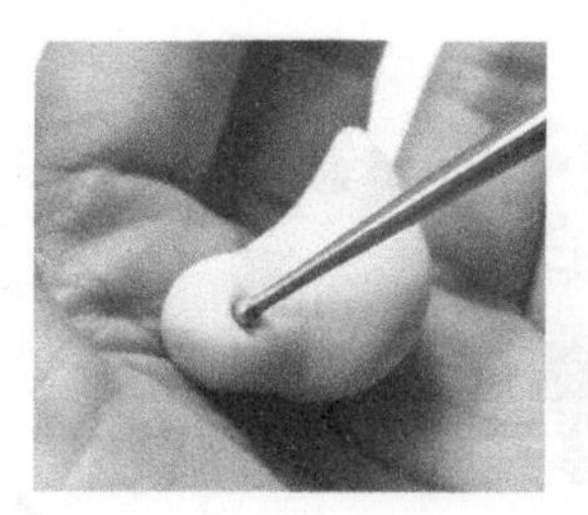
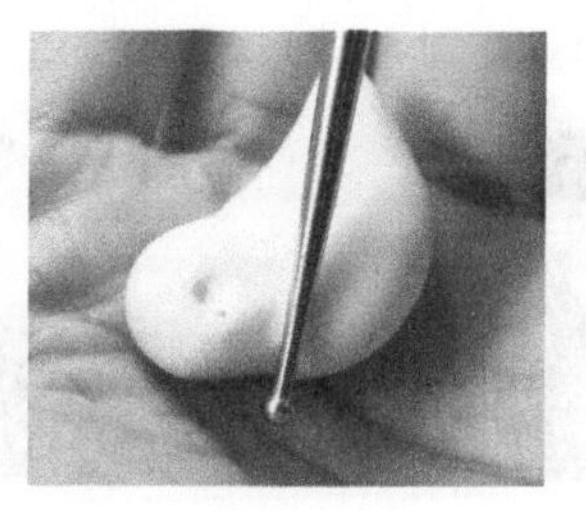
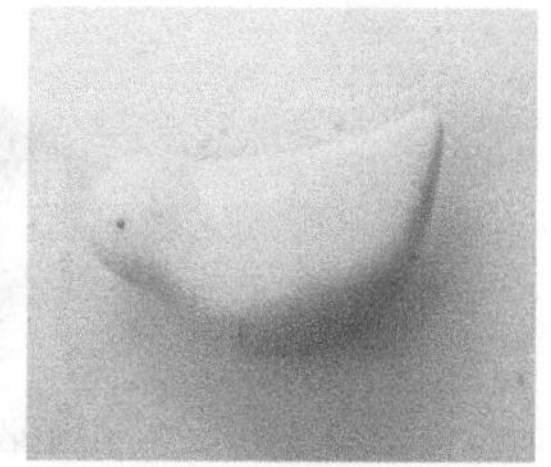

01 先用白色黏土捏出小鸟的轮廓外形，然后用小丸棒压出小鸟眼部的凹槽，再调整小鸟颈部的轮廓。

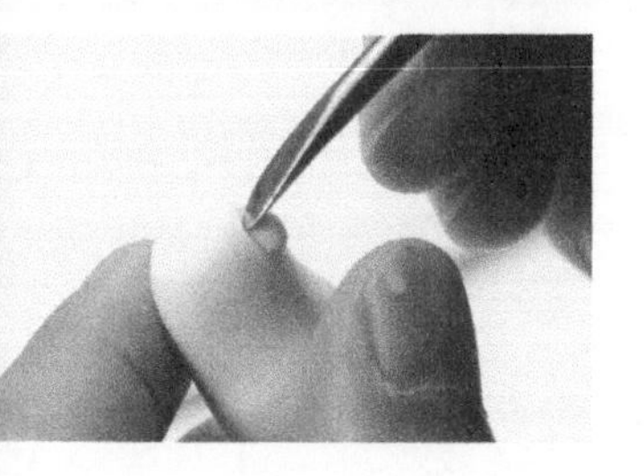
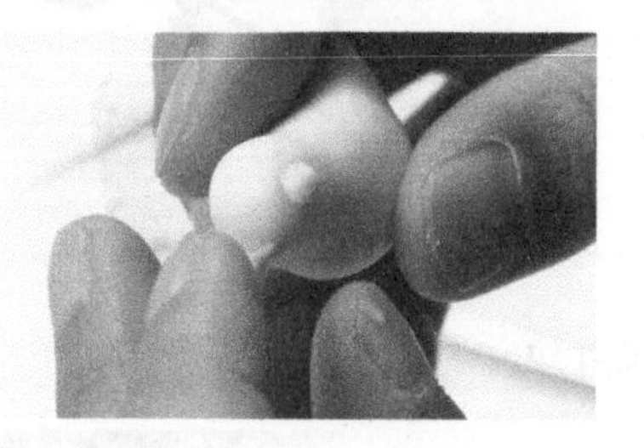
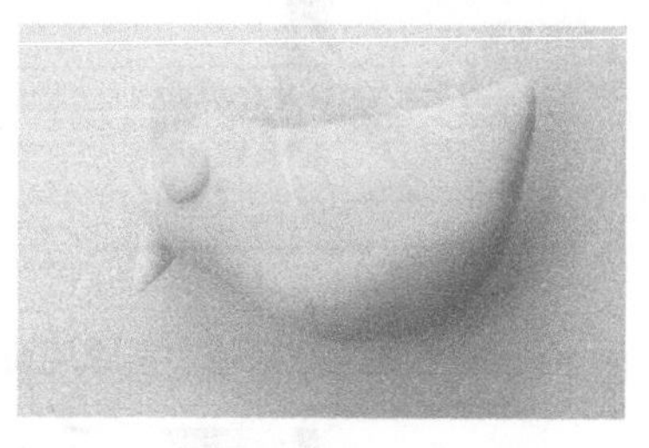

02 用黏土搓一颗白色小圆球放入小鸟眼部的凹槽内，再用双勺形调整眼型。

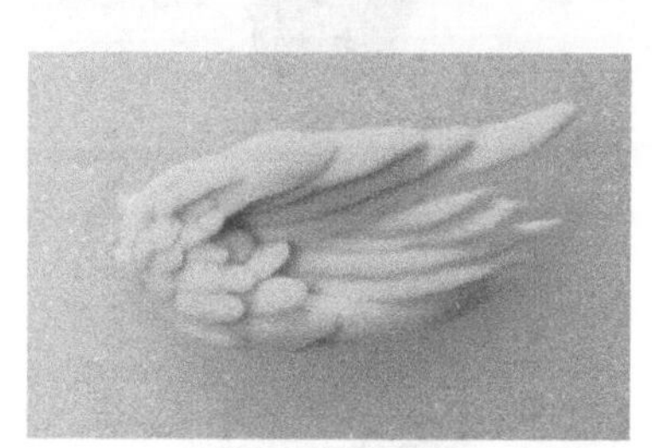

03 用形状各异、大小不一的白色黏土片制作出小鸟的尾巴和翅膀。

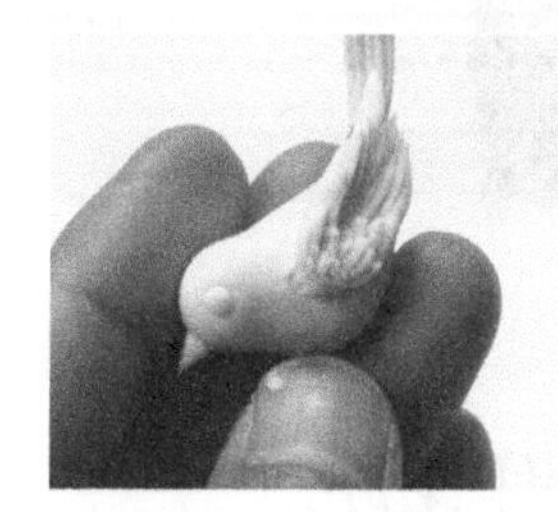
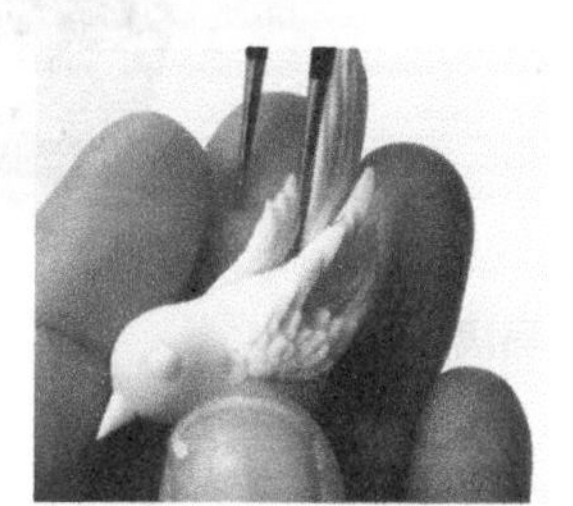

04 在鸟尾的尾部插入一截细铁丝，然后把小鸟的尾巴和翅膀粘在相应位置上。

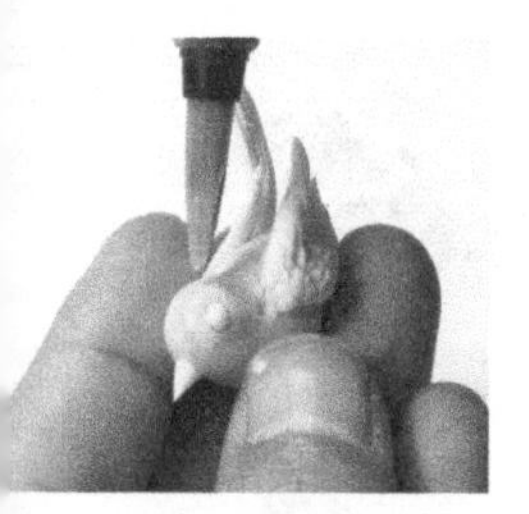
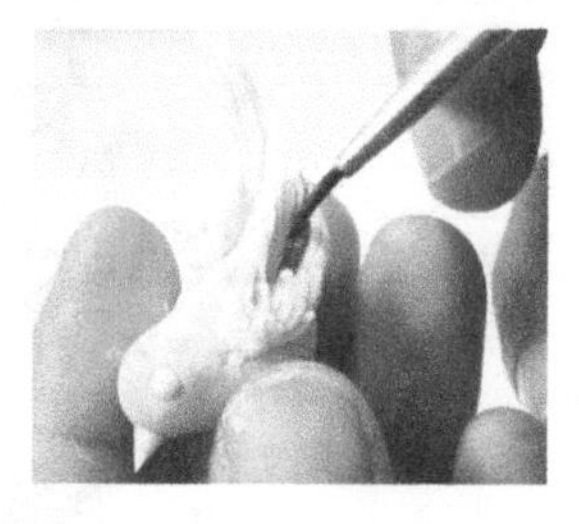
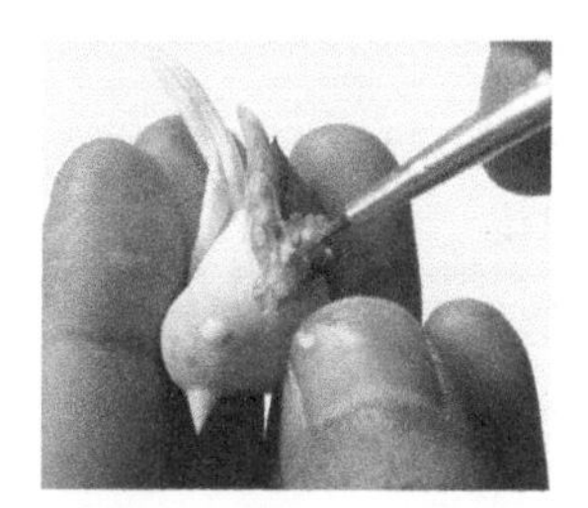
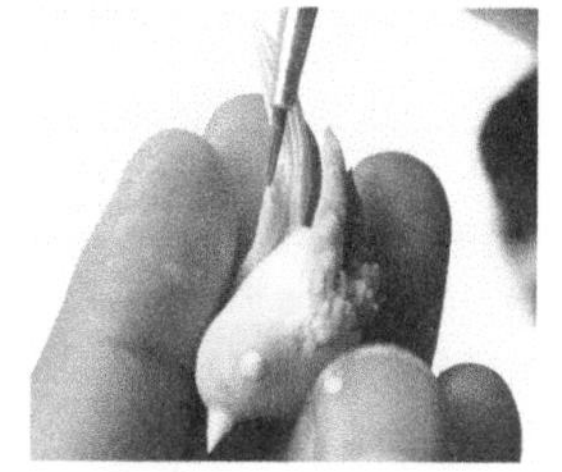

05 用勾线笔分别蘸取蓝色和绿色水彩颜料给小鸟的头部和翅膀上色。

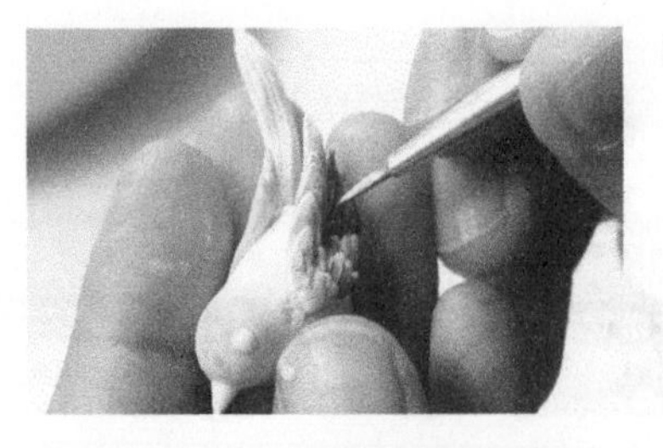
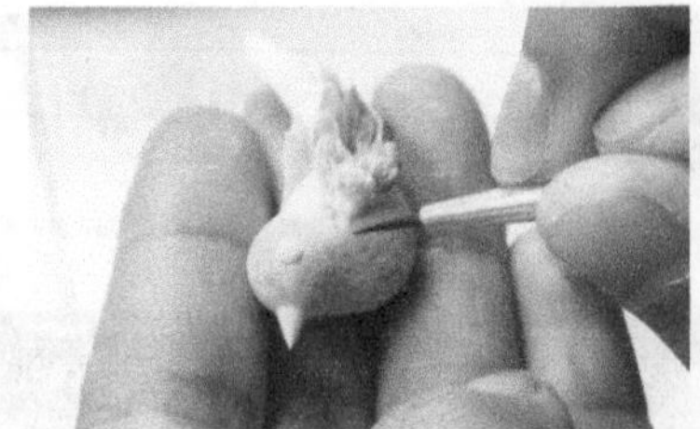

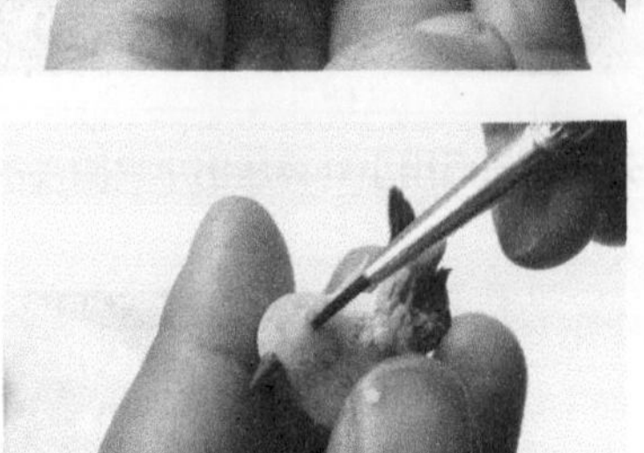

06 继续用勾线笔给小鸟添加斑点花纹。

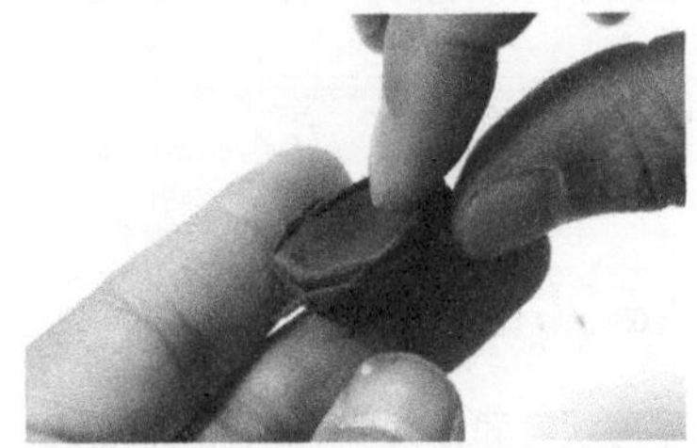
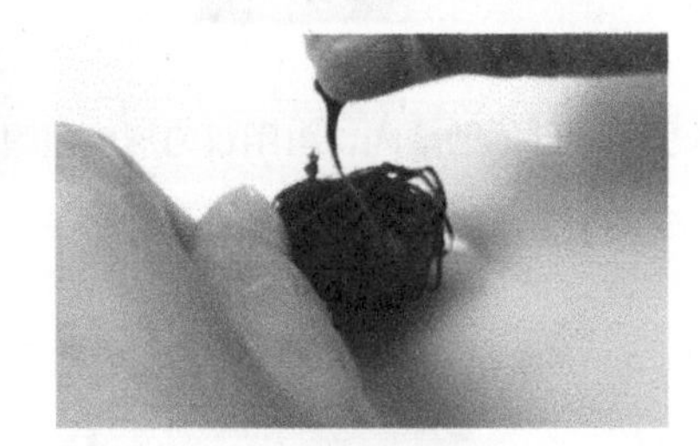

07 用咖啡色黏土做一个鸟窝。

4.2.4 制作花环

主体花材：六出花

辅助材料：藤条花环、小鸟和鸟窝、粉色织带

准备一个圆形藤条花环，把制作的六出花固定在花环的下半部分。

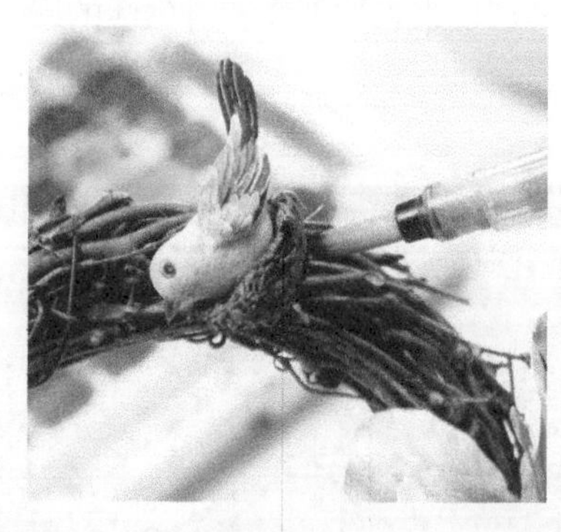

02 用乳白胶把鸟窝粘在花环的右上方，把小鸟固定在鸟巢内，再用水笔蘸一些黄色水彩颜料涂在鸟窝的表面。

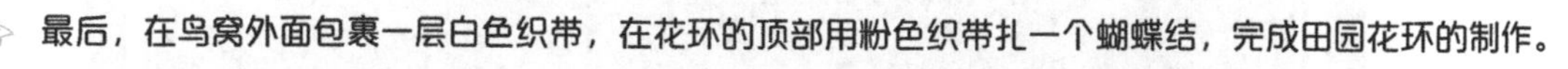

03 最后，在鸟窝外面包裹一层白色织带，在花环的顶部用粉色织带扎一个蝴蝶结，完成田园花环的制作。

4.3 插花·用花憧憬生活

插花是将不同种类的花材经过修剪处理与创作加工而成，通过营造一种意境来表达创作者对生活的感悟。

案例中的插花要表达的主题是“浪漫甜美”，通过花材的自然之美表达对生活的美好期许。

常见的插花形式有阶梯式、堆积式和焦点式，插花造型有垂直型、倾斜型和下垂型等类型，插花容器也有陶器和金属容器等。花材通常用铁丝捆绑或用花泥固定。插花作品具体选用那种形式和造型，需要根据花艺作品最初的创作想法来定，制作时要依据花材的外形、大小合理安排花材之间的高低疏密关系。

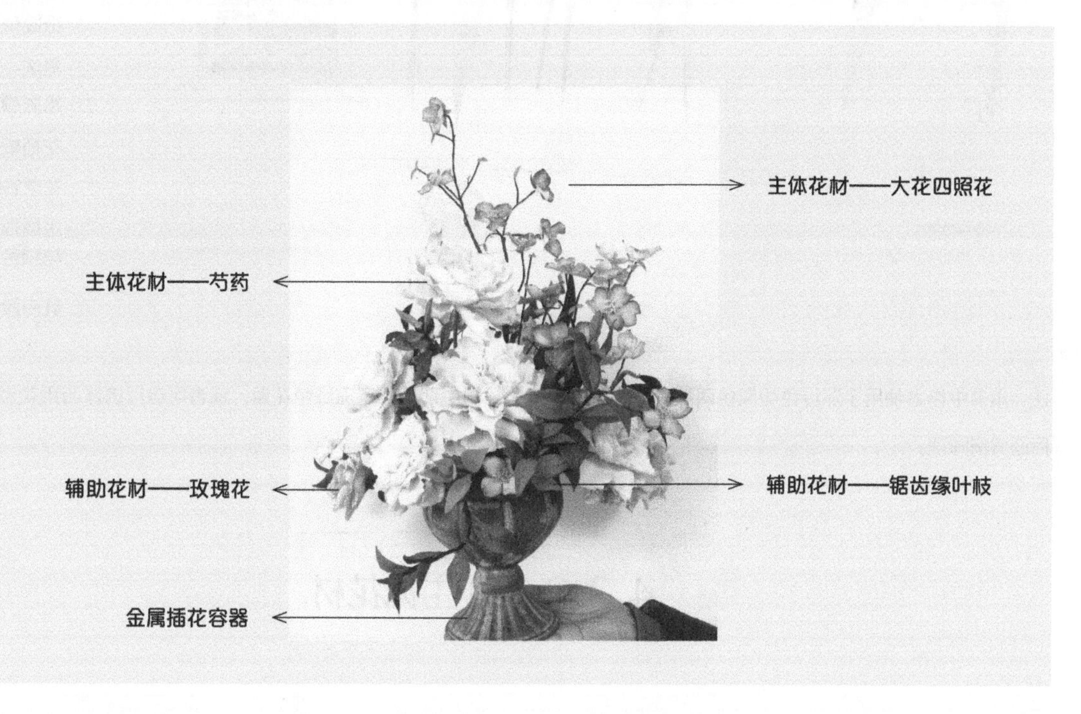

本案例选用了颜色淡雅浪漫的芍药花和甜美的粉红色大花四照花为主体花材，并搭配玫瑰花、芍药花和绿叶等辅助花材，使插花作品的色彩表现更为丰富。

以金属花盆作插花容器，采用阶梯式的插花形式与垂直型的造型，通过芍药花、大花四照花、玫瑰花和叶片等花材的优美姿态，营造出一种浪漫甜美的氛围。

4.3.1 准备黏土和工具

准备黏土

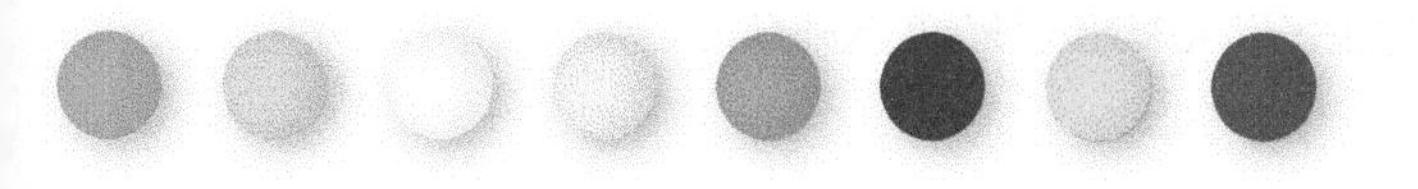

准备工具及配件材料

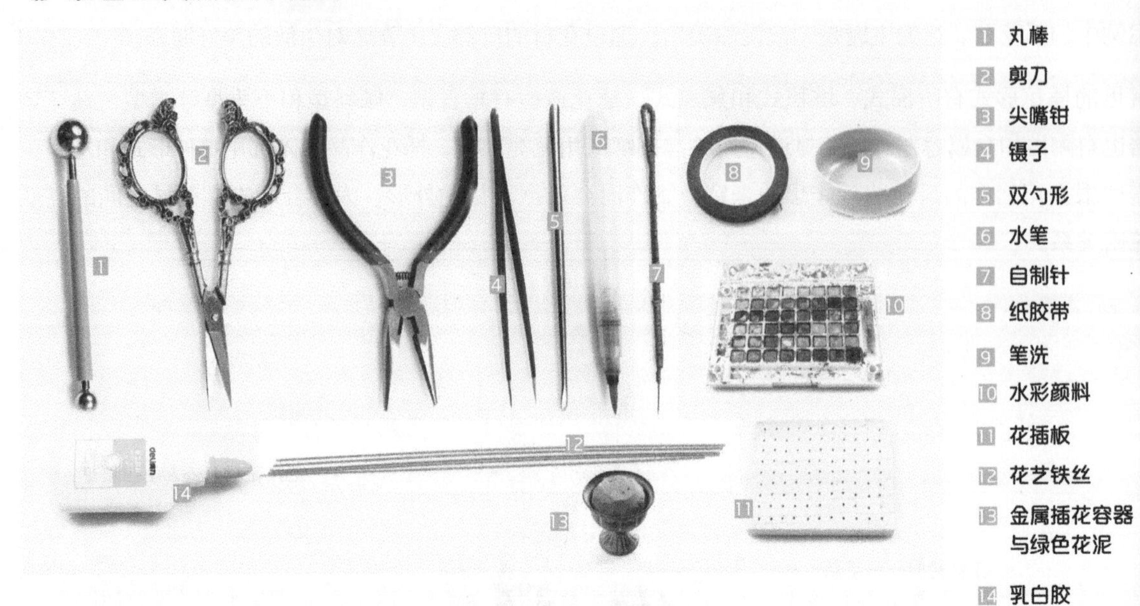

1 丸棒
2 剪刀
3 尖嘴钳
4 镊子
5 双勺形
6 水笔
7 自制针
8 纸胶带
9 笔洗
10 水彩颜料
11 花插板
12 花艺铁丝
13 金属插花容器与绿色花泥
14 乳白胶

注：本书中作者使用了深绿色和灰色两种颜色的花泥，此处案例中使用的是深绿色花泥。读者可自行选择所用花泥的颜色，后面案例同理。

4.3.2 制作主体花材

芍药

芍药花花瓣呈倒卵状勺形，从顶部到底部逐渐由宽变窄，花瓣边缘薄，呈波浪状并向中心凹陷。

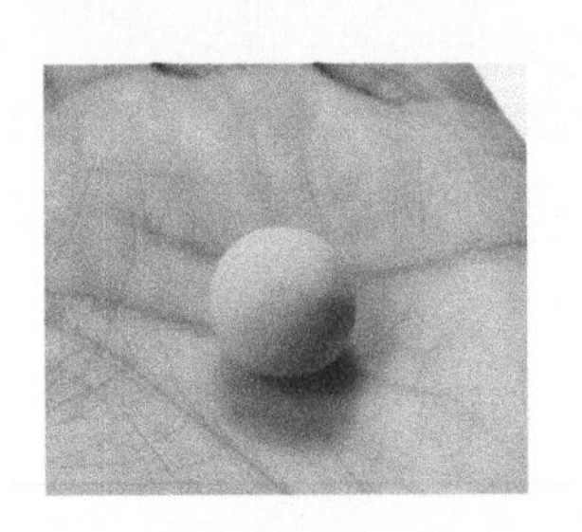

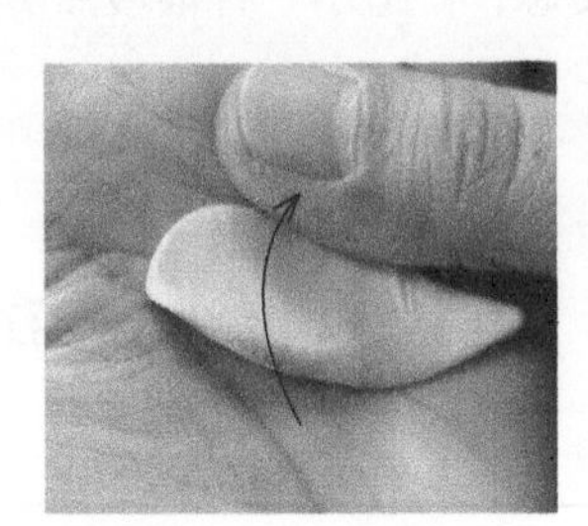
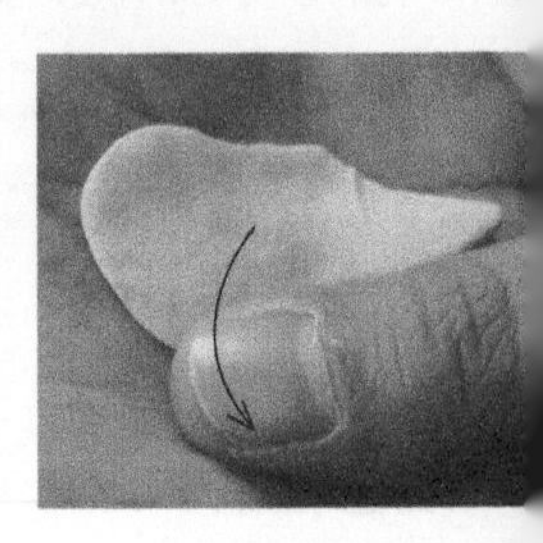

01 把球状的粉色黏土搓成长水滴状，然后用拇指揉出花瓣的大致外形。

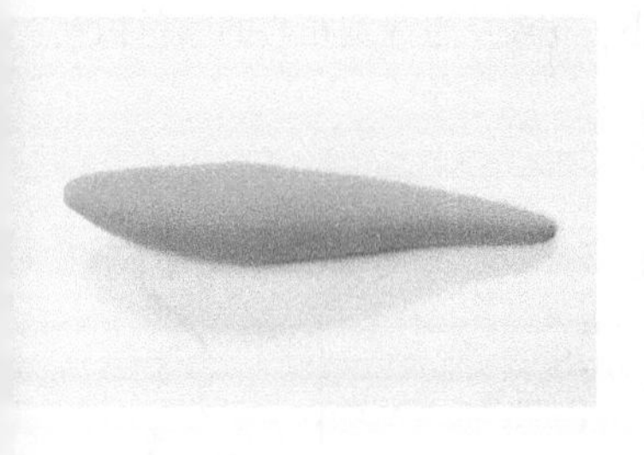

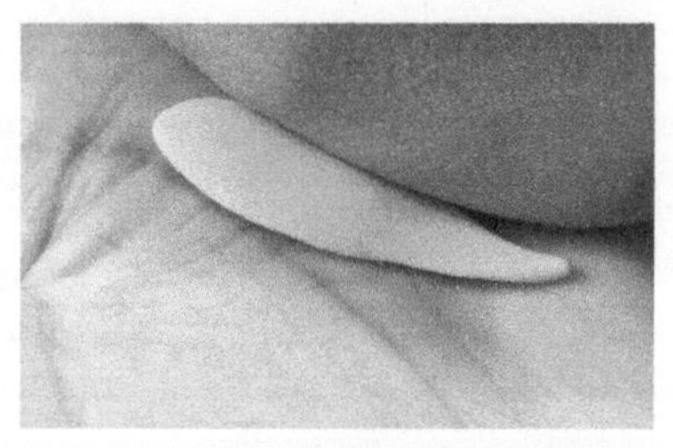

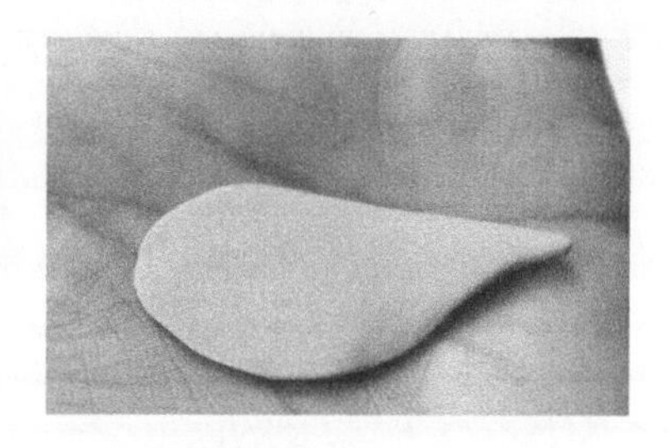

02 除了用拇指揉出花瓣大致外形外，还可用手掌的侧面压出花瓣大致外形。

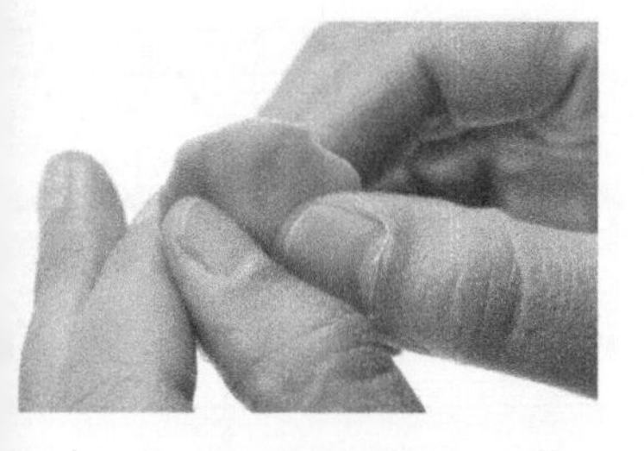

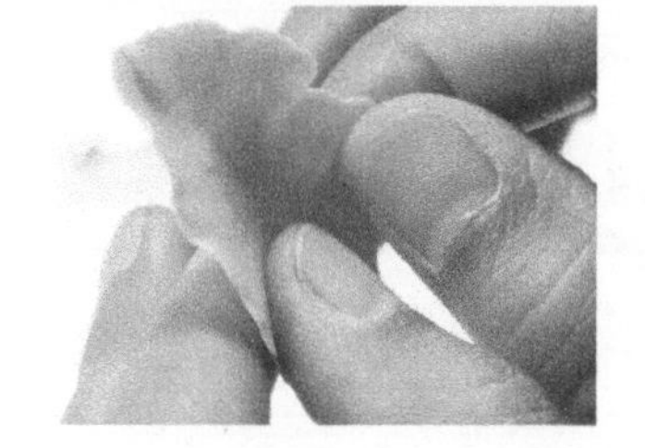

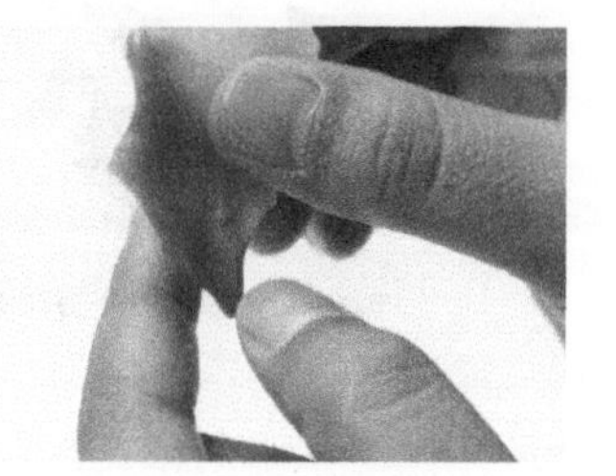

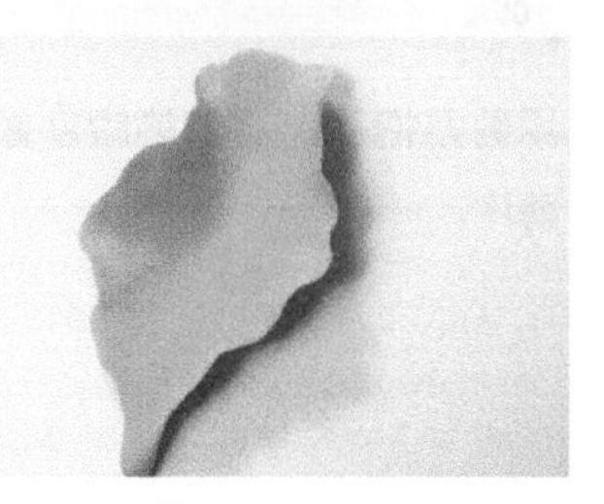

03 用手指反复揉捏，揉出花瓣边缘弯曲的形态，做出向下凹陷的倒卵状勺形花瓣。

04

用前面讲解的两种花瓣制作方法，捏出大约 50 片的芍药花瓣，其中粉色花瓣约 15 片，浅粉色花瓣约 28 片，浅黄色花瓣约 7 片。注意，不同颜色的花瓣具体数量可进行适当调整。

小贴士

案例制作的芍药花形态为菊花型，花瓣层层叠加，并由外向内逐渐变小。花瓣从边缘到花心的颜色和大小也有明显变化。

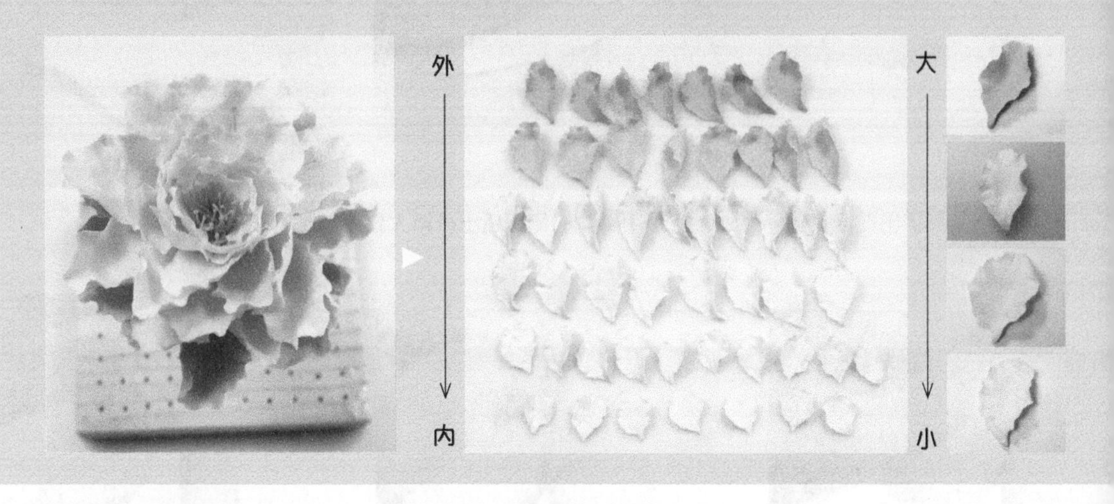

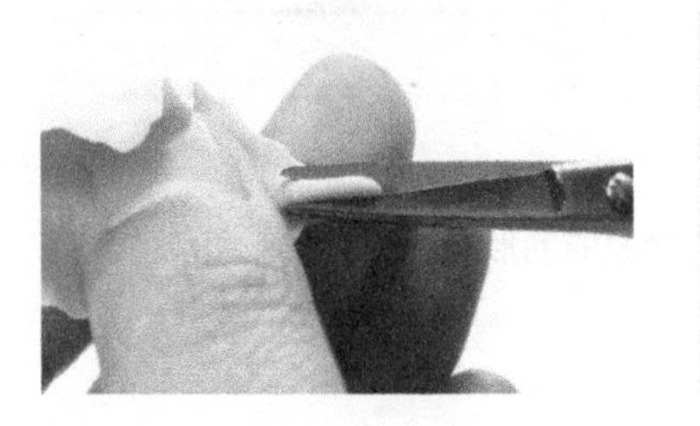

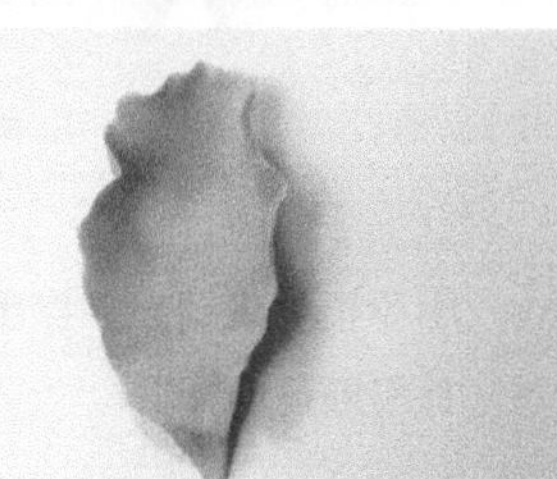

05 用剪刀把芍药花瓣的根部修剪成薄片。

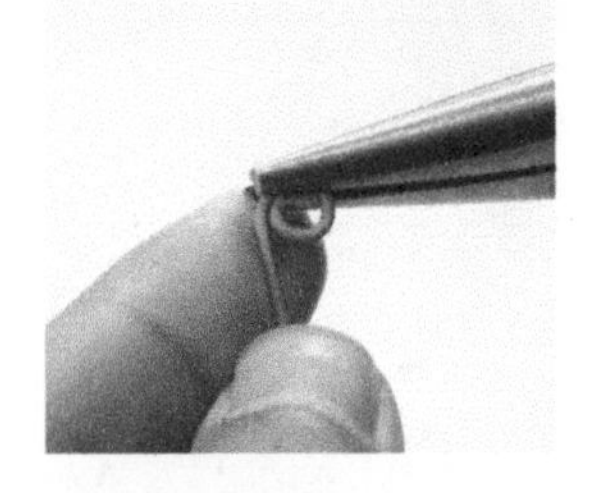

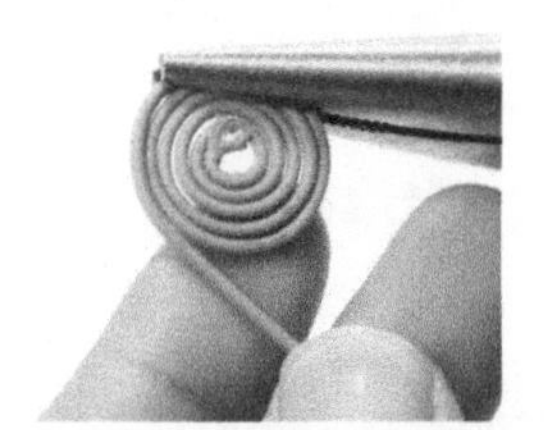

06 将粗一点的花艺铁丝用尖嘴钳卷出蚊香状的圆盘，把铁丝的另一端穿入圆盘中心并拉紧固定。

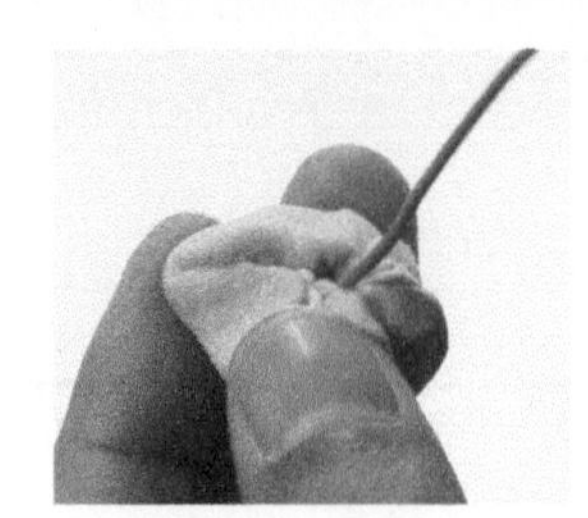

07 给芍药花托的底托涂上乳白胶，并用粉色黏土包裹，再用双勺形调整形状，做出椭圆形的花托。

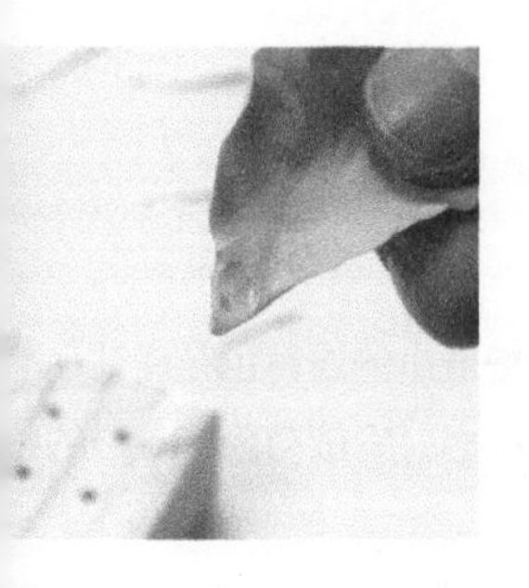

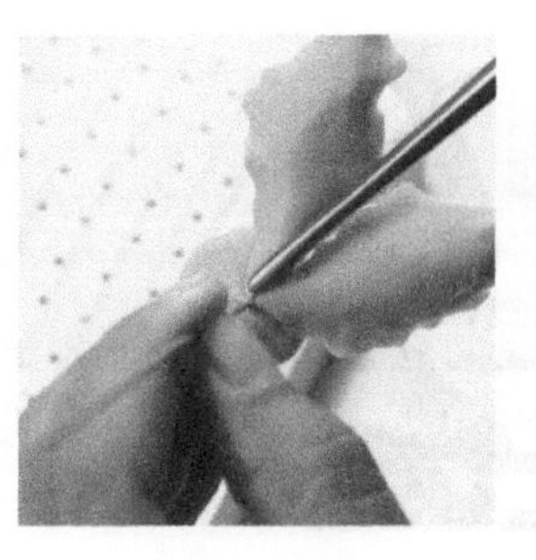

08 将花托固定在花插板上，在花瓣片的根部蘸上乳白胶，用双勺形依次把芍药花最外面一层大花瓣粘在花托上。

09 将比第一层花瓣小一点的花瓣插在花托上，制作出芍药花的第二层花瓣。

10 继续粘贴芍药花第三层浅粉色的花瓣。

11 继续用镊子把芍药花的浅粉色小片花瓣逐层粘贴在花托上。

用镊子把最小的浅黄色花瓣粘在芍药花的花心，完成芍药花花瓣的整体组合。

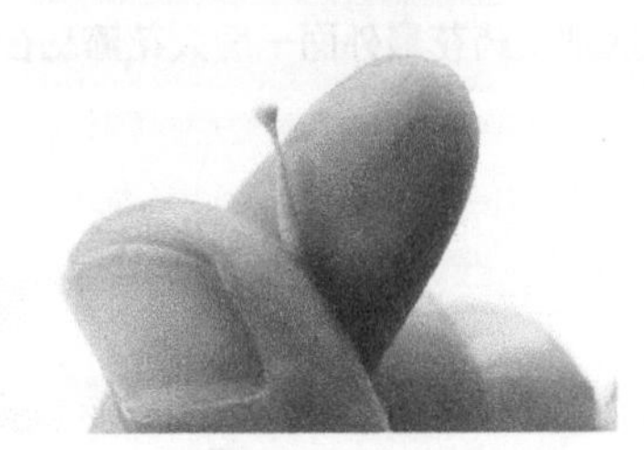

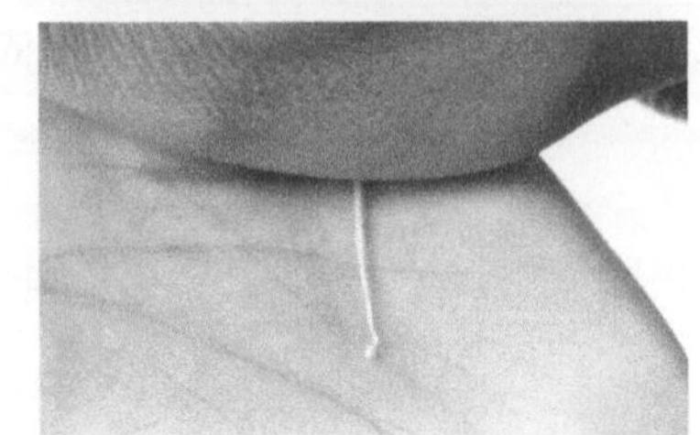

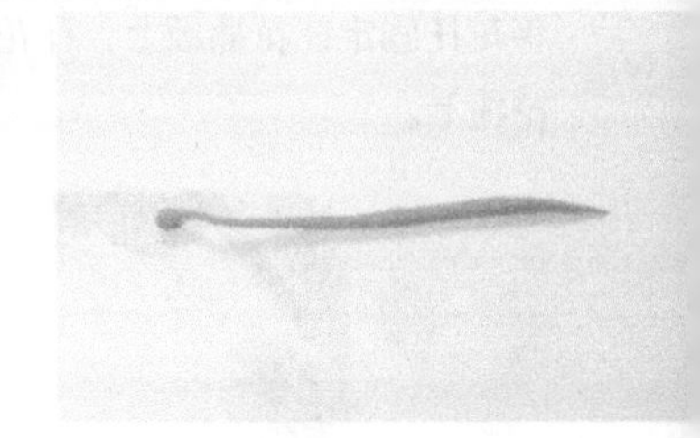

13 将少量橙黄色黏土搓成细长条状的花蕊。

14 最后用镊子把花蕊插入花心，完成芍药花的制作。

大花四照花

四照花的花瓣较小且不明显，在花蕊周围有 4 片明显的大苞片，常被认为是“花瓣”。四照花的苞片两两对生，且顶部带有明显的凹痕。

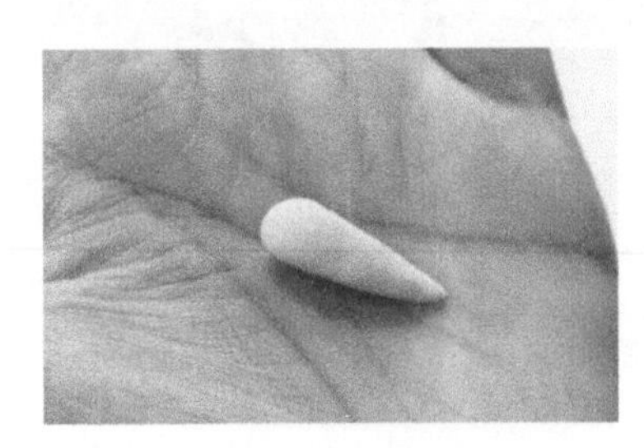

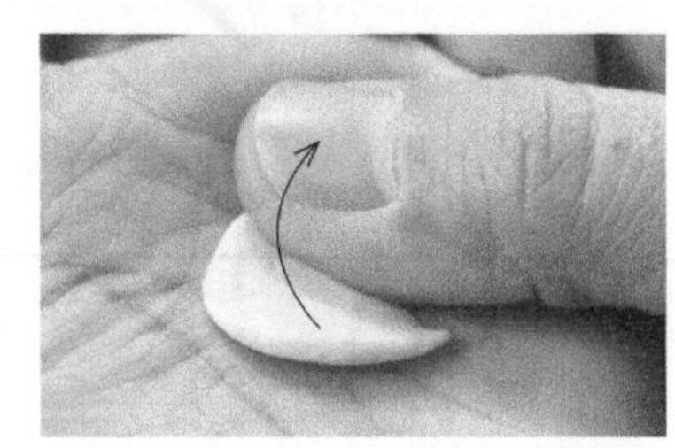

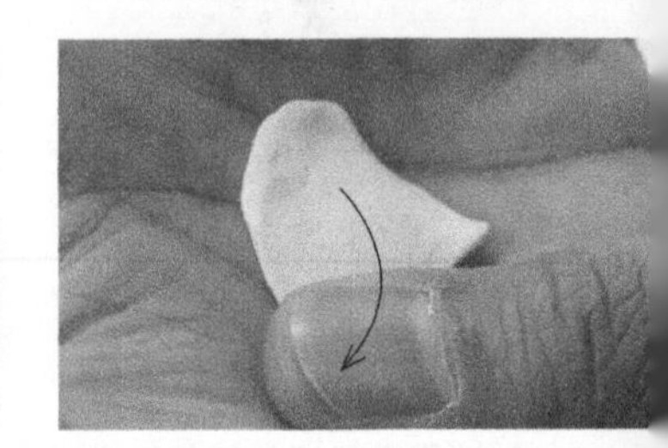

将浅粉色黏土搓成水滴状，用拇指揉出扇形的苞片。

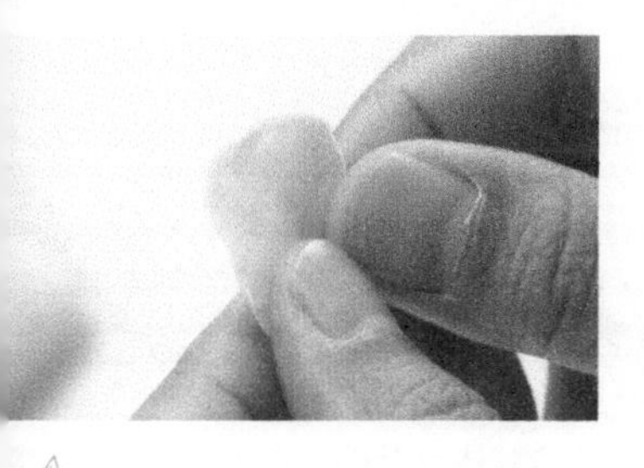
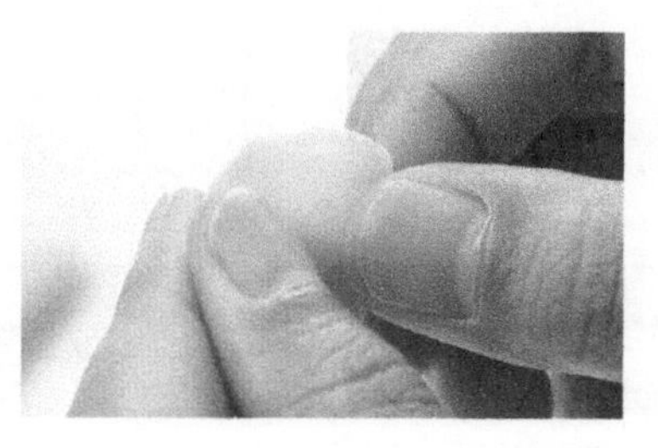
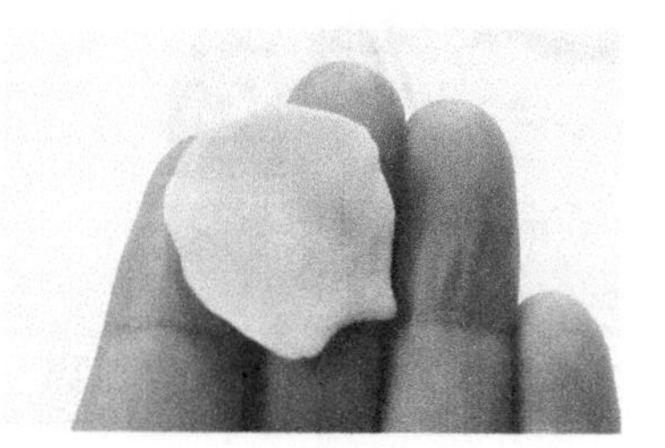

02 继续用手指反复揉捏苞片，做出大花四照花的苞片外形。

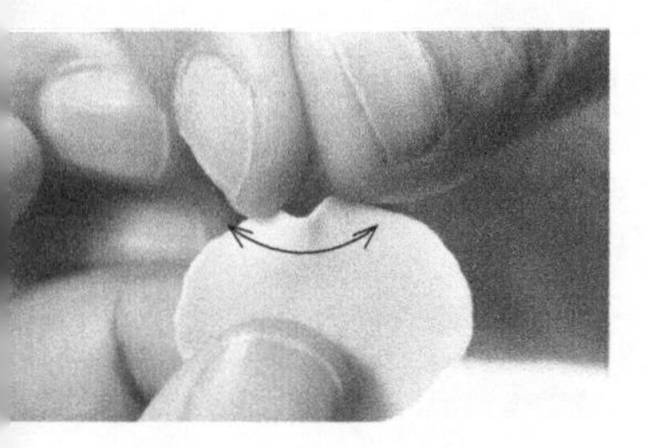
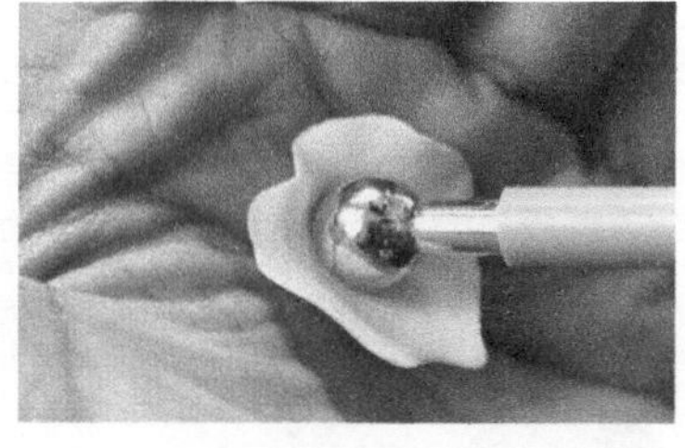
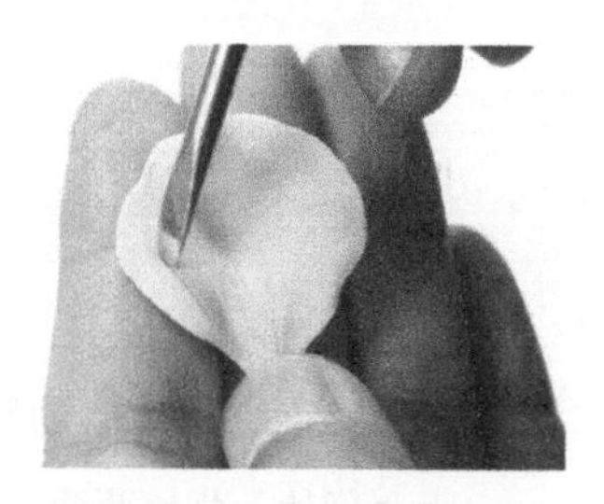

03 用拇指和食指的侧面指腹做出苞片顶部的凹痕。

04 用丸棒压出苞片中心的凹槽，制作苞片向内凹陷的造型效果。

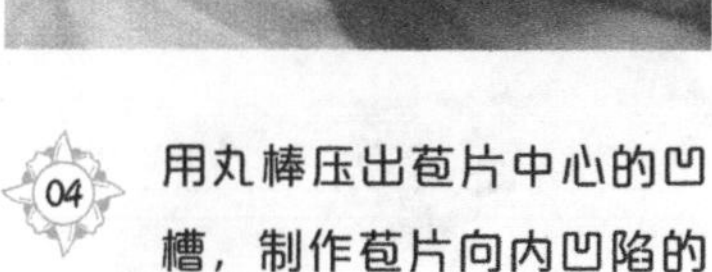

05 用双勺形的侧面划出大花四照花苞片表面的线状纹理。

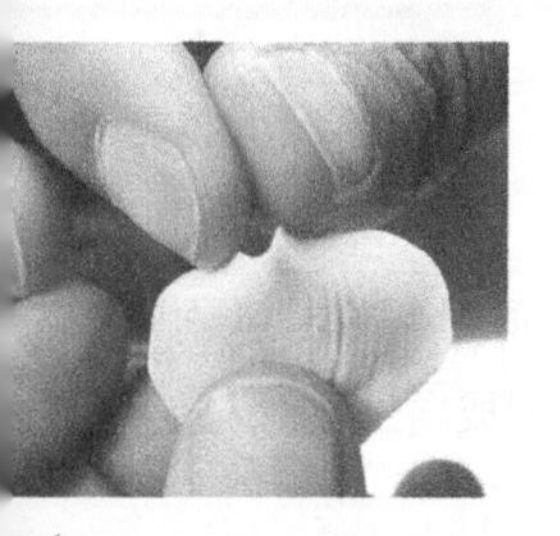
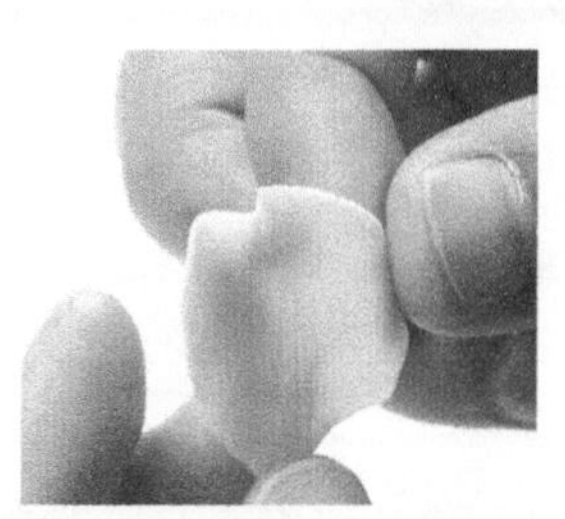

06 继续调整苞片形状，做出大花四照花的第一种苞片外形。

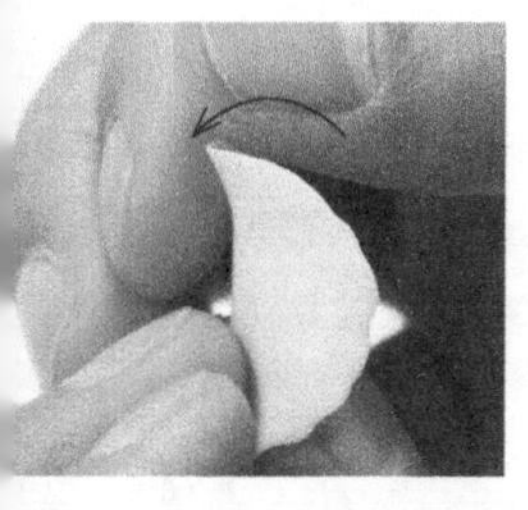
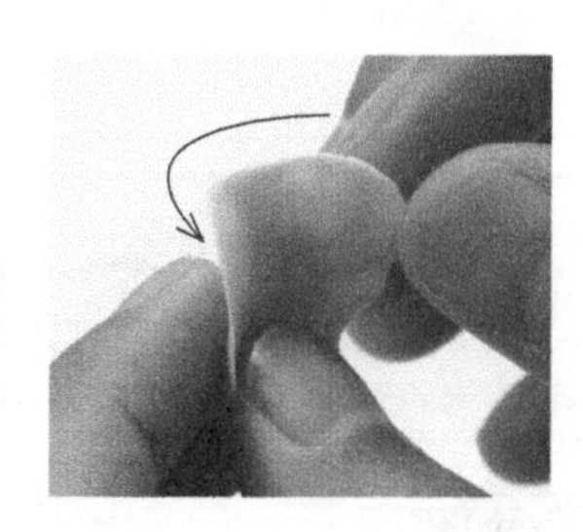
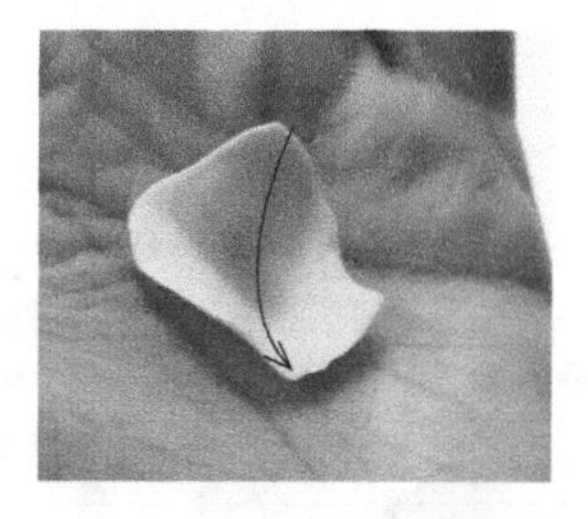

07 当用拇指揉出扇形状的苞片后，用拇指指腹将苞片的顶部向外翻，再将苞片沿中心线微微对折，做出苞片自然弯曲的效果。

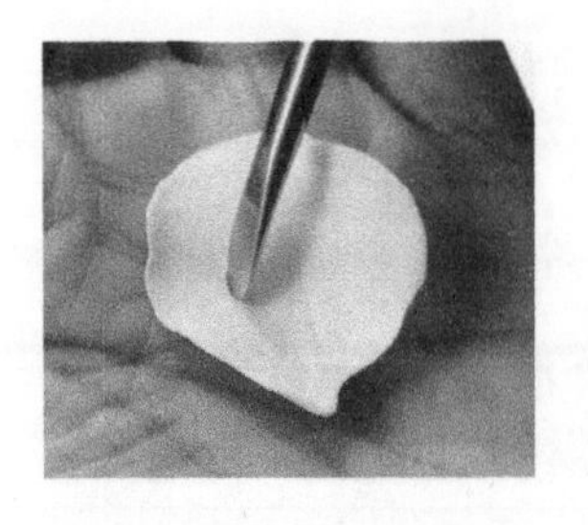
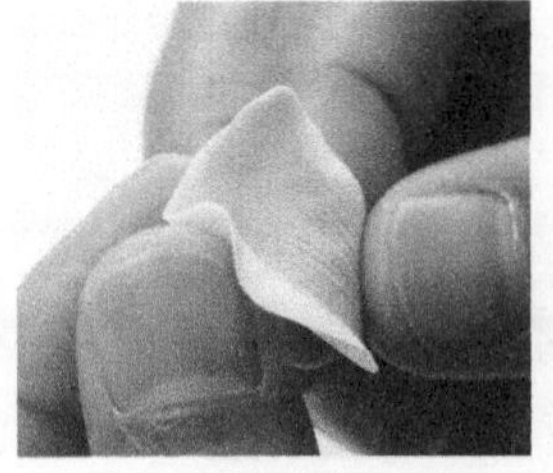

用双勺形的侧面划出苞片表面的线状纹理，调整苞片形状，做出大花四照花第二种苞片外形。

小贴士

单朵大花四照花有4片椭圆形大苞片，苞片两两对称且外形相同，苞片外形有2种，其中：一组苞片的顶部向内凹，一组苞片的顶部向外翻。

苞片顶部向苞片正面凹，形成内凹的苞片外形。

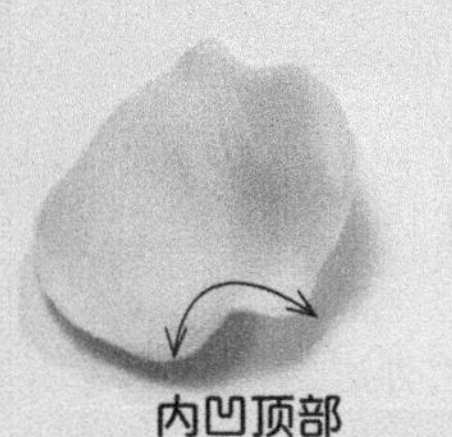

苞片顶部向苞片背面外翻，形成向外翻折的苞片外形。

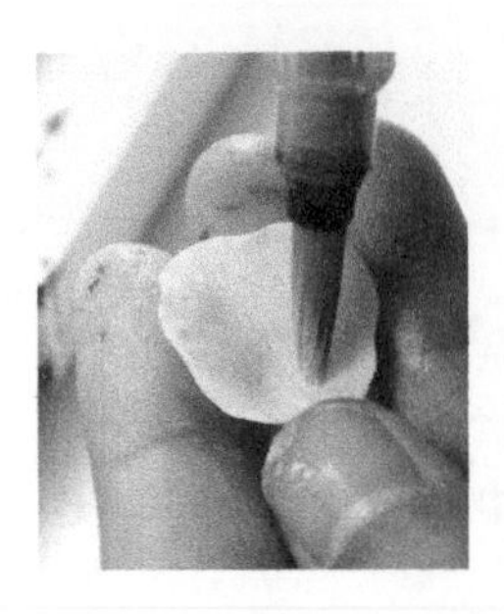
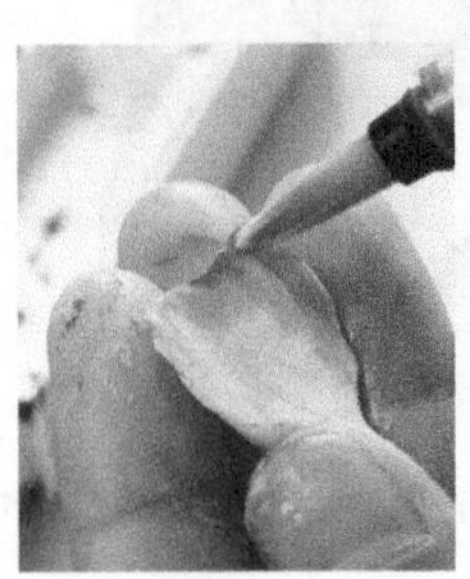

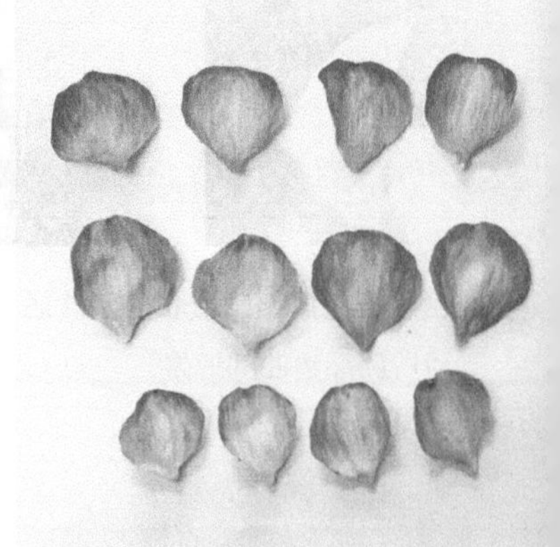

09 用水笔分别蘸取黄色、玫红色和浅粉色等水彩颜料，给大花四照花的苞片上色，上色效果如右图所示。

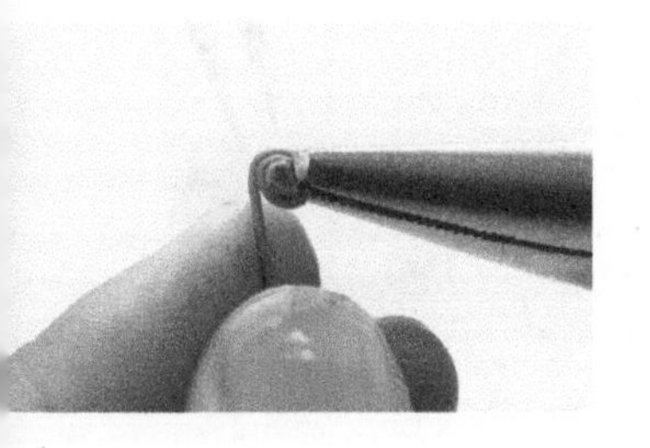
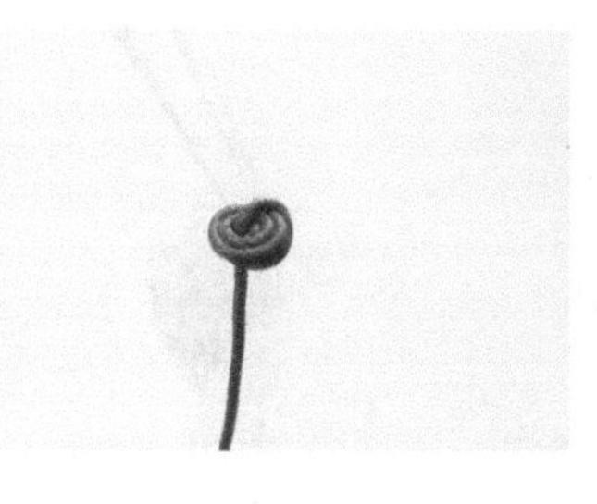

10 用尖嘴钳把花艺铁丝的一端卷成一个小圆盘，并涂上乳白胶。

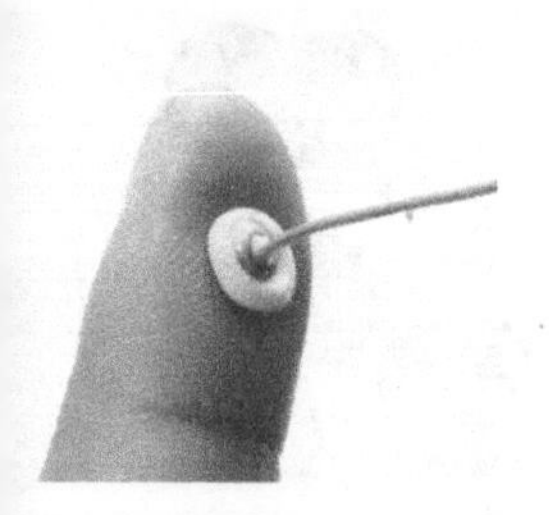
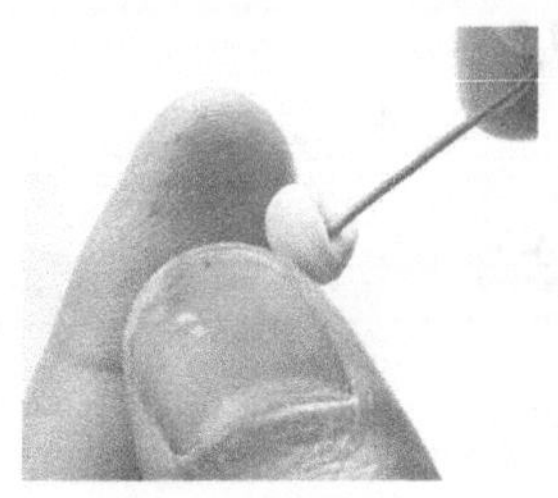
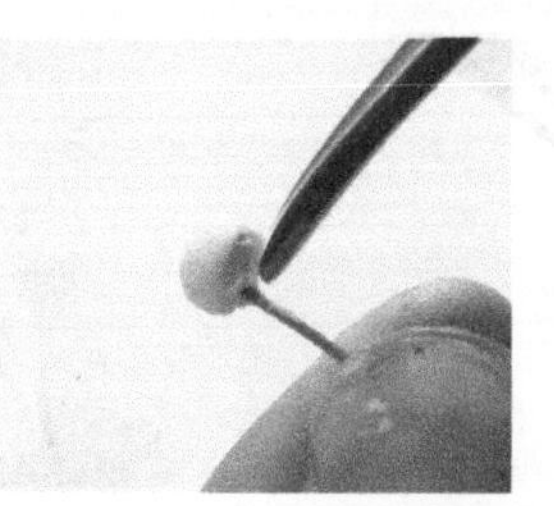
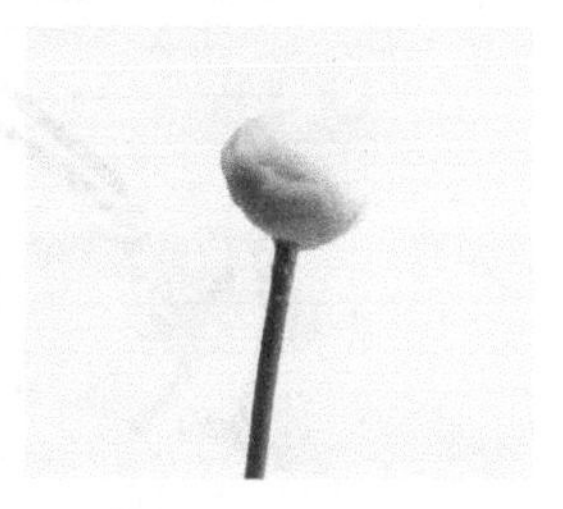

11 用浅粉色黏土将涂有胶水的圆盘包裹住，并用双勺形调整形状，做出大花四照花的圆形花托。

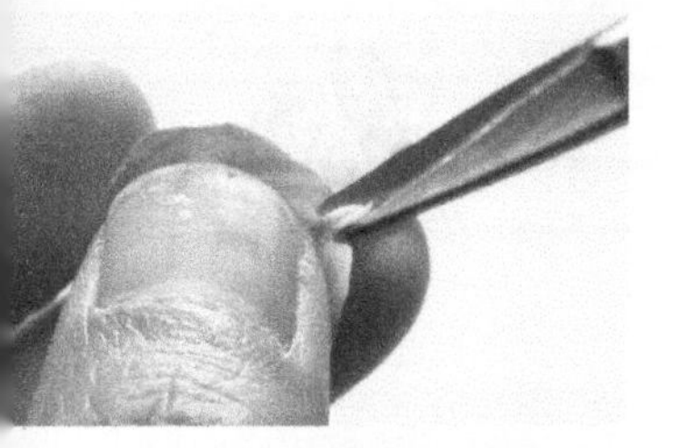

12 用剪刀把苞片的根部修剪成薄片。

13 把大花四照花的花托固定在花插板上，将两片相同外形的苞片以两两相对方式粘在花托上，并用双勺形进行调整。

14 将两片另一种外形的苞片用同样的方法粘贴在花托上，组合成一朵完整的大花四照花。

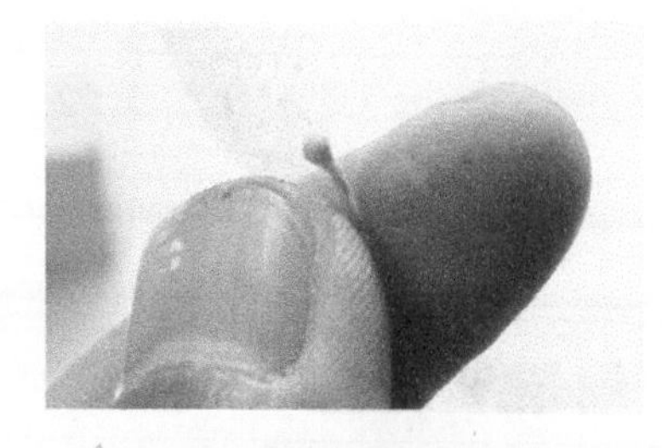
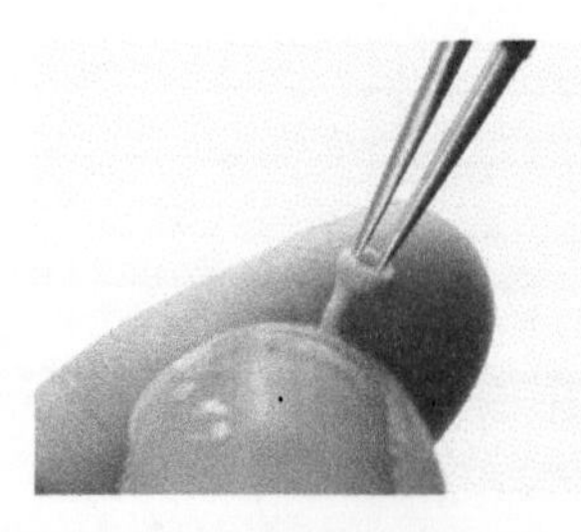
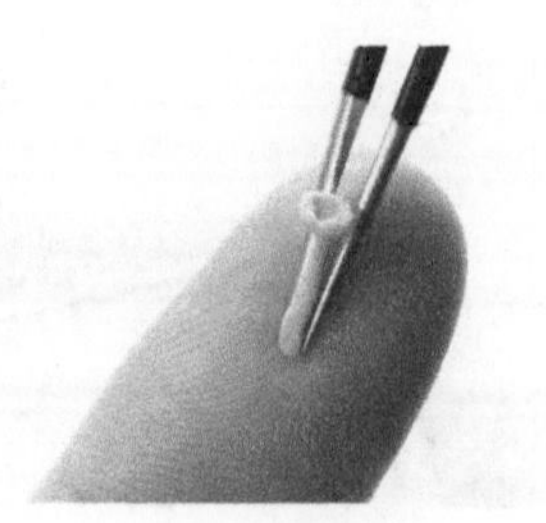

15 将少量橙黄色黏土搓成花蕊形状，用镊子制作出中空的圆形花药造型。

16 用镊子把做好的花蕊插在大花四照花的花心上。

17 给大花四照花的花茎涂一些乳白胶，再包裹一层咖啡色黏土。

18 将 3 朵大花四照花依次用咖啡色的纸胶带缠绕在一起，组合成一束大花四照花花枝。

将咖啡色黏土搓成细长条状，粘在大花四照花的花枝上，作为大花四照花叶片的枝条。

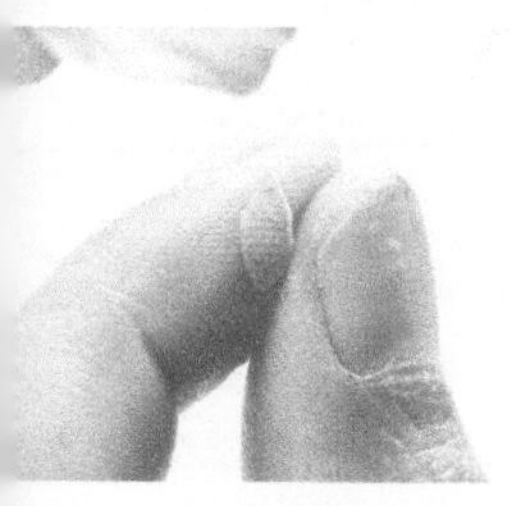

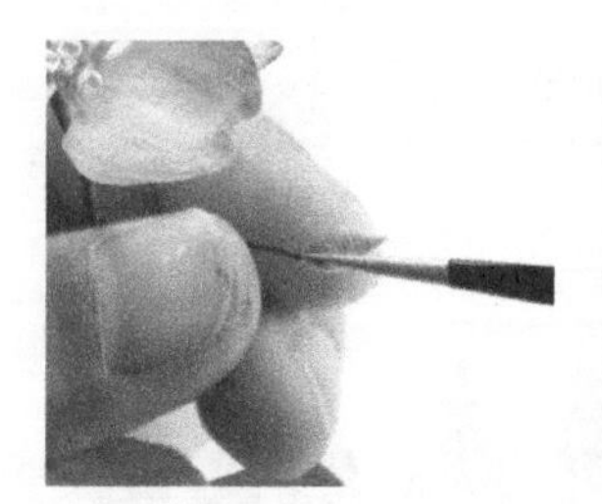

20 用少量黄绿色黏土做出小片的嫩叶，用镊子固定在枝条的顶端。

4.3.3 制作辅助花材

锯齿缘叶枝

本案例中叶子的制作方法与雪果叶片（第 41 页）的制作方法大致相同。叶子的叶缘呈锯齿状，叶片的颜色和大小也有变化。

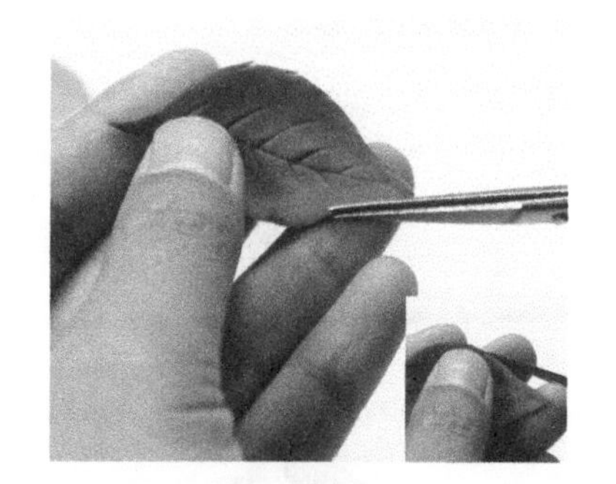

在叶缘无锯齿的叶片上，用剪刀在叶缘剪出细小的锯齿。

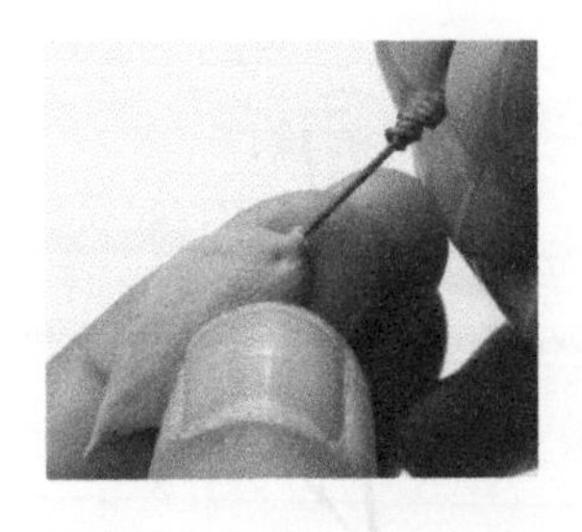

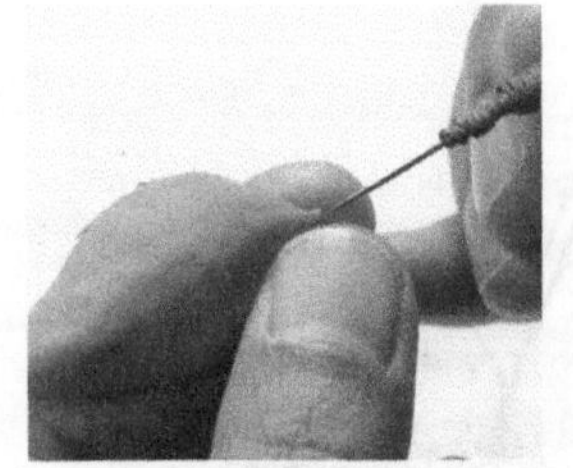

02 在叶片底部用自制针戳一个小洞，插入一截涂有乳白胶的花艺铁丝。

小贴士

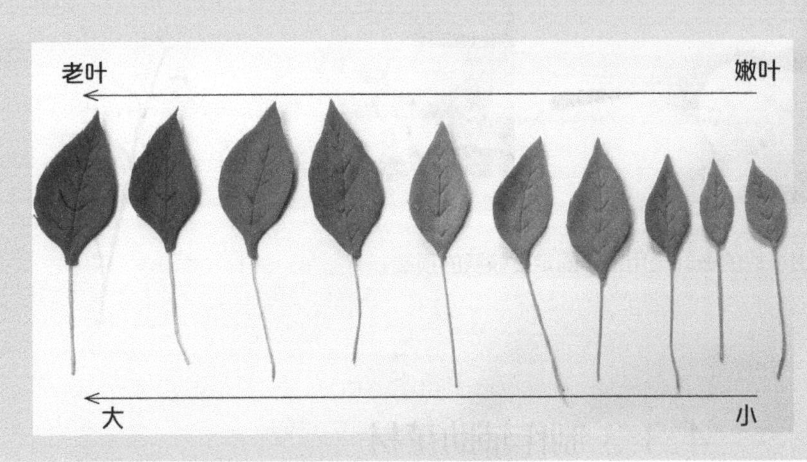

左图展示了叶片从鲜嫩到成熟过程中颜色的变化，以及叶片大小的变化。

03 用深绿色的纸胶带把顶端的嫩叶组合固定在一起。

04 继续用把余下的叶片用上下交错的方式进行组合固定，做成完整的树枝。

4.3.4 制作插花

芍药花

大花四照花

玫瑰花

锯齿缘叶枝

01 先在金属容器内放一块大小合适的深绿色花泥。

02 然后把制作好的芍药花按如图所示形态插在花泥上。

03 继续在容器内插入大花四照花、玫瑰花等花材。

04 把其余的辅助花材依次插入容器内，并调整花枝的形态，完成插花作品的制作。

第五章　创作自己的花花世界

只要肯花心思，生活中处处都是作品创作的源泉，而制作者会将独特的创意理念赋予优秀的创意作品中，让观赏者在欣赏作品的同时获得些许感悟。

创意盆景花·唯美永生

传统盆景是用山石和植物来表现景观，而我们的盆景花则是花卉植物的创意制作，来表现美好的生活。

创意盆景花的主题为“唯美”和“永生”，所以花材选择与整体色彩呈现要根据主题来定。案例中的花材是在特定的花卉造型基础上，加上作者的创意，二次制作而成的。

球花参考的对象是立金花，斑点花参考的对象是百合花，绿幽灵参考的对象是帝王花。

球花　　斑点花　　绿幽灵

盆景整体以粉色、绿色为主，粉色给人唯美、甜蜜的感觉，绿色寓意着永生。球花、斑点花和绿幽灵是盆景的视觉中心，在周围搭配绿色球形小果子和长条叶片，使整个作品更加饱满，给人一种充满活力的感觉。

5.1.1 准备黏土和工具

准备黏土

准备工具及配件材料

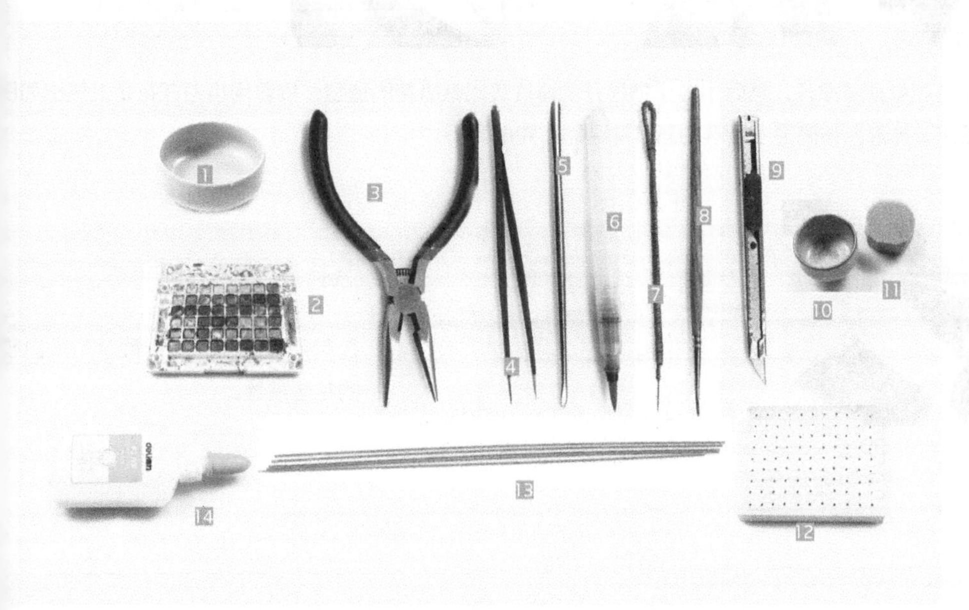

1 笔洗
2 水彩颜料
3 尖嘴钳
4 镊子
5 双勺形
6 水笔
7 自制针
8 勾线笔
9 小刀
10 陶瓷花盆
11 灰色花泥
12 花插板
13 花艺铁丝
14 乳白胶

5.1.2 制作主体创意花材

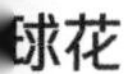

球花

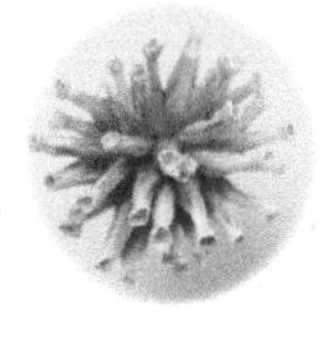

球花是参考立金花创作而成。立金花的花朵美观艳丽，外形呈长筒形钟状，花朵顶部有迷人的黄色小花。制作球花时改变了立金花花朵的外形，并添加一些新的纹路效果。

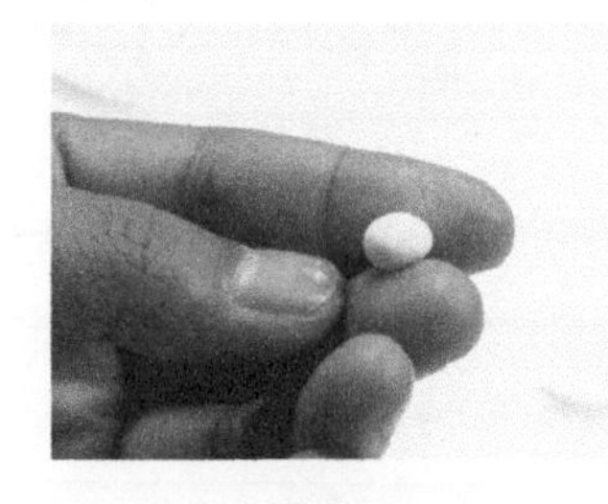

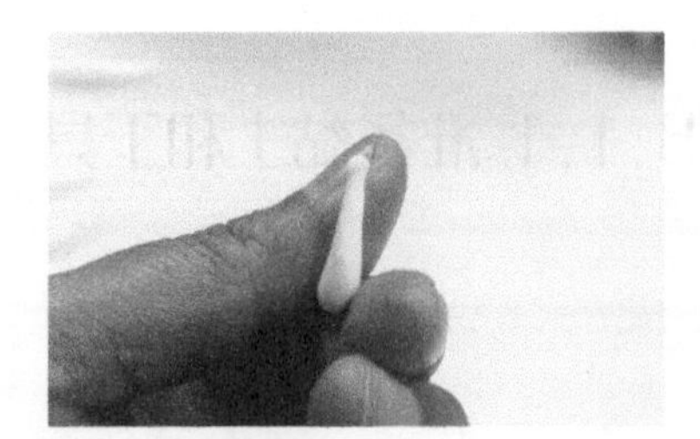

用适量白色黏土搓出如图所示的花朵造型。

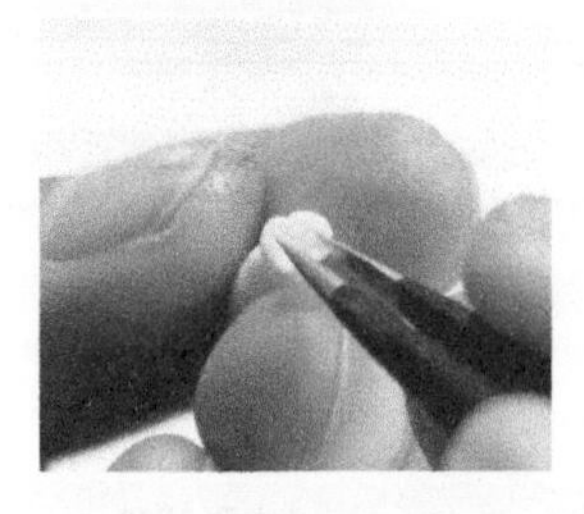

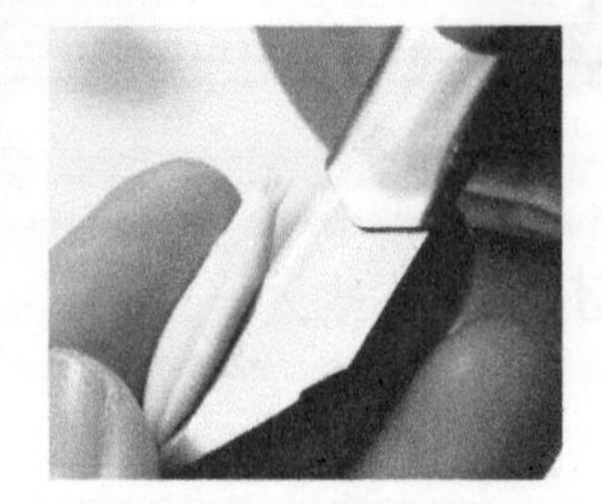

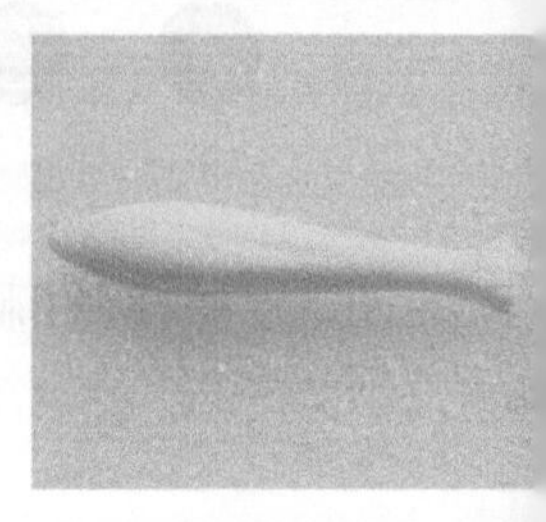

02 先用镊子把花朵顶部撑开，然后用镊子把撑开的薄片夹出喇叭花的造型，接着用小刀在花朵上压出如图所示的纹路。外形为长筒形水瓶状的新式花朵制作完成。

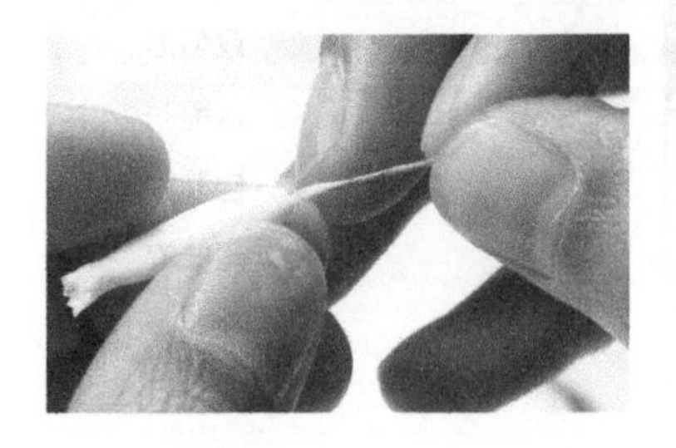

在花朵的底部插入一截蘸有乳白胶的花艺铁丝。

小贴士

球花外形特点：

1. 花朵外形为上细下粗的水瓶形。

2. 花朵顶部有着与立金花花朵相似的喇叭状的黄色小花。

3. 花朵表面带有明显的纹路。

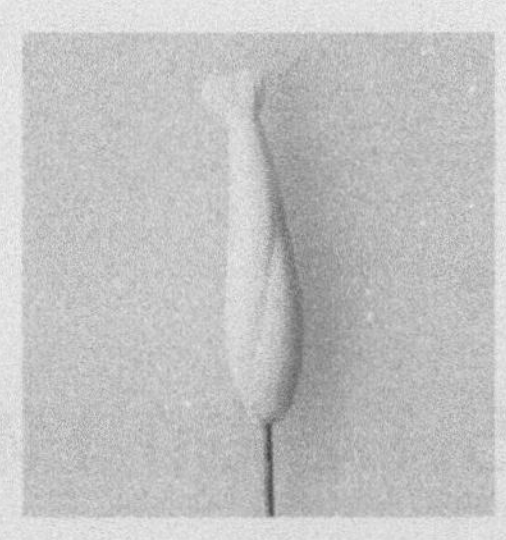

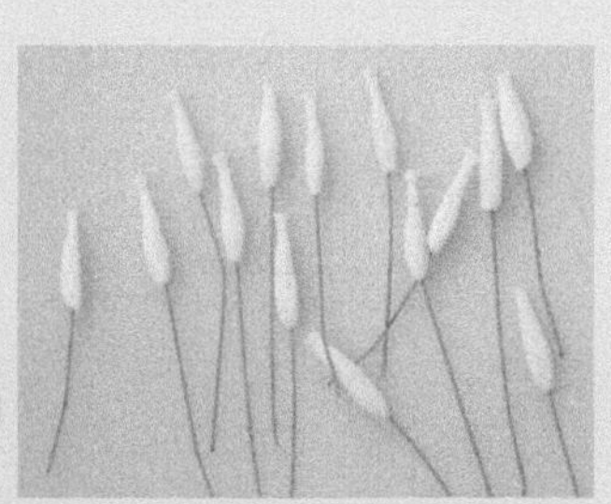

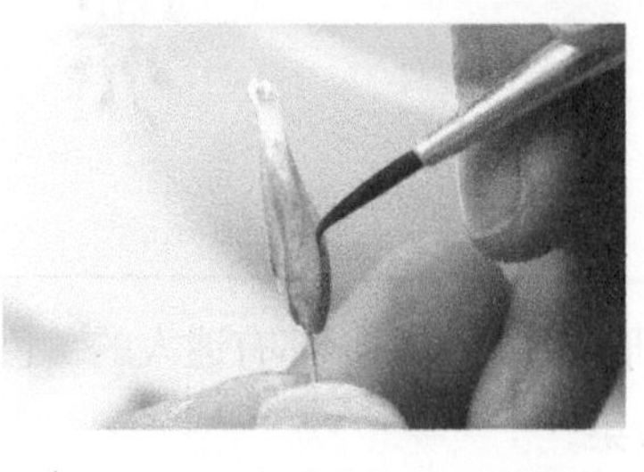

04 用水笔蘸取粉色水彩颜料给花朵上一层底色，接着用勾线笔加深表面的纹路颜色，并在顶部点上少许黄色。

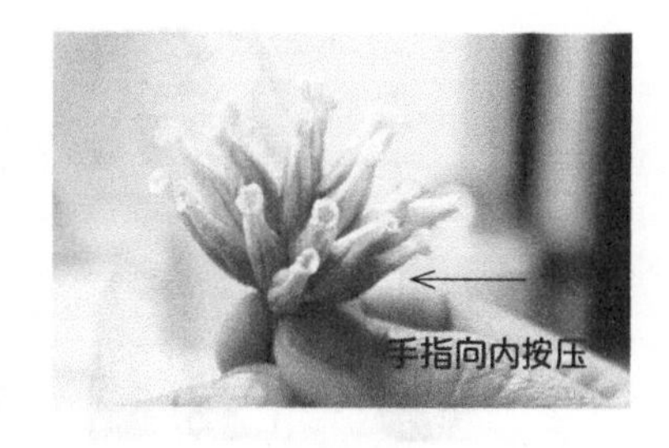

05 把做好的花朵组合在一起，用拇指按压外层的花朵的形态，做成一束造型饱满、唯美的花束。

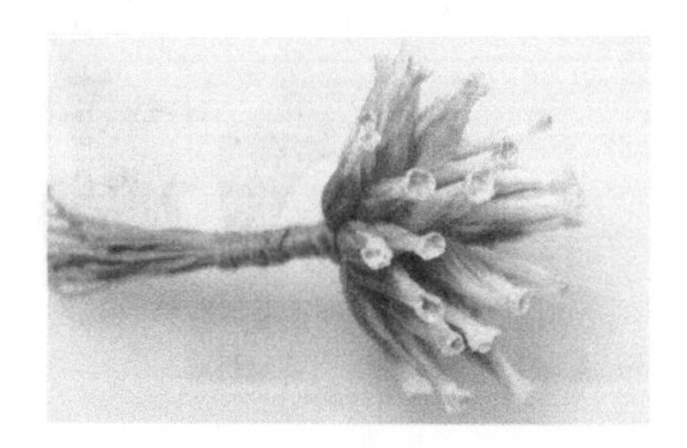

06 最后用细一点的花艺铁丝把组合好的花束固定，完成制作。

斑点花

斑点花是参考百合花的花瓣外形创作而成。百合花的单片花瓣外形表现为椭圆状披针形，制作斑点花时，就是把百合花瓣单独作为一个独立元素，在花瓣边缘点上黑色斑点，再将花瓣组合成一朵外形美观的花。

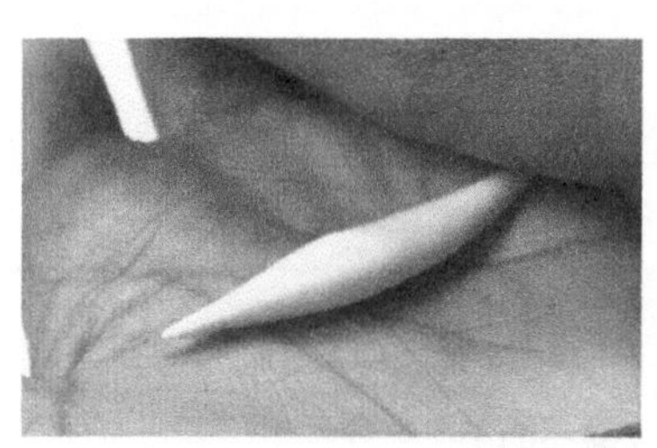

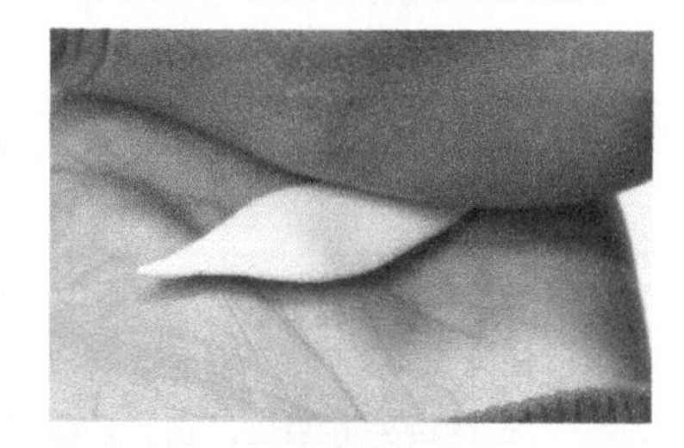

01 将适量白色黏土搓成球状，先用球状黏土搓成两端细尖、中间粗圆的梭状，然后将其压成薄片。

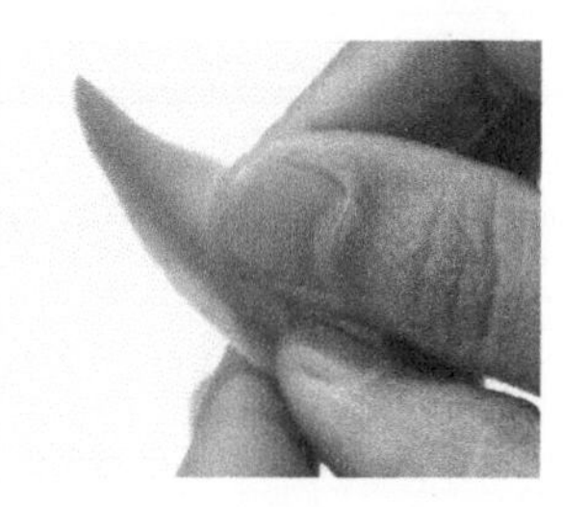

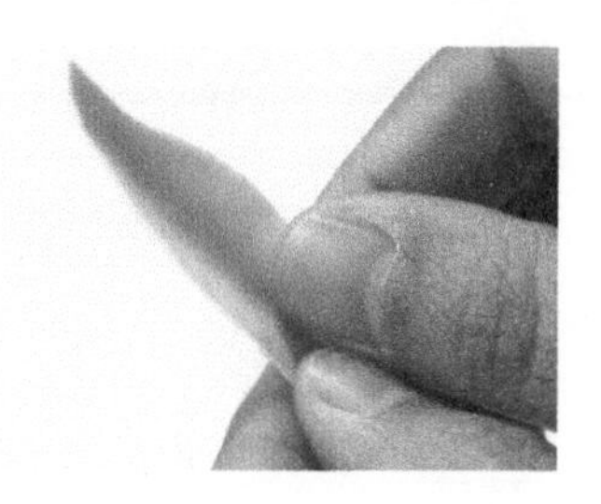

用手指反复调整薄片黏土的外形，做成类似“v”形的花瓣形状。

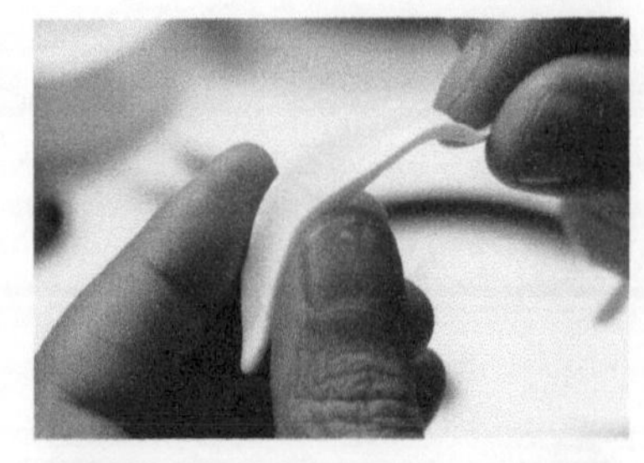

用双勺形的侧面划出花瓣片中心的纹路，并用手再次调整花瓣造型。

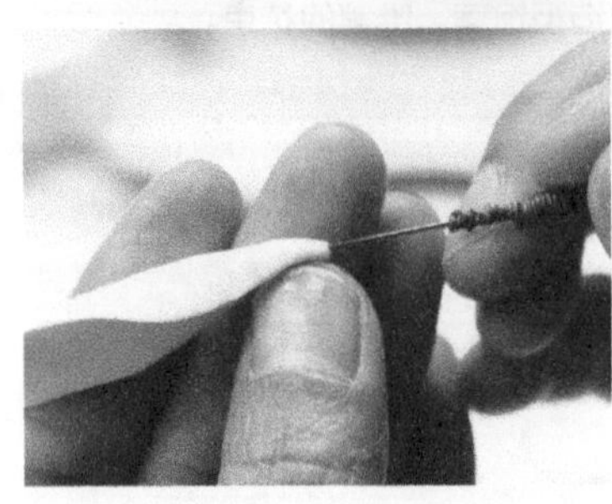

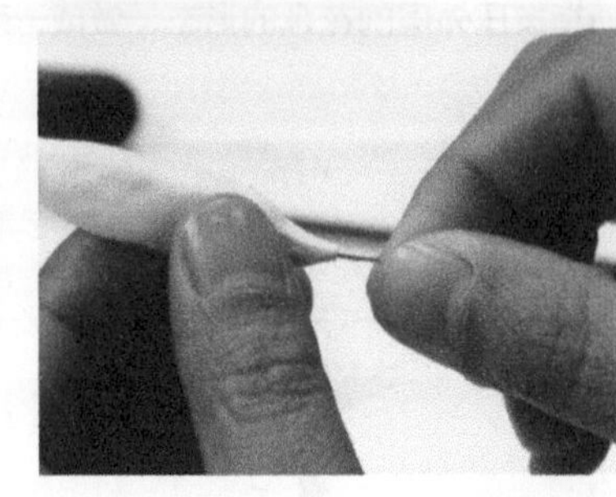

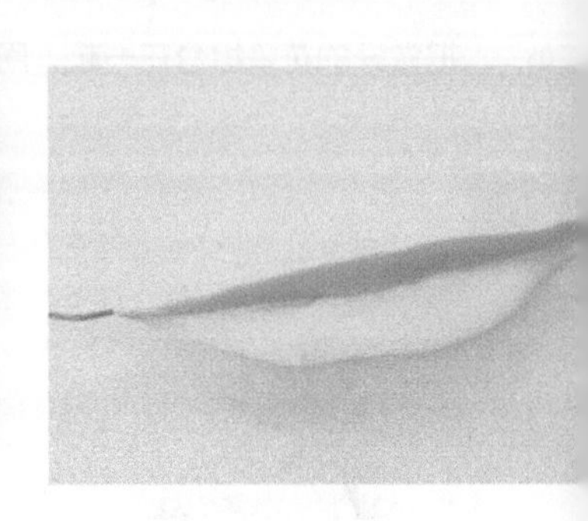

04 在花瓣片的底部用自制针戳一个小洞，并插入一截涂有乳白胶的花艺铁丝，做成单枝花瓣。

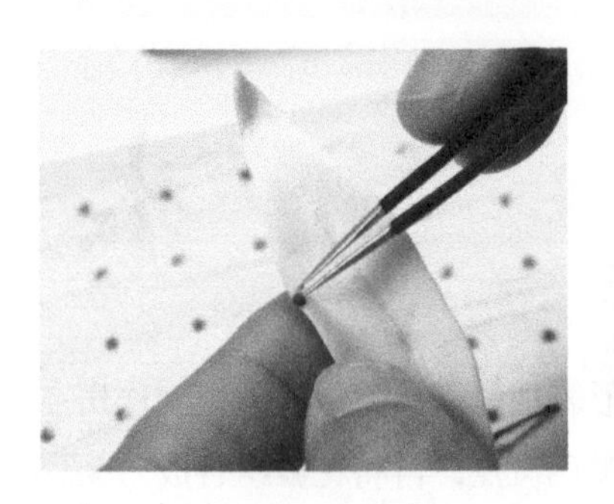

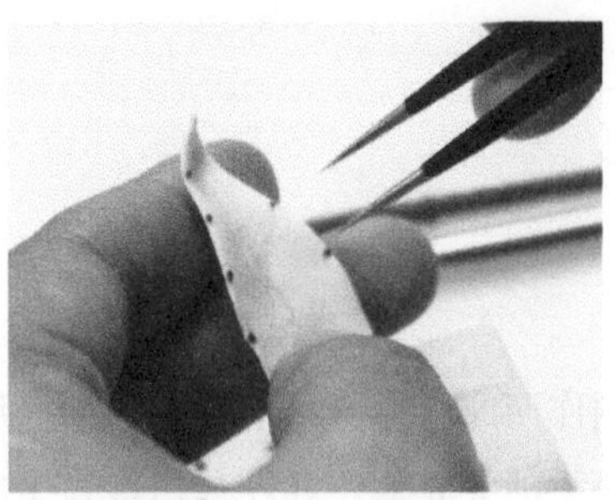

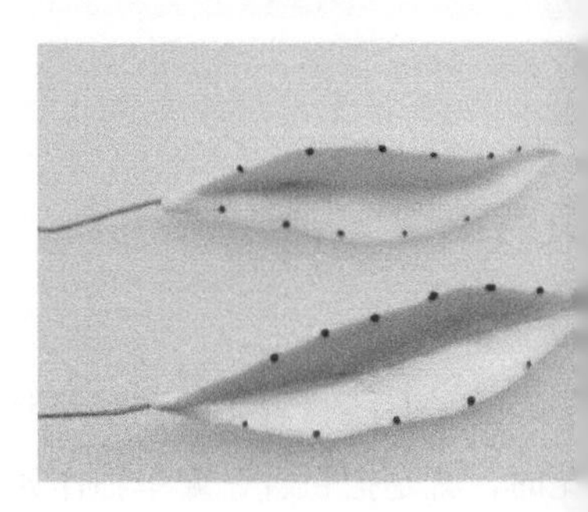

05 将少许黑色黏土用镊子粘在花瓣的边缘线上，制作花瓣表面的斑点。

小贴士

1. 花瓣外形偏长，底部至顶部逐渐变细尖。
2. 花瓣两侧向中心内凹，呈“v”形。
3. 花瓣边缘分布着黑色斑点。

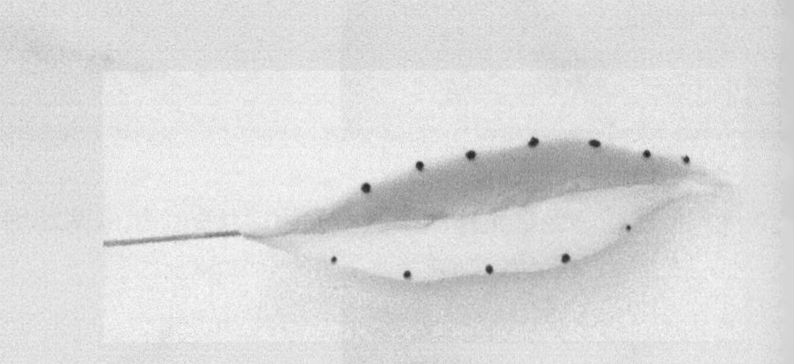

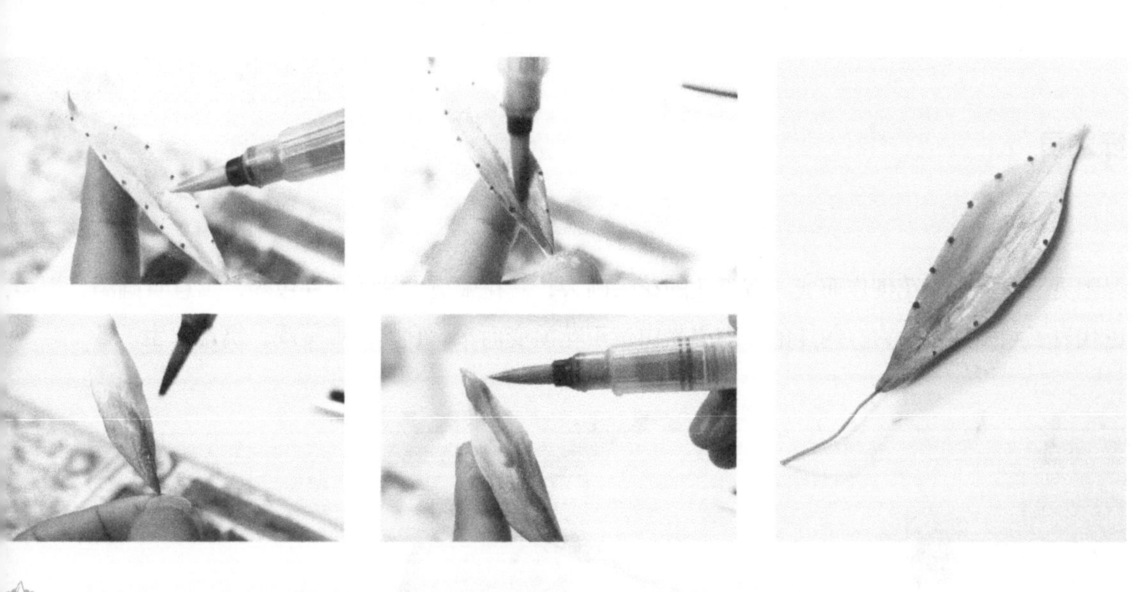

06 用水笔依次蘸取浅黄绿色和红色水彩颜料给花瓣上色，上色效果如图所示。

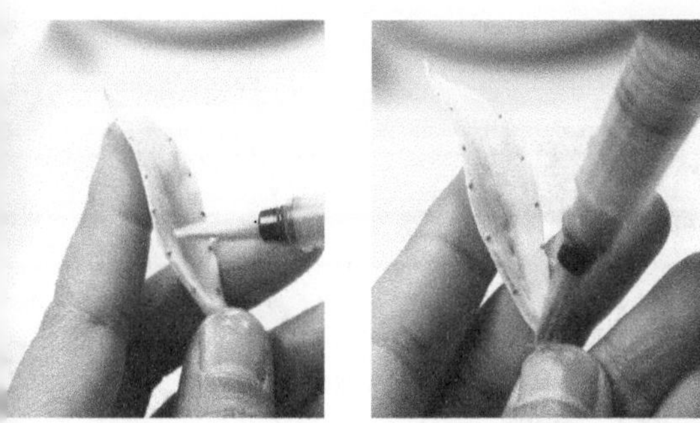

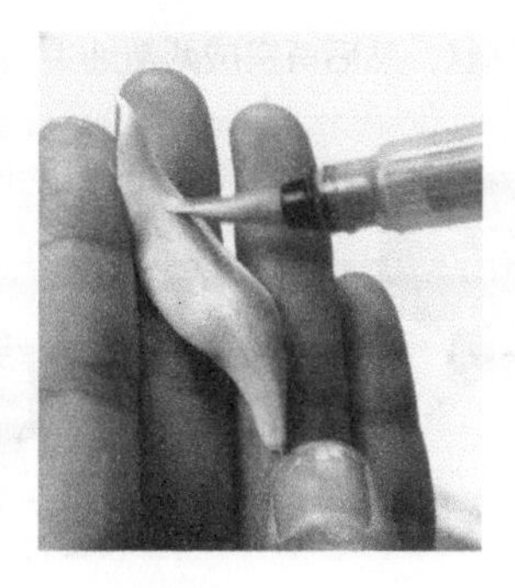

07 继续用水笔依次蘸取浅黄色、绿色和白色颜料给单片花瓣上色，上色效果如图所示。

08 将不同颜色的花瓣进行组合，并用细一点的花艺铁丝固定，做成一朵造型优美的花。

绿幽灵

绿幽灵是参考帝王花创作而成。帝王花的花朵硕大，其花瓣被大片的苞片包裹，寓意着圆满、吉祥，也代表了顽强的生命力。制作的绿幽灵是由帝王花演变而来，它的外形美观，寓意永生。

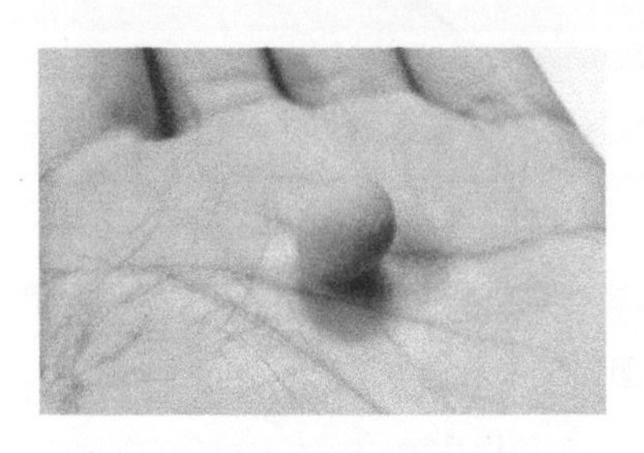
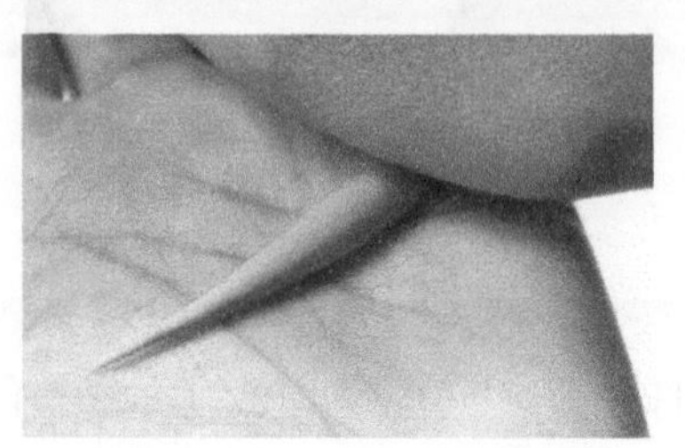
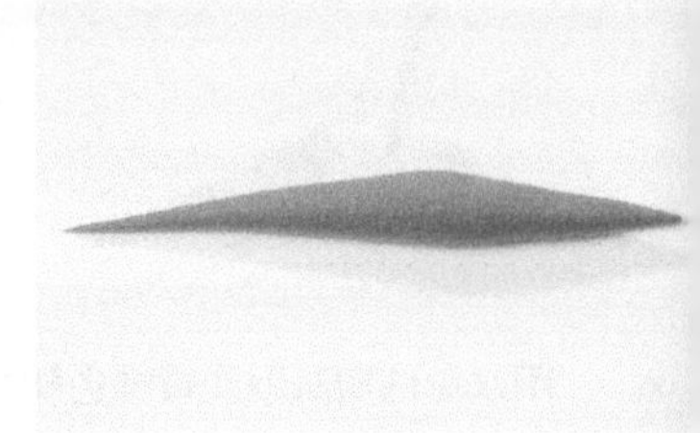

01 用绿色黏土先搓出球状，然后再搓成两端细尖、中间粗圆的长条状。

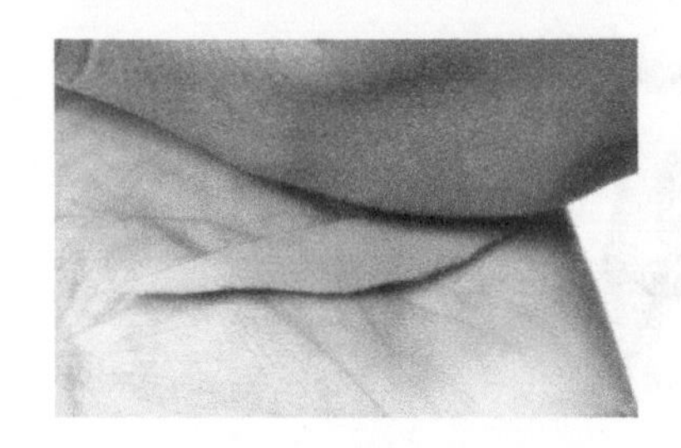
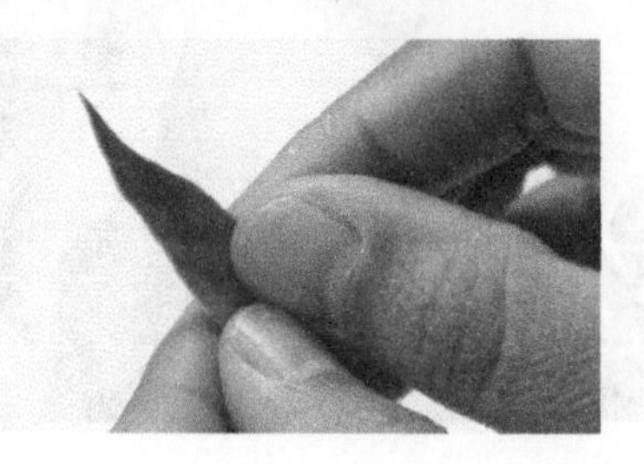

02 用手掌将黏土条压扁成薄片，再用手指反复揉捏，做出如图所示的花瓣外形。

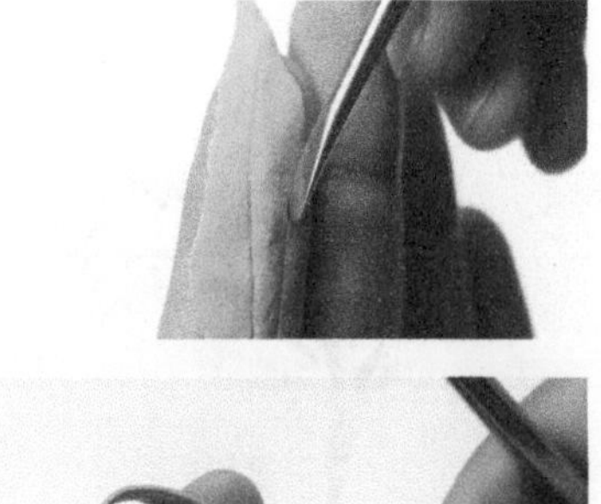
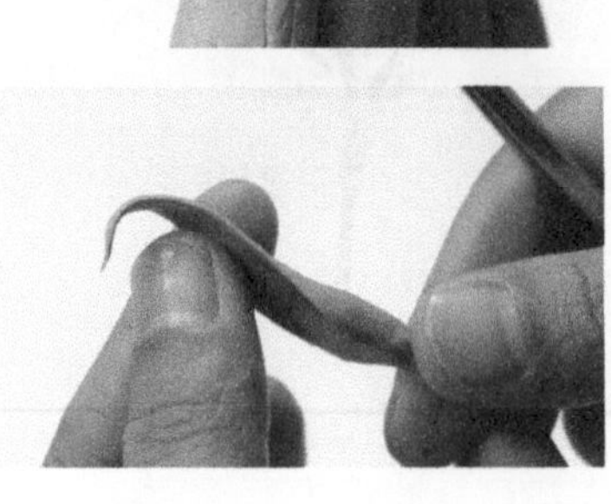
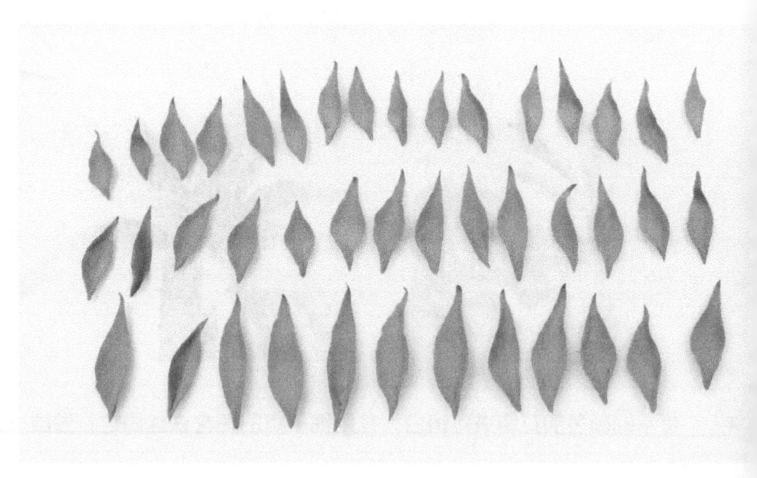

03 用双勺形的侧面划出花瓣片背面的线状纹理，再用手调整花瓣片的整体造型。用此手法做出约 40~5 片的永生花花瓣片。

小贴士

1. 花瓣体型从花心至边缘逐渐变大。
2. 根据花瓣的位置分布，适当调整花瓣的外形，可以是长条形，也可以是短小的披针形，让花的整体造型更加丰富。

花心处的花瓣偏短粗，呈披针形。

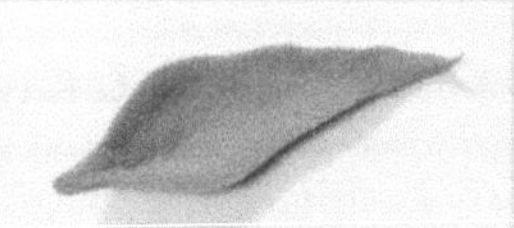

边缘的花瓣片偏细长，呈长条形。

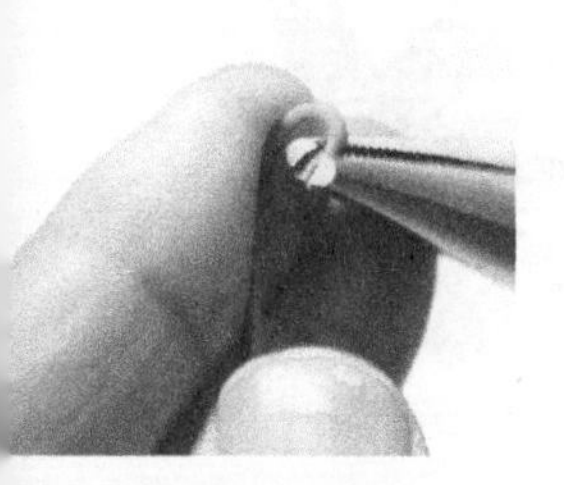

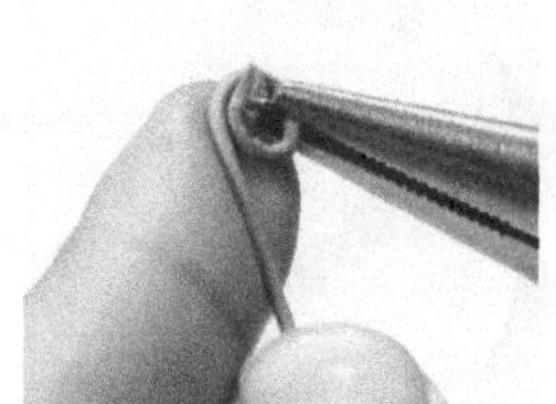

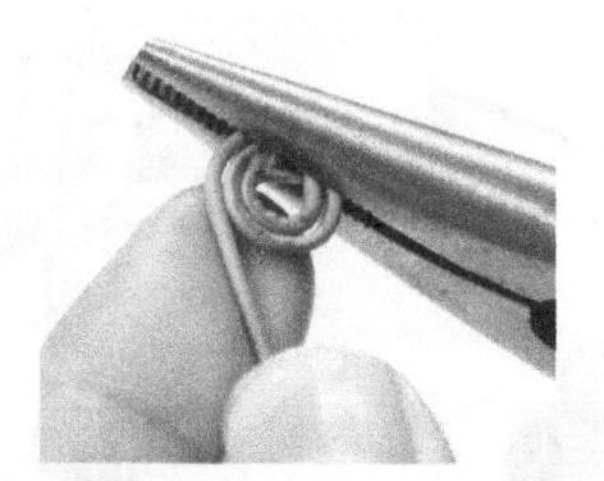

04 用尖嘴钳将粗一点的花艺铁丝卷出类似蚊香形的圆盘。

05 将花艺铁丝的一端穿入圆盘的中心，用尖嘴钳拉紧铁丝并涂上乳白胶。

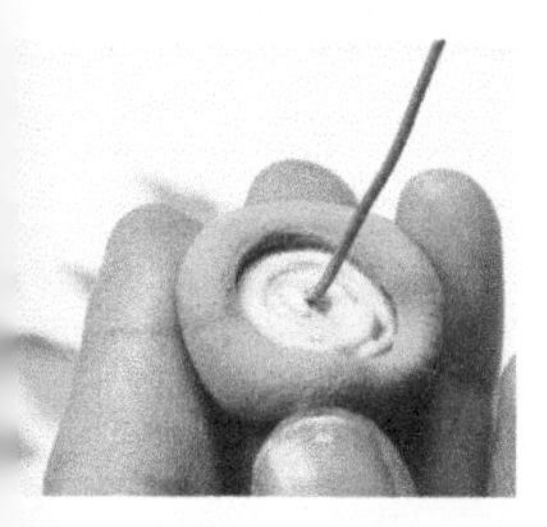

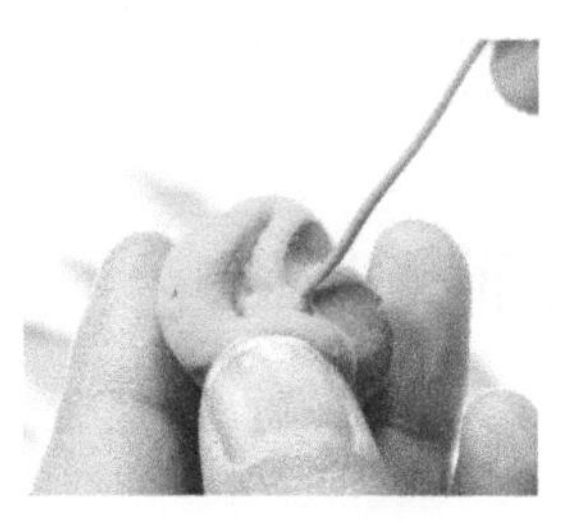

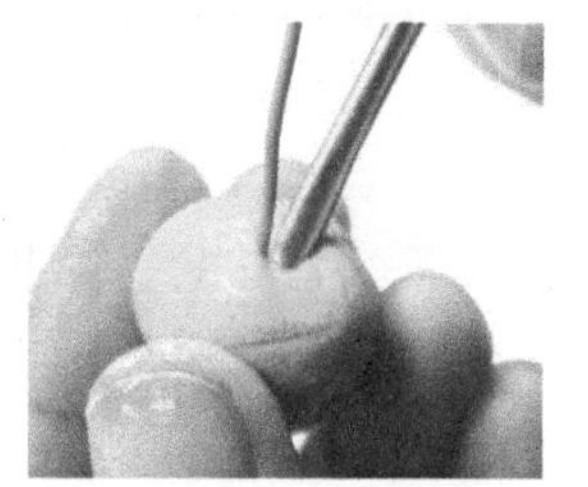

06 将底托用绿色黏土包裹，并用双勺形调整成“桃形”的花托。

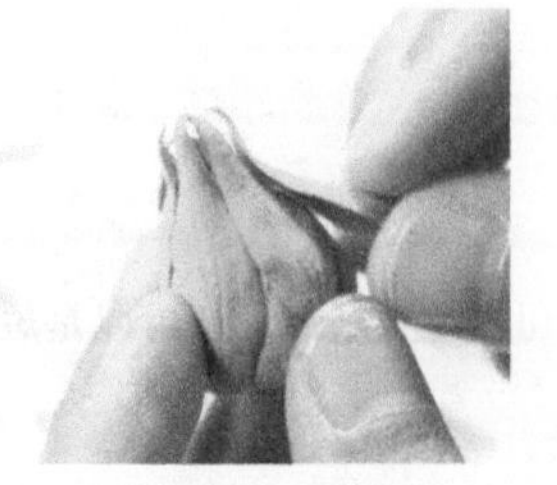

07 把做好的花托固定在花插板上，将花瓣按从小到大的顺序错位粘贴在花托上。

08 用同样的方法粘贴余下的大花瓣片，完成组合。

09 用水笔分别蘸取绿色、黄绿色、黄色和橘红色水彩颜料，依次给花瓣上色，上色效果如图所示。

5.1.3 制作辅助花材

长条叶片

辅助花材的叶片细长、扁平，叶身自然下垂，在插花作品中起装饰作用。

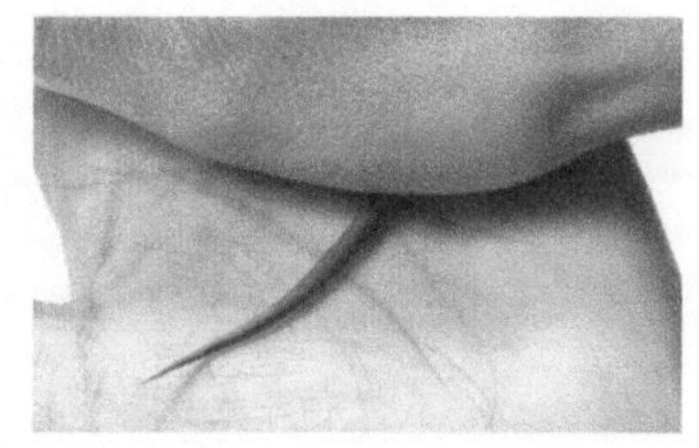
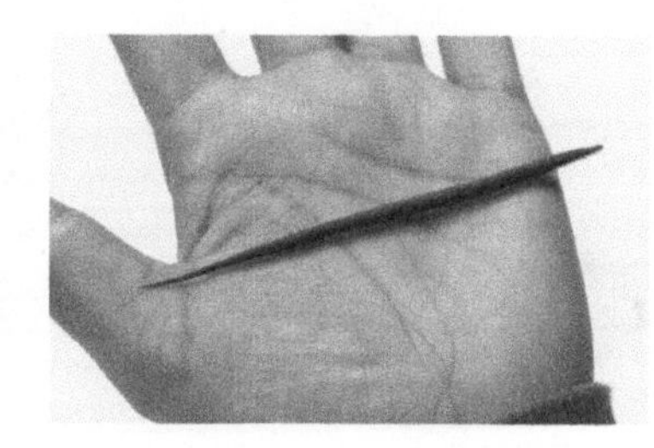

 用深绿色黏土搓出球状，接着再搓成两头尖中间圆的细长条。

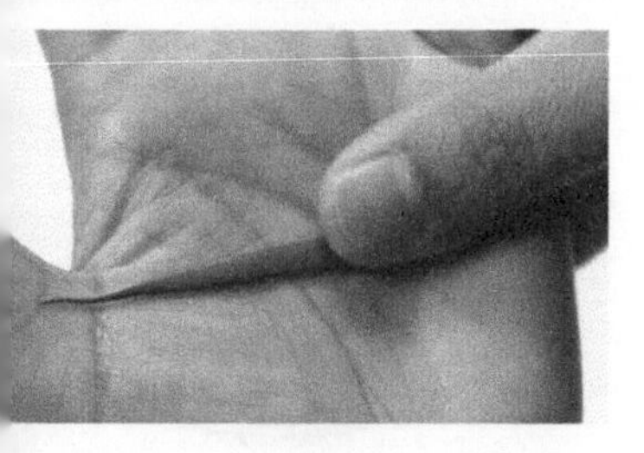
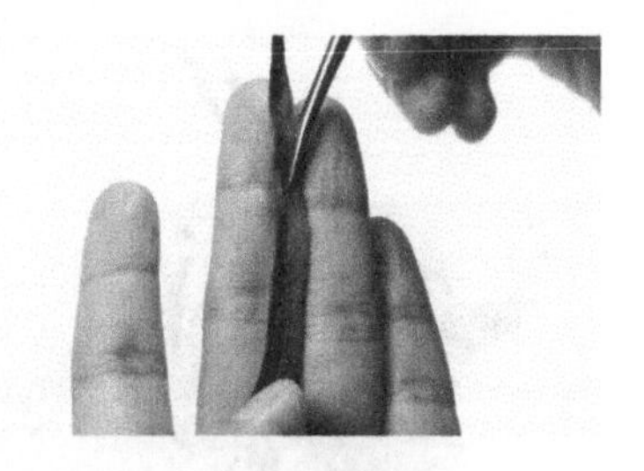

02 用拇指把黏土条压成叶子形状，再用双勺形的侧面在叶子中心划一条线，将叶子分成左右两部分。

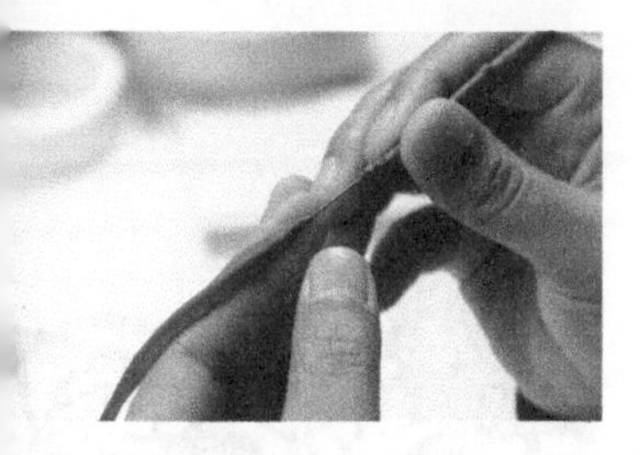
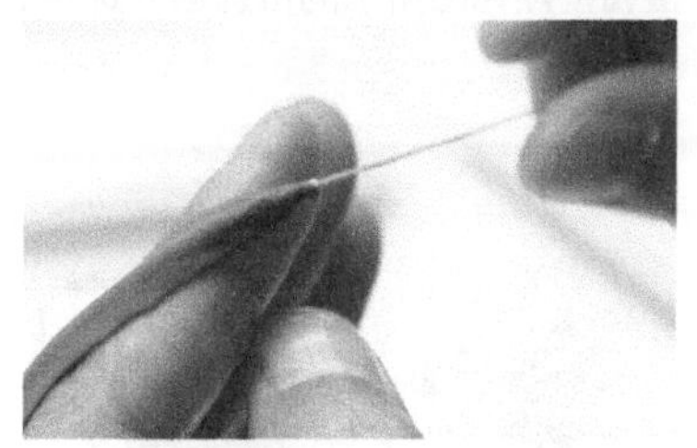

03 最后用自制针在叶子的根部戳一个小洞，插入一截涂有乳白胶的花艺铁丝即可。

5.1.4 制作盆景

主体花材：球花、斑点花、绿幽灵

辅助花材：长条叶片、球形小果子（制作方法见第 39 页）

01 将一块灰色花泥放入插花容器中，用小刀修剪多余的花泥。

02 先将最大的花材插在左上角。接着按照如图所示的位置插入球花。

03 将一束斑点花和大量的长条叶片插在容器中，注意把握好作品的整体造型。

最后把球形小果子插在容器中，完成作品的制作。

5.2

花框·相框里的虞美人

如果认为相框只能放相片，那我们的生活将少了很多惊喜。开启我们无限创意吧，让相框从此具有魔力，既能封存我们美好的记忆，也能展示神奇美丽的大自然……

本节案例是将制作好的虞美人黏土花放入带有透明膜片的方形相框中。虞美人花多姿多彩，色彩明艳诱人，本案例选用了红色、橙黄色、白色和浅橙色虞美人来呈现。

5.2.1 准备黏土和工具

准备黏土

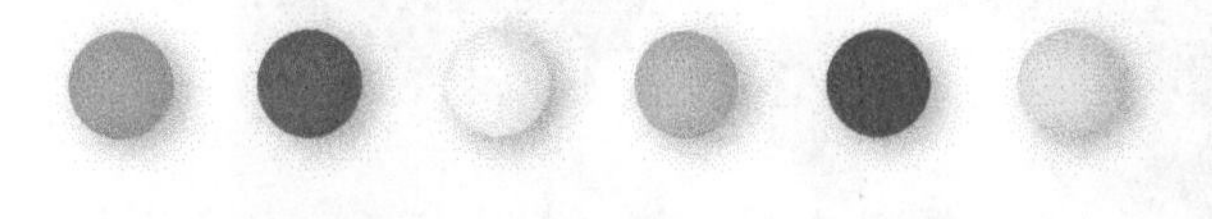

准备工具及配件材料

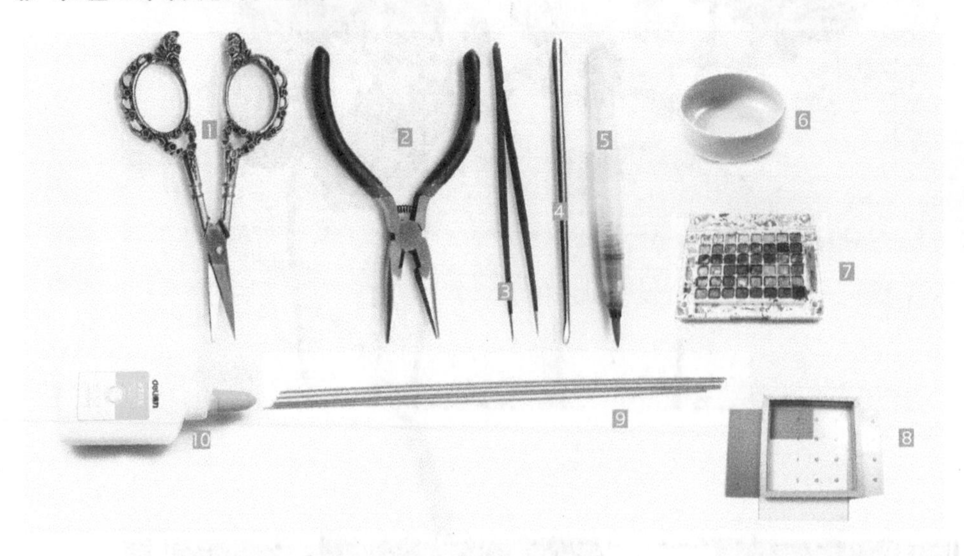

1. 剪刀
2. 尖嘴钳
3. 镊子
4. 双勺形
5. 水笔
6. 笔洗
7. 水彩颜料
8. 木质方形相框
9. 花艺铁丝
10. 乳白胶

5.2.2 制作花材

虞美人

虞美人的花瓣呈倒卵形，与扇形类似，花瓣单薄轻盈，且颜色丰富，有很高的观赏价值。

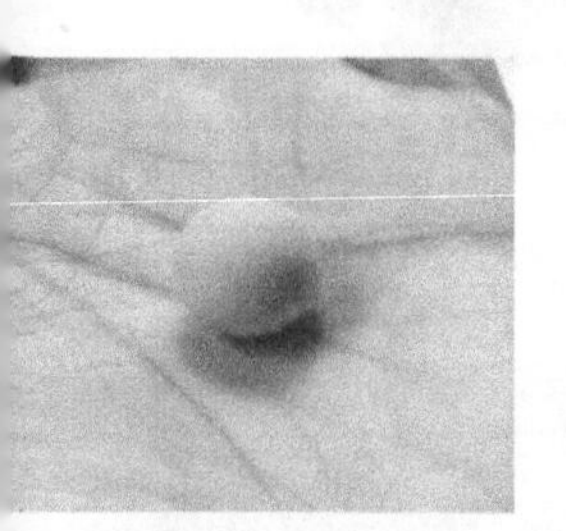
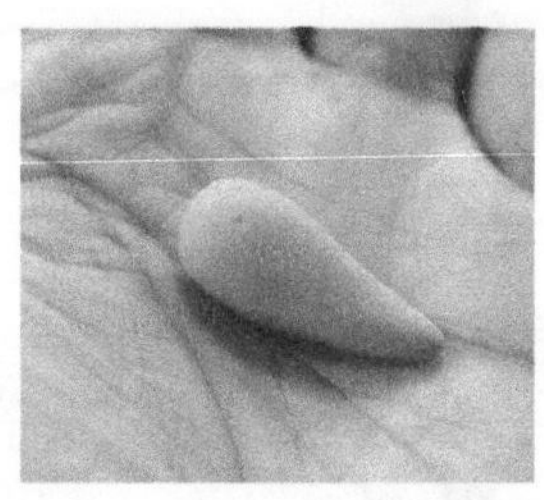
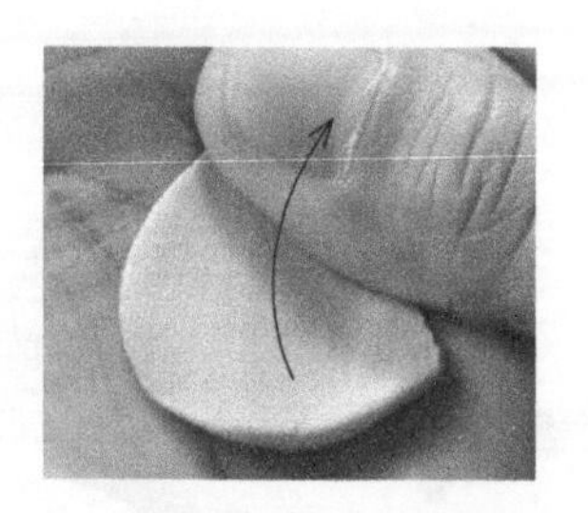

01 用橙黄色黏土先搓出球状，在圆形基础上再搓成水滴状，接着用拇指揉出虞美人花瓣的大致外形。

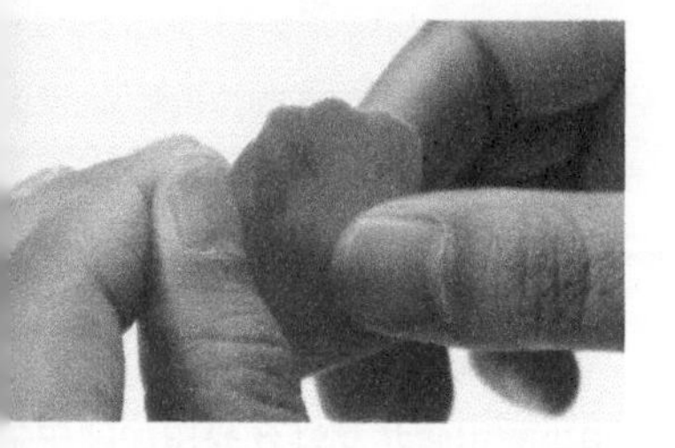
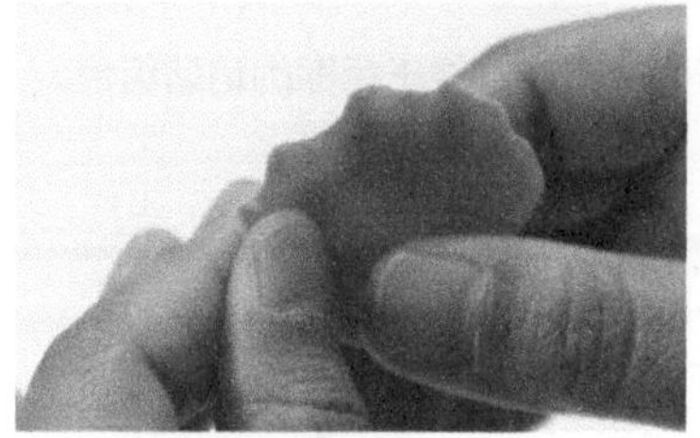
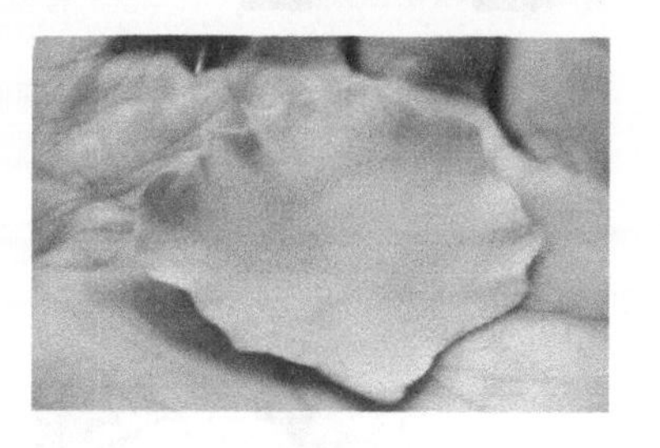

02 用手指反复揉捏花瓣，捏出花瓣边缘薄而弯曲的形态。

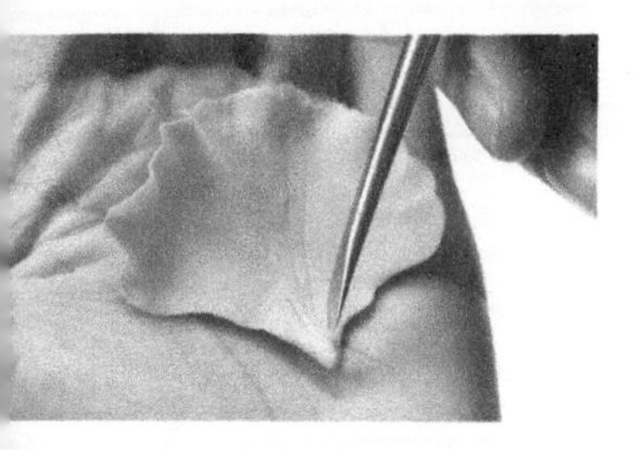
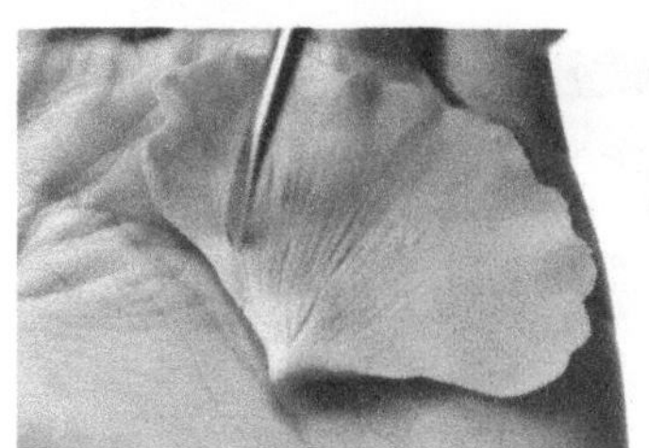

03 用双勺形的侧面划出花瓣表面的线状纹理。

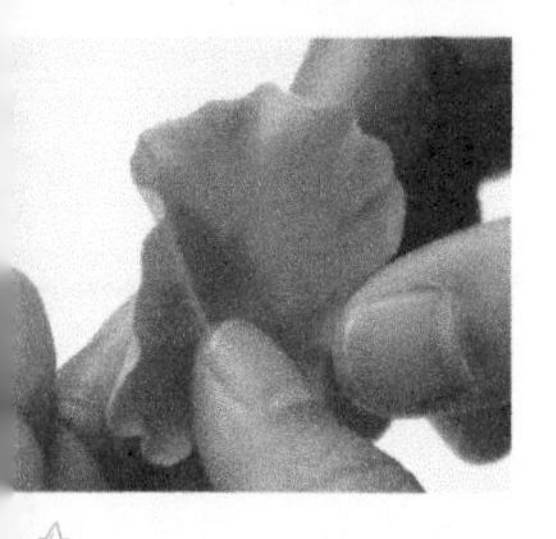

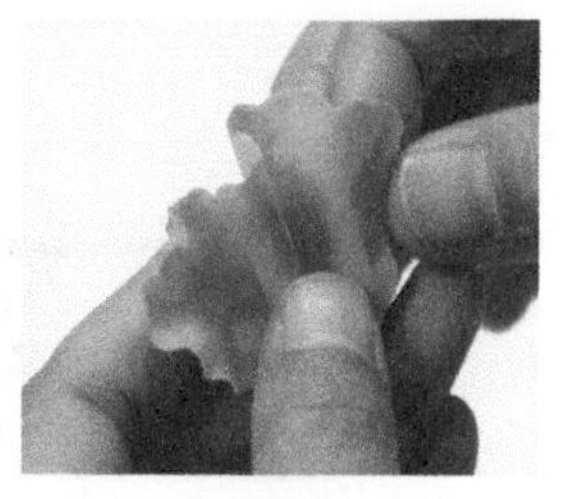

04 将花瓣的上半部分进行折叠，做出花瓣片整体造型自然弯曲的形态。

小贴士

虞美人的花瓣质地柔嫩、细腻，边缘呈微曲状，花瓣表面的弯曲褶皱较为明显，并有多条纹路。

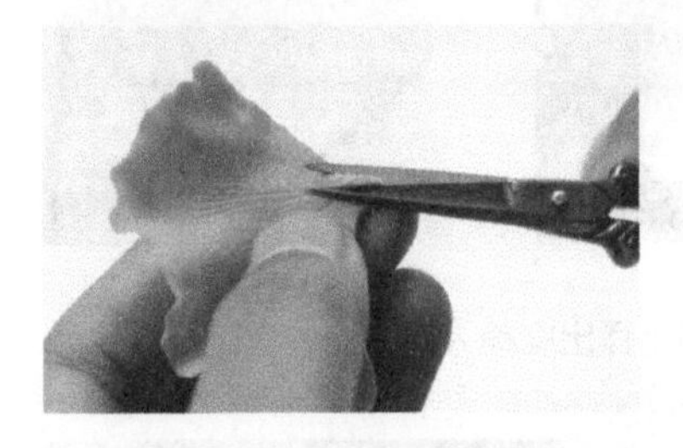

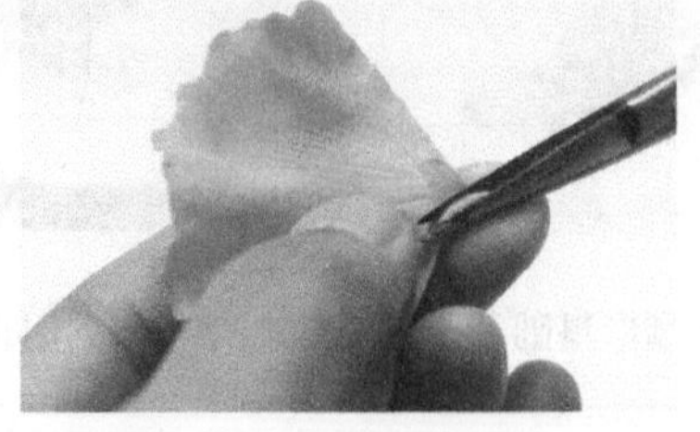

05 用剪刀把虞美人花瓣的根部修剪成薄片，便于后期的粘贴组合。

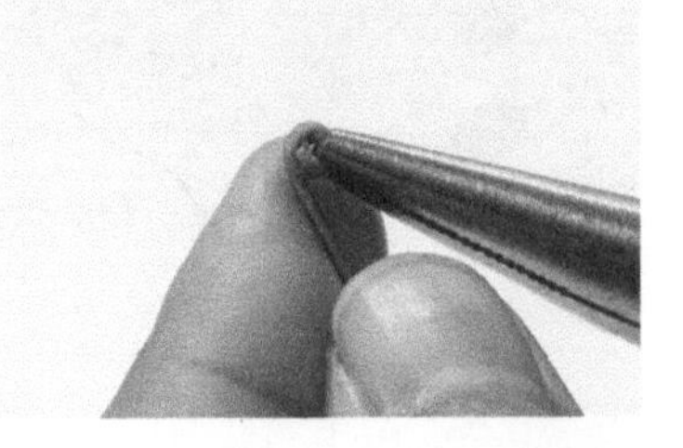

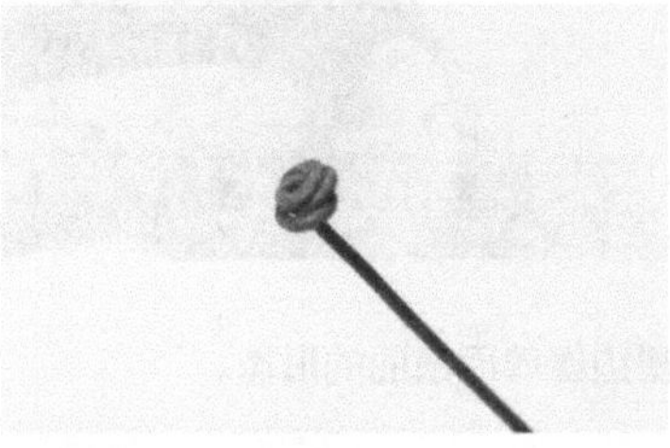

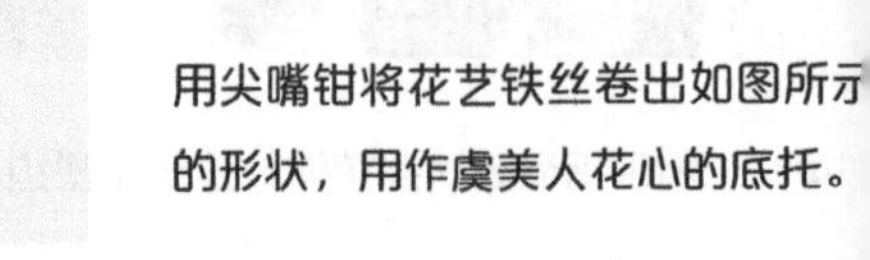

06 用尖嘴钳将花艺铁丝卷出如图所示的形状，用作虞美人花心的底托。

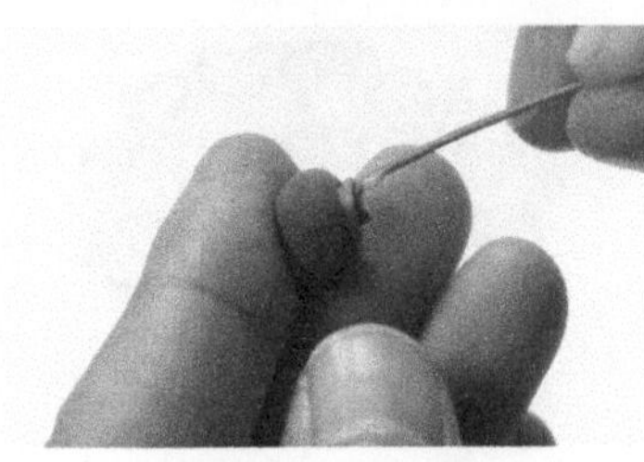

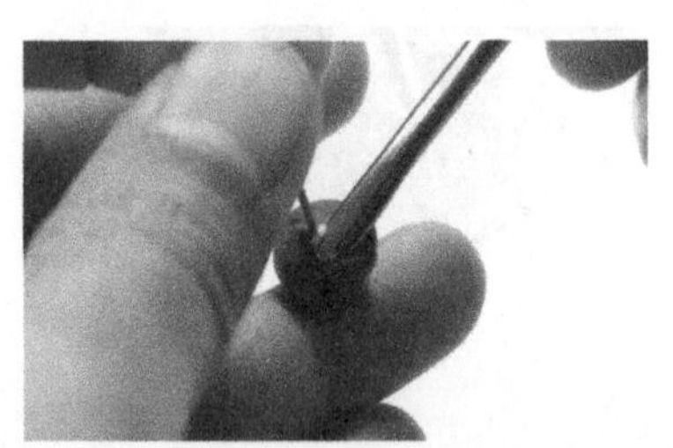

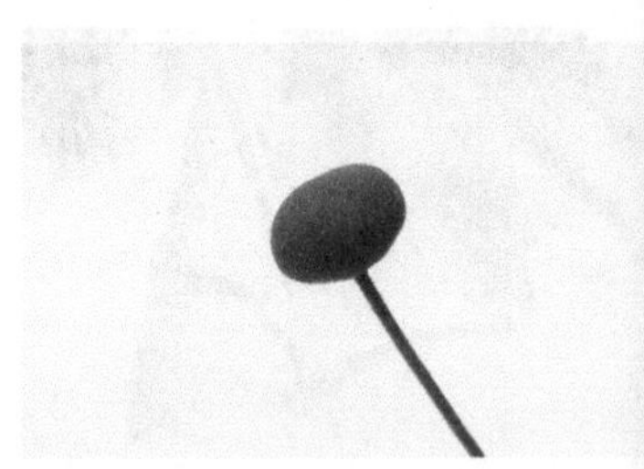

07 在涂有乳白胶的底托上包裹适量的深绿色黏土，用双勺形调整成椭圆形。

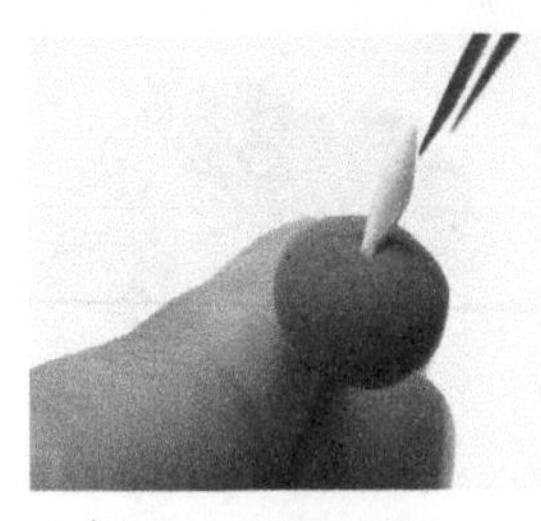

08 用镊子把嫩绿色的橄榄形黏土片贴在花心上，粘贴效果如图所示。

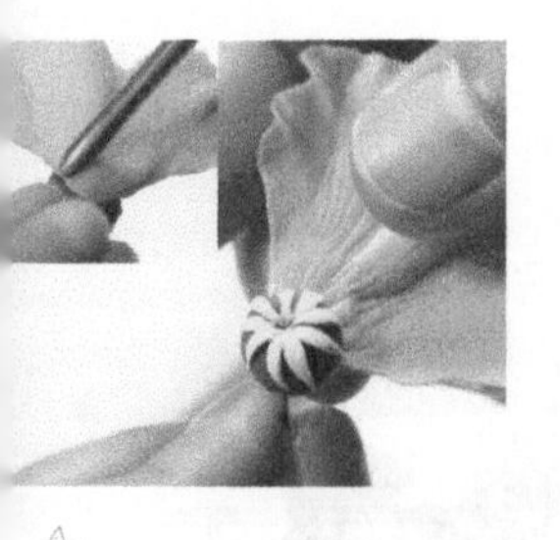

09 将虞美人的花瓣逐层粘在花心的底面。

10 用镊子将做好的嫩绿色花蕊插在花心的边缘。

11 用镊子给花蕊添加同色的花药。

12 用水笔蘸取浅黄色水彩颜料给花瓣上色，完成虞美人的制作。

5.2.3 制作花框

主体花材：虞美人

其他材料：方形相框

把做好的虞美人花按一定的层次分布摆放，将花茎弯折在相框底板的后面并固定在底板上。

最后用相框把虞美人花框住，完成相框花艺作品的制作。

创意花饰·随处生花

在商店的橱窗里，我们经常能看见造型别致、风格不同的创意花饰摆件，每当驻足观看时都会惊叹它的创意和唯美。其实，我们一样可以创造出这种美……

本案例中的作品是开放式的，充分利用花艺容器，再加上创意，创作而成。这种开放式的创意花饰作品能让观赏者从多个角度感受到花的美。

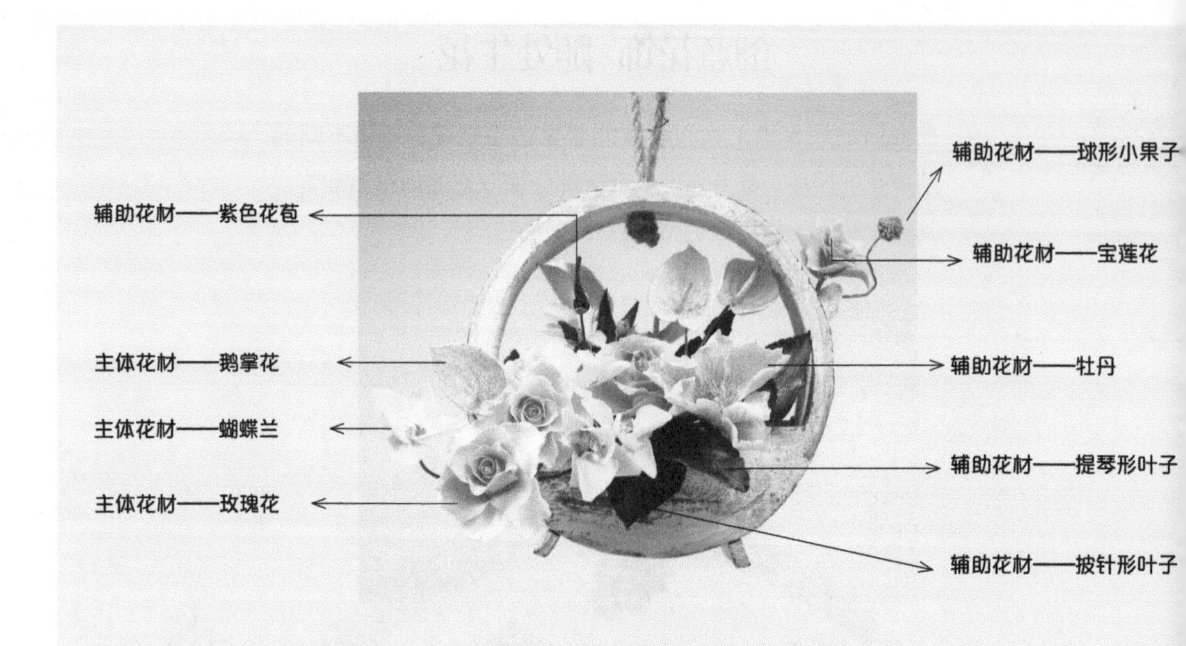

本案例用鹅掌花、蝴蝶兰、玫瑰花为主体花材，搭配紫色花苞、球形小果子、宝莲花、牡丹、提琴形叶子和披针形叶子，创作出独具特色的创意花饰作品。作品中的紫色花苞、球形小果子、玫瑰花等花材的制作方法在前面章节已经讲解，宝莲花和牡丹只用作整体效果展示，不讲解花卉的制作方法。

整个花艺作品用色彩轻快的黄绿色和粉色，搭配沉稳大气的紫色、深绿色和酒红色，轻快与沉稳的色调对比，展示了作品的色彩层次。

5.3.1 准备黏土和工具

准备黏土

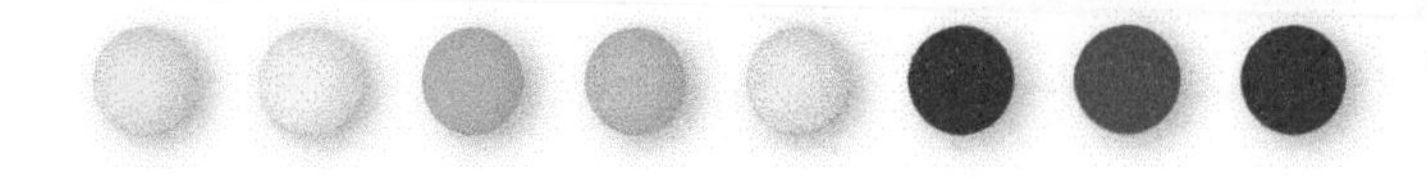

准备工具及配件材料

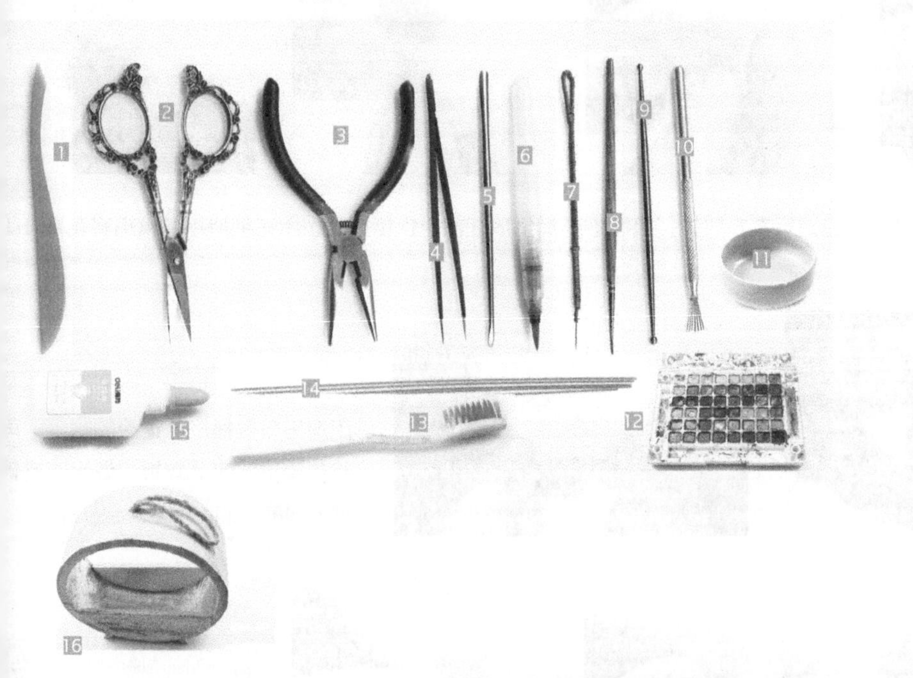

1. 扁形刀
2. 剪刀
3. 尖嘴钳
4. 镊子
5. 双勺形
6. 水笔
7. 自制针
8. 勾线笔
9. 小丸棒
10. 七本针
11. 笔洗
12. 水彩颜料
13. 牙刷
14. 花艺铁丝
15. 乳白胶
16. 木质圆框

5.3.2 制作主体花材

蝴蝶兰

蝴蝶兰因花朵开放时似蝴蝶而得名，深受广大花草爱好者的喜爱，素有“洋兰王后”的美名。

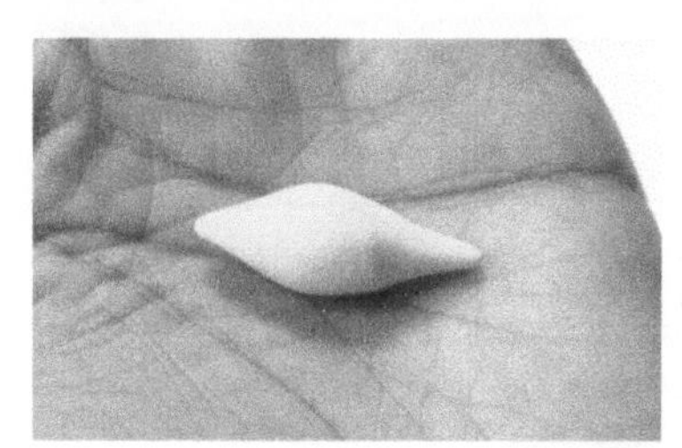

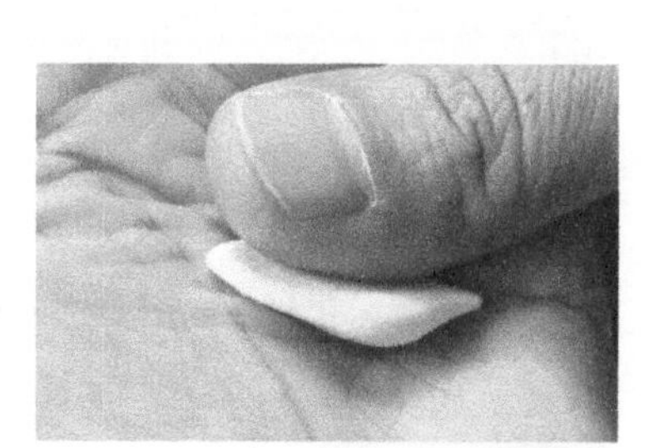

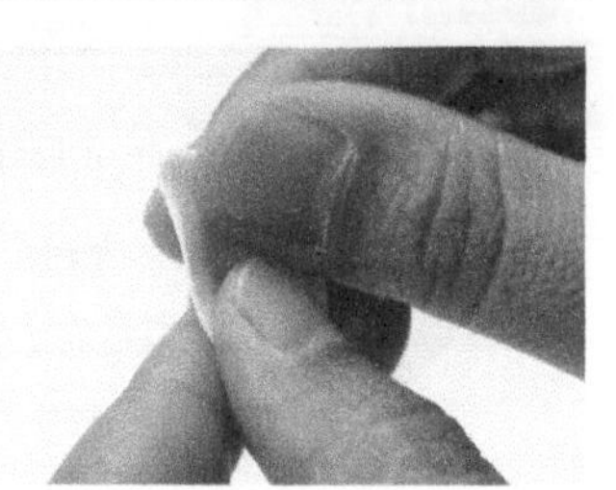

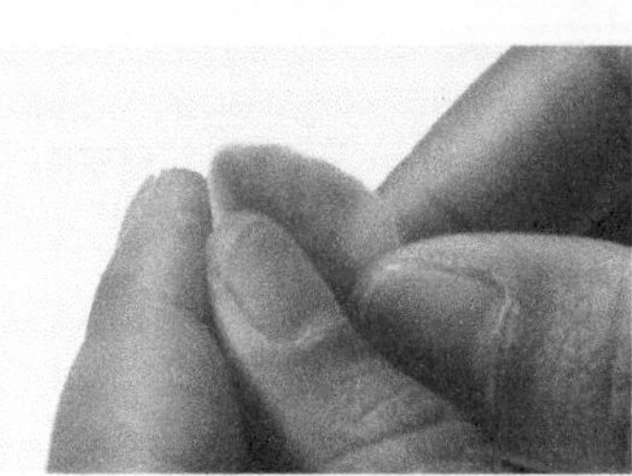

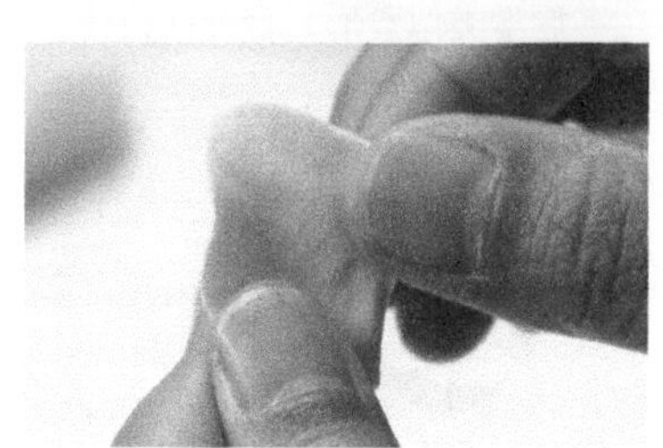

用嫩绿色黏土先搓出球状，再搓成两端尖中间圆的橄榄状，接着用拇指压扁后捏成蝴蝶兰花瓣的大致外形。

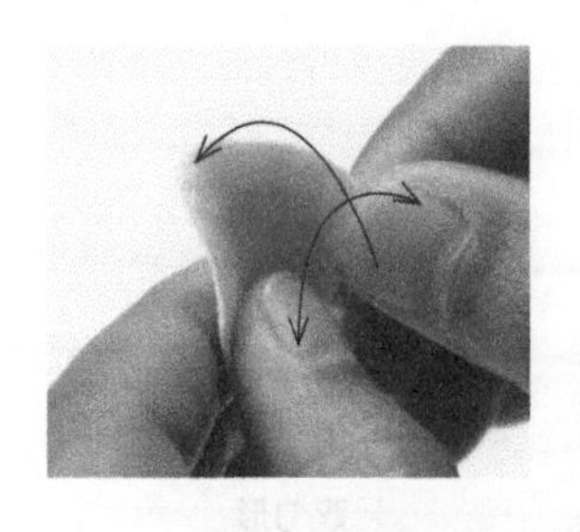

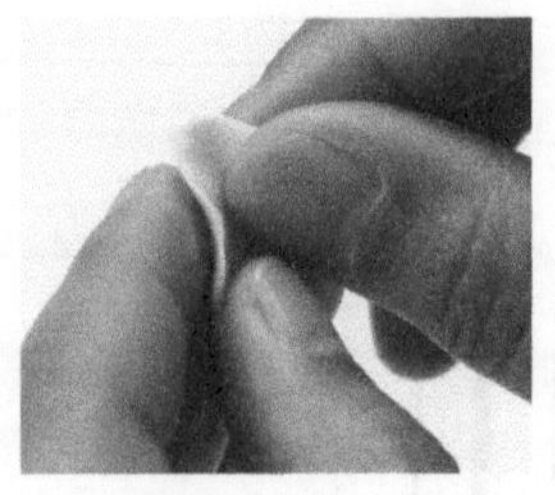

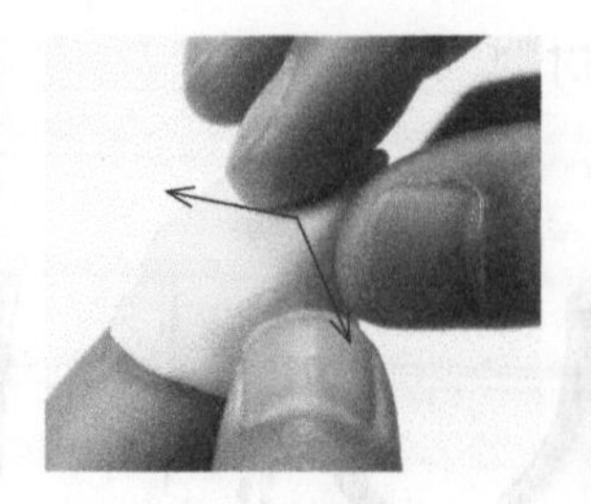

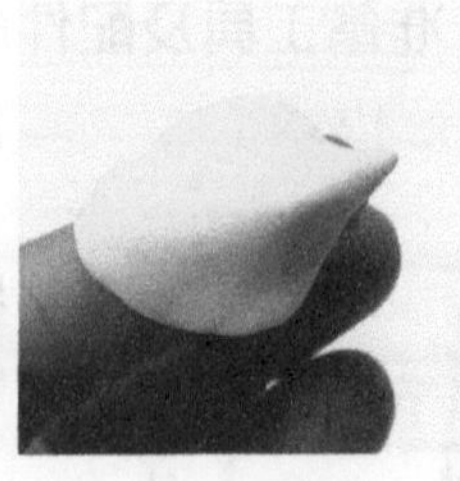

02 沿花瓣的中心线将花瓣进行左右对折，接着把花瓣倒放在左手食指指腹，用右手拇指与食指将花瓣往下按压。

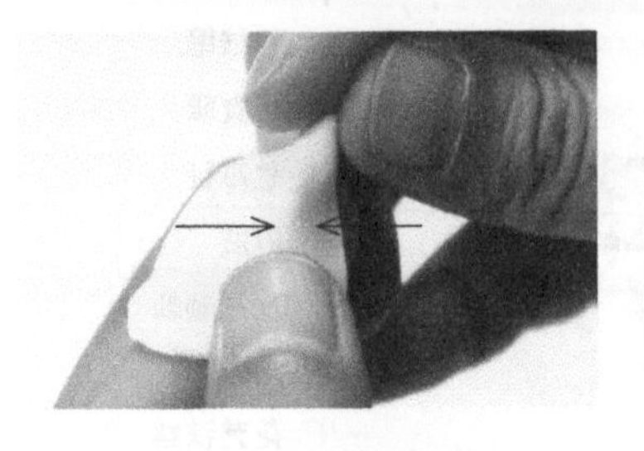

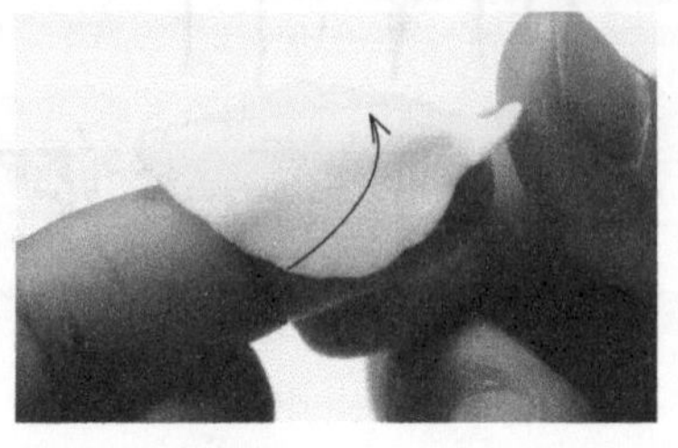

03 用拇指与食指挤压花瓣的根部，再将花瓣根部向上翻折，做出花瓣根部上翘的形态。

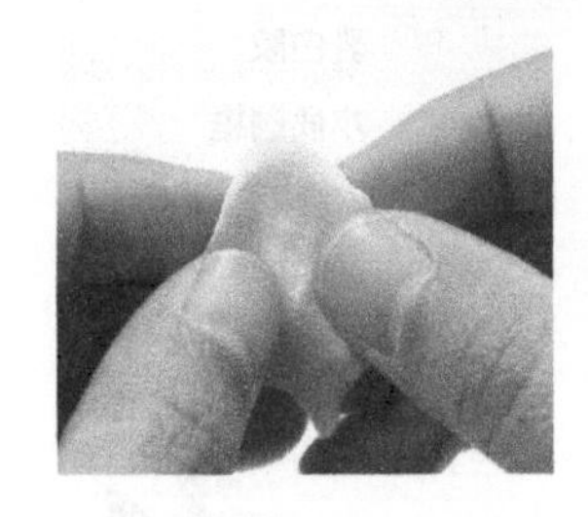

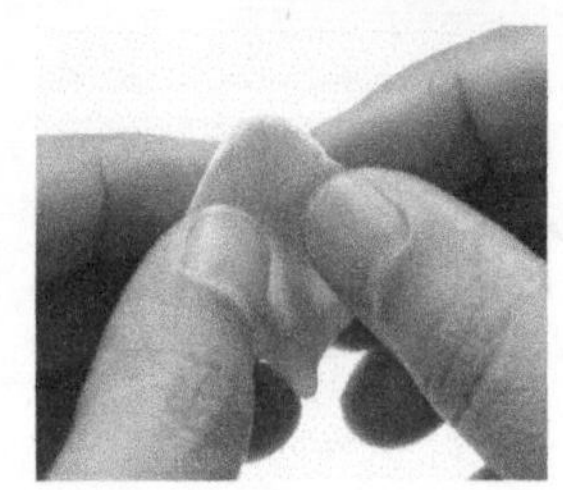

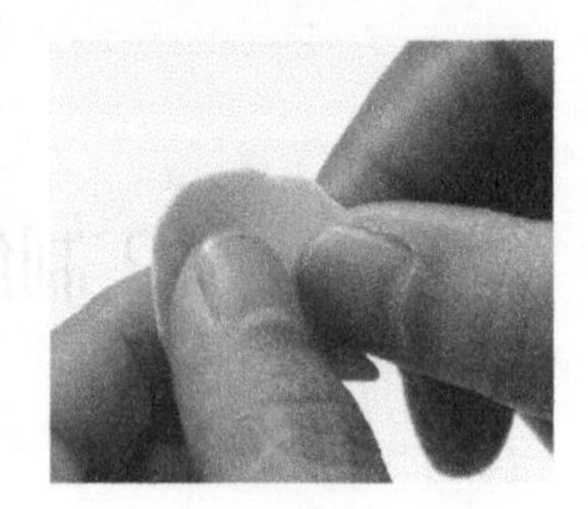

04 用手指捏住花瓣片顶部的两侧，将花瓣向外翻折，做出顶部与两侧上翘，类似汤匙状的蝴蝶兰花瓣形状

小贴士

蝴蝶兰单朵花有 5 片花瓣，包括 2 片侧瓣、2 片侧萼片和 1 片后萼片。蝴蝶兰花瓣顶端钝圆，底部为楔形，短宽微翘，唇瓣类似菱形，合蕊柱粗壮。

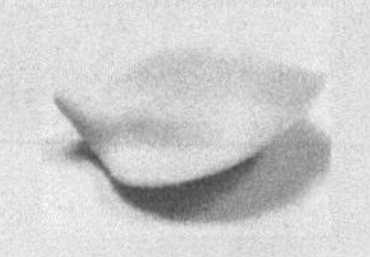

侧面

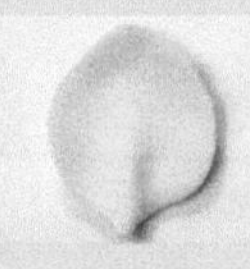

正面

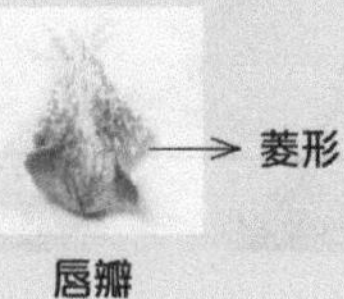

唇瓣

后萼片
侧瓣
侧萼片
合蕊柱
侧瓣
侧萼片
唇瓣

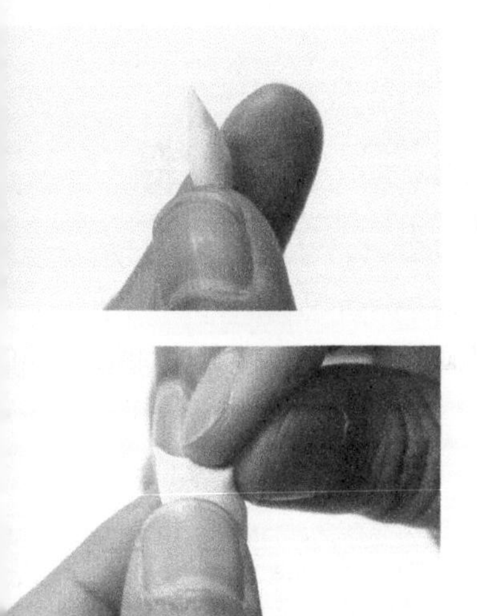
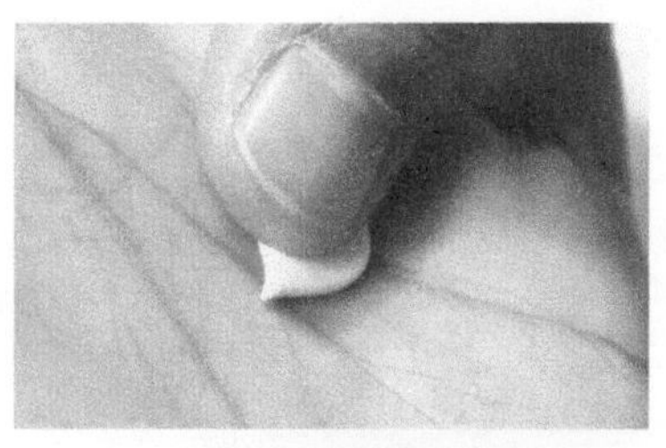
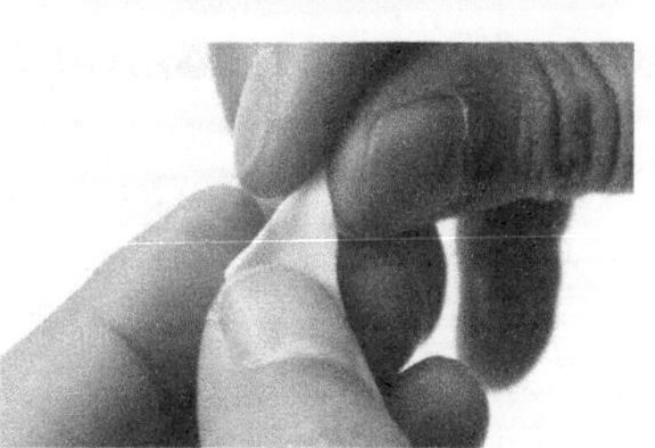
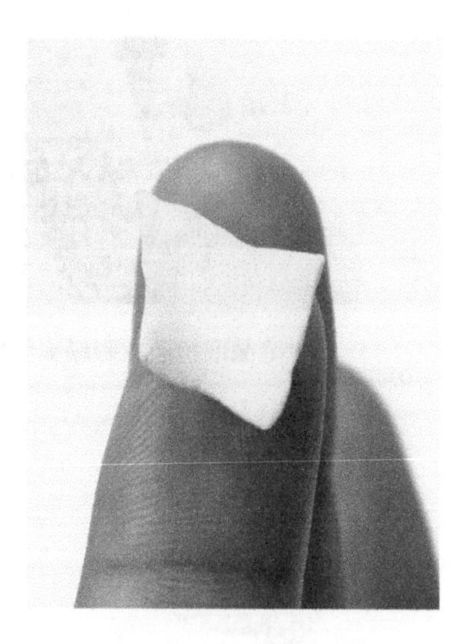

05 用少量浅黄色黏土搓出梭状，用拇指压扁，后将其做成菱形状，用作蝴蝶兰的唇瓣。

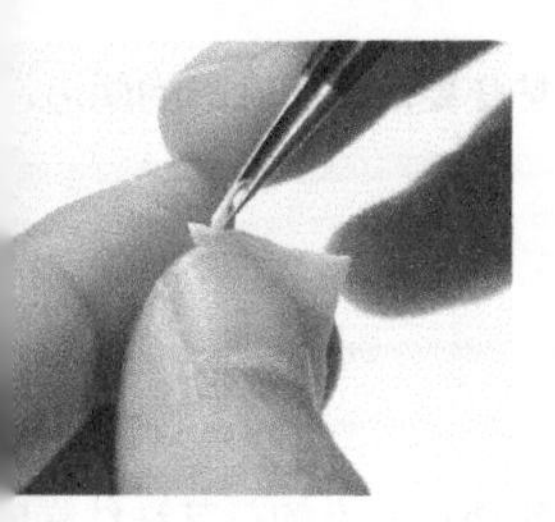
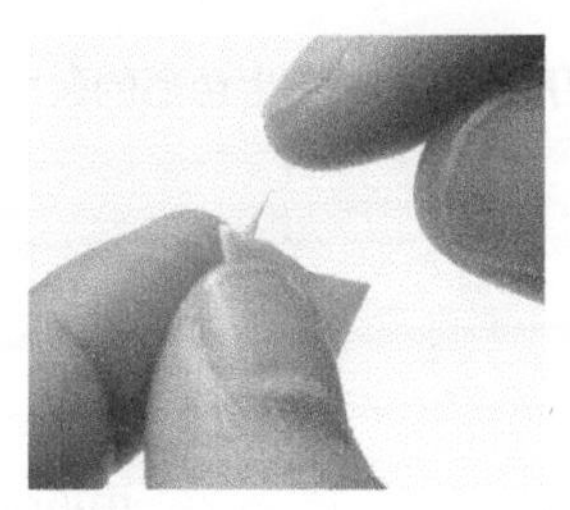
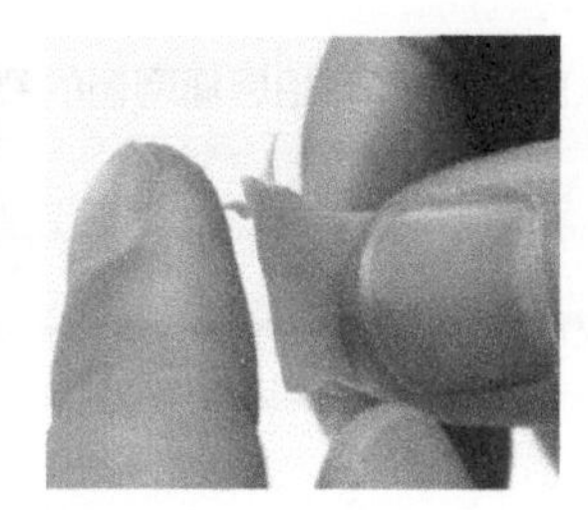

06 在菱形叶片的菱角用镊子粘上两条细细的浅黄色黏土条。

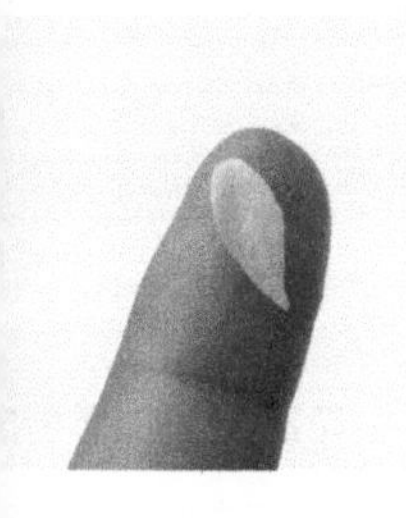
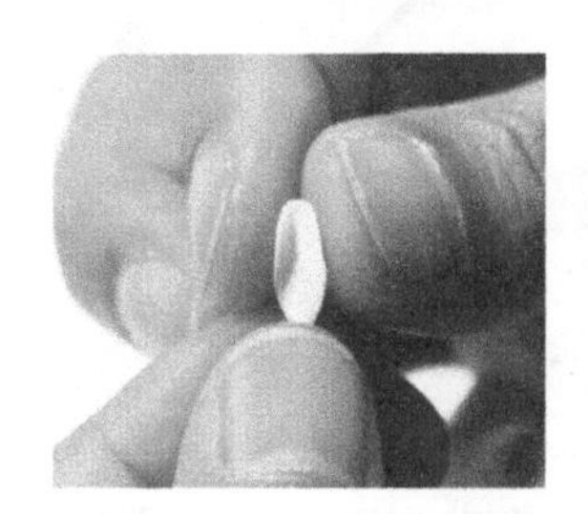

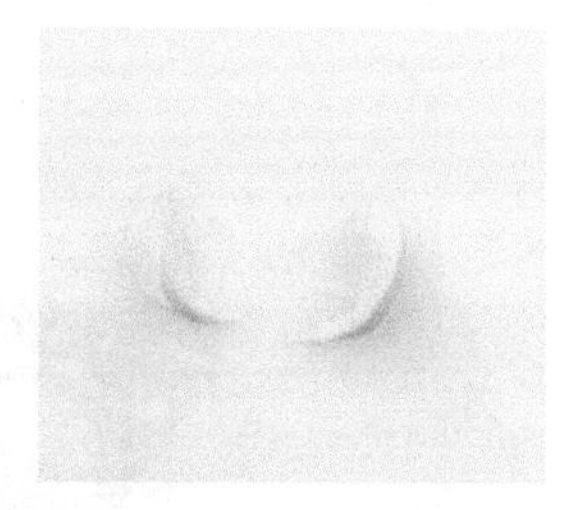

07 用少量浅黄色黏土搓出小水滴状，再用手指压扁并调整外形，制作成唇瓣两侧的裂片。

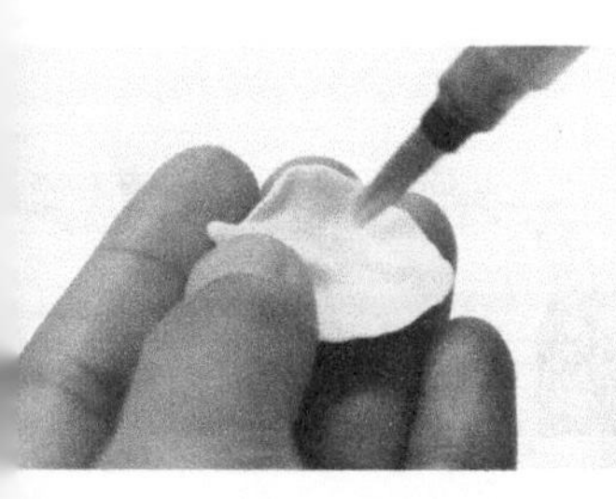
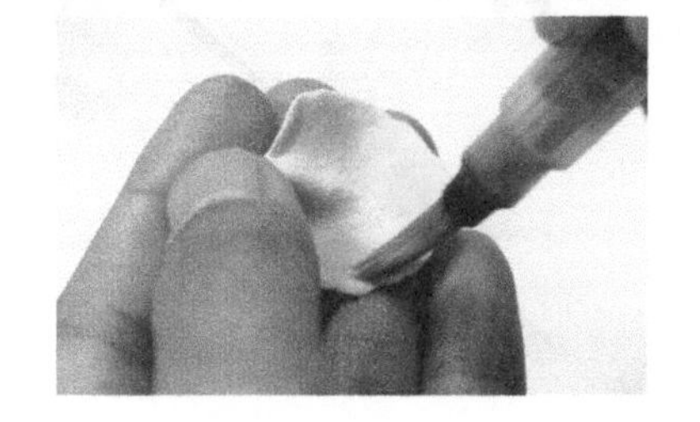

08 用水笔在花瓣根部向上 1/3 处涂上一层白色颜料。

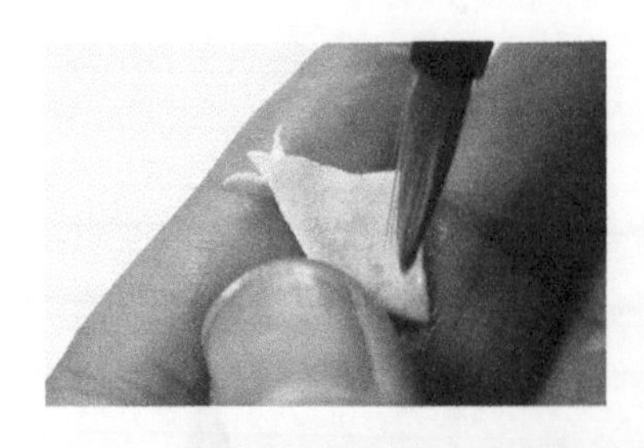
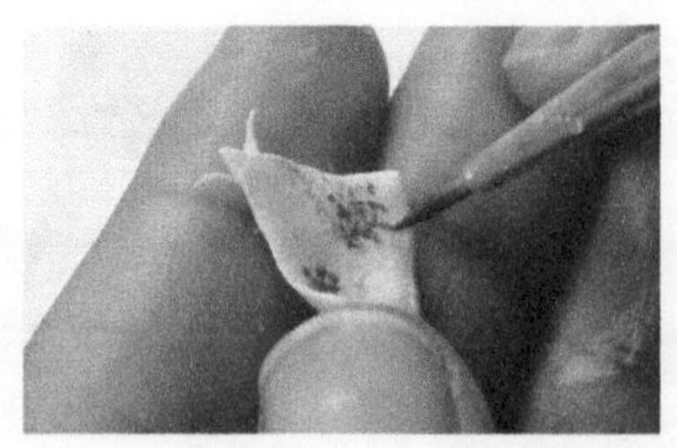
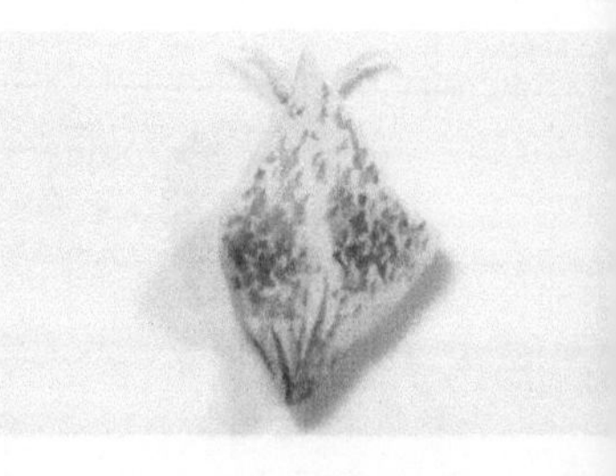

09 用水笔蘸取黄色水彩颜料给唇瓣的下半部分上色，接着用勾线笔点画一些红色小点，做出蝴蝶兰唇瓣的纹理。

10 用水笔蘸取绿色和红色水彩颜料给唇瓣两侧的裂片上色，并将上色后的裂片粘在菱形唇瓣底端的两边。

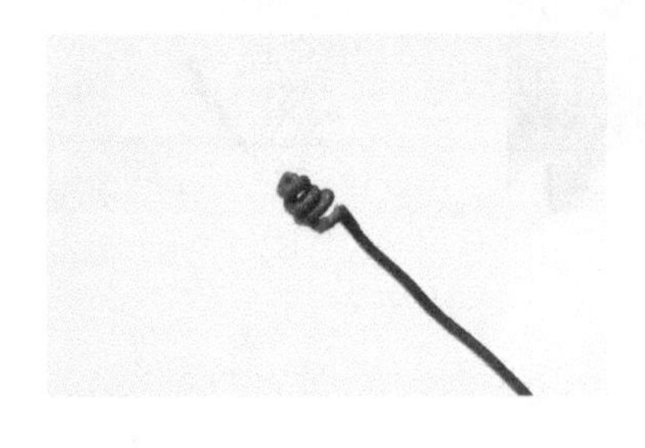
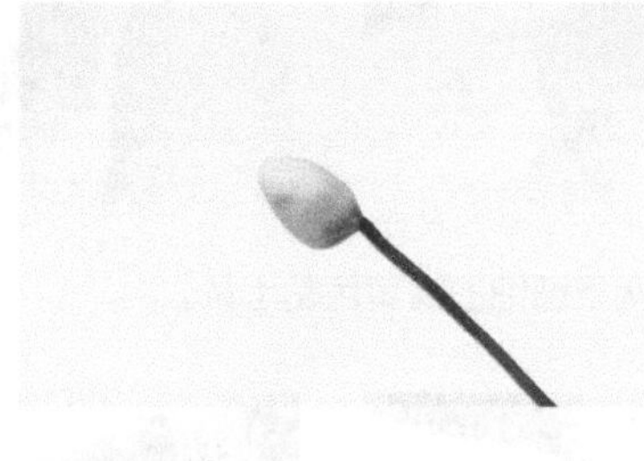

用尖嘴钳将细一点的花艺铁丝卷成螺旋状的底托，并用嫩绿色黏土包裹，制作成合蕊柱。

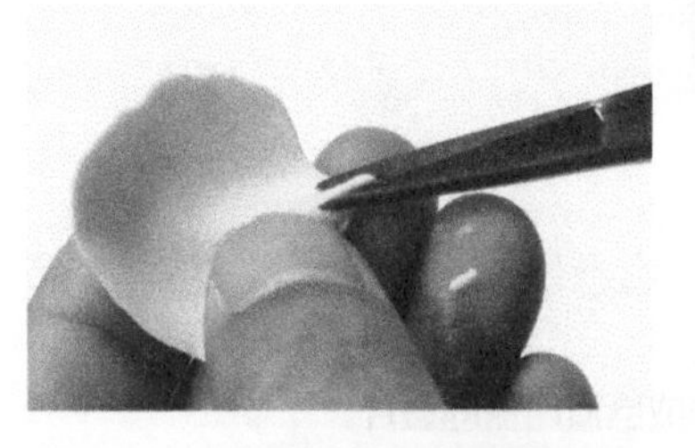
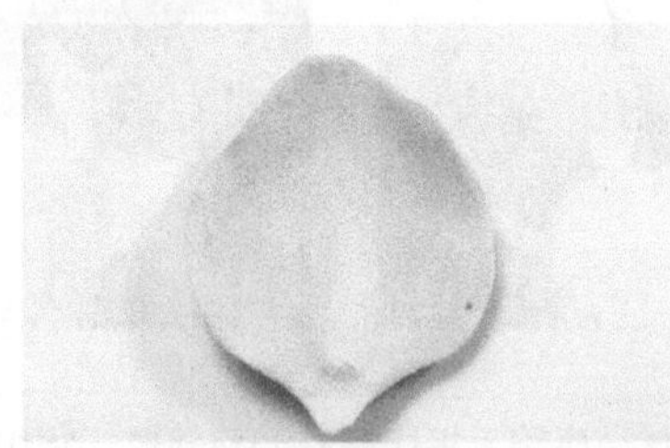

用剪刀把蝴蝶兰花瓣的根部修剪成薄片。

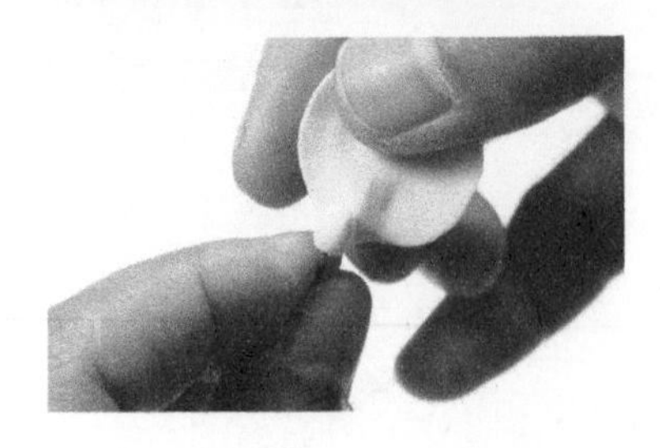

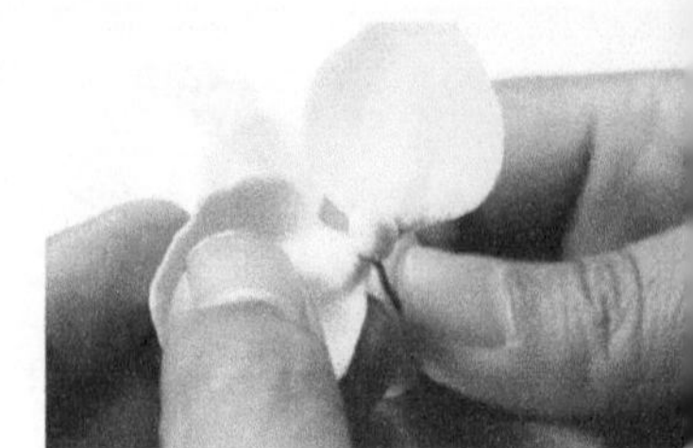

13 把蝴蝶兰的两片侧瓣粘在合蕊柱的底面。

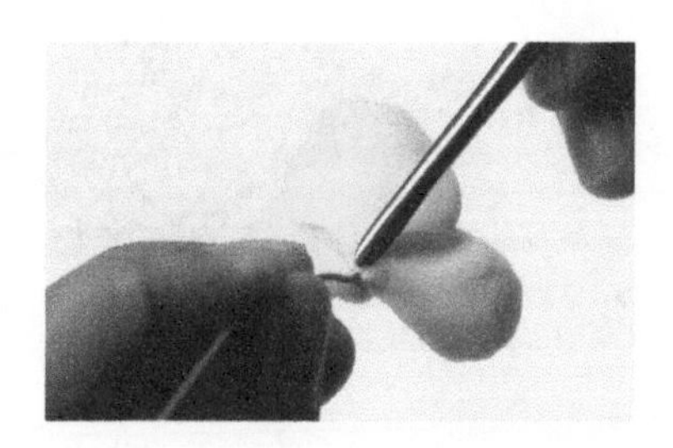

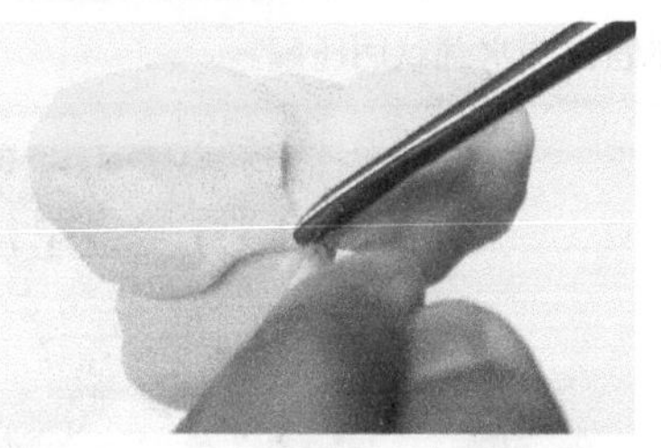

14 把蝴蝶兰的后萼片和两片侧萼片依次粘在侧瓣的底部。

15 把做好的唇瓣用镊子固定在合蕊柱的边缘。

16 最后给蝴蝶兰的花茎包裹一层深绿色黏土，完成蝴蝶兰的制作。

鸣掌花

鸣掌花的造型独特，叶片顶部细尖，表面有密集的斑点，制作时斑点可用牙刷蘸取颜色，拨动牙刷使颜色撒在叶片表面来制作。

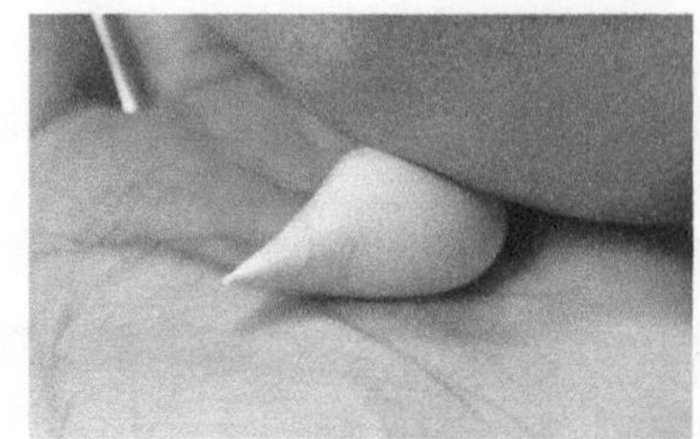
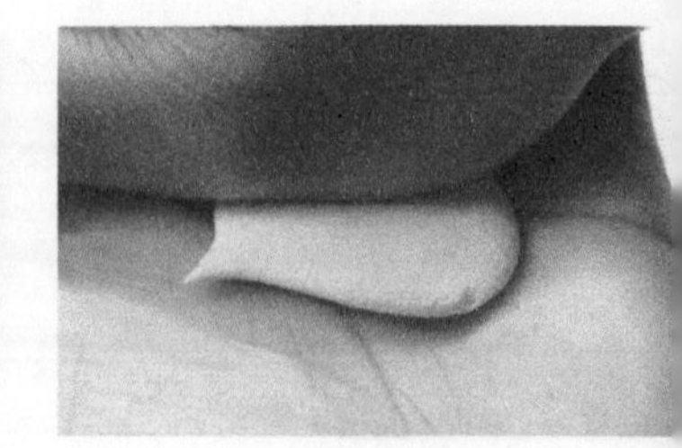

01 先用中黄色黏土搓出球状，然后搓成水滴状后压扁。

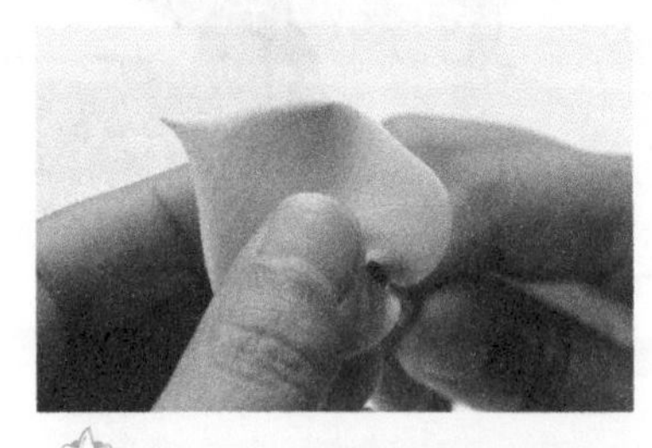
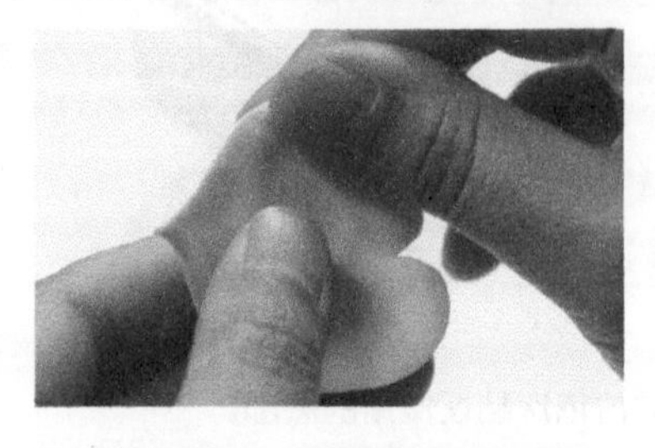
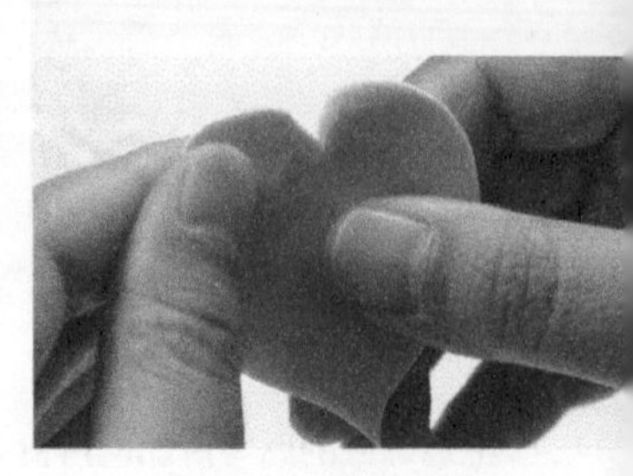

02 用双勺形的侧面切出鹅掌花底部中心的缺口，再用手指反复揉捏，做出倒心形的鹅掌花叶片外形。

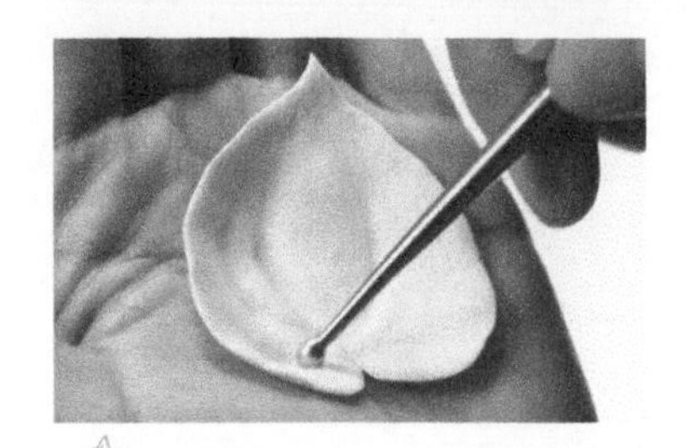
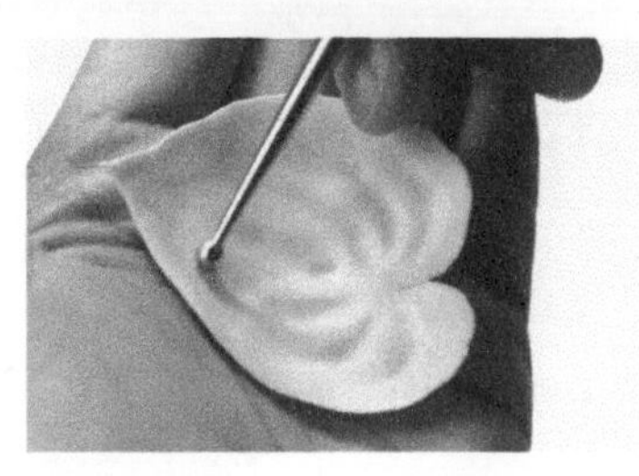

03 用小丸棒制作鹅掌花叶片表面的脉络纹理。

小贴士

鹅掌花的造型形似手掌，叶片整体向内凹凸，呈勺状。两侧叶脉对称并清晰可见，犹如向左右两边散开的波浪。

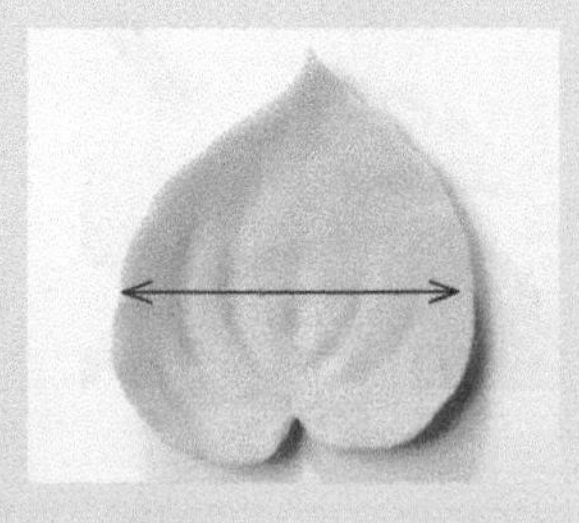

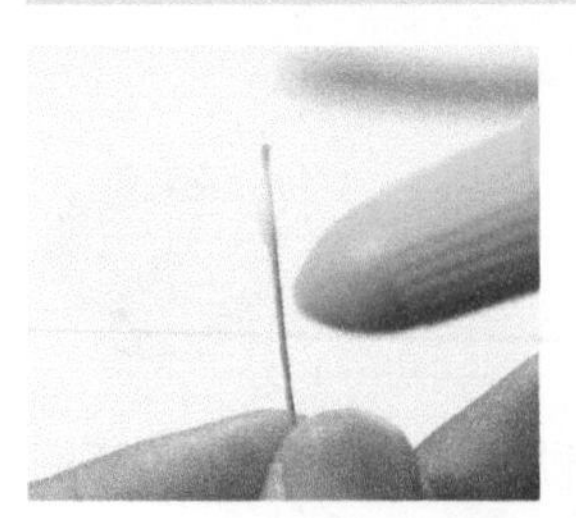
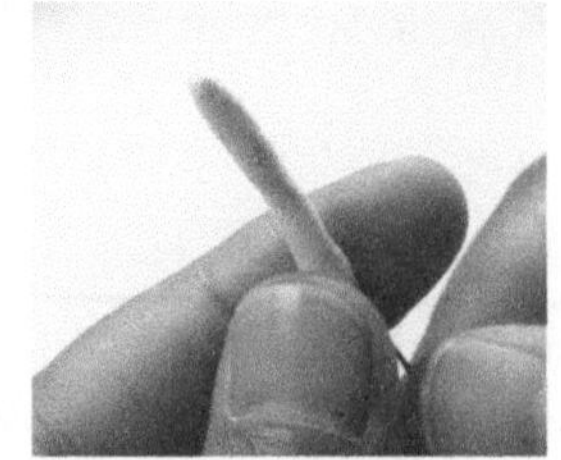
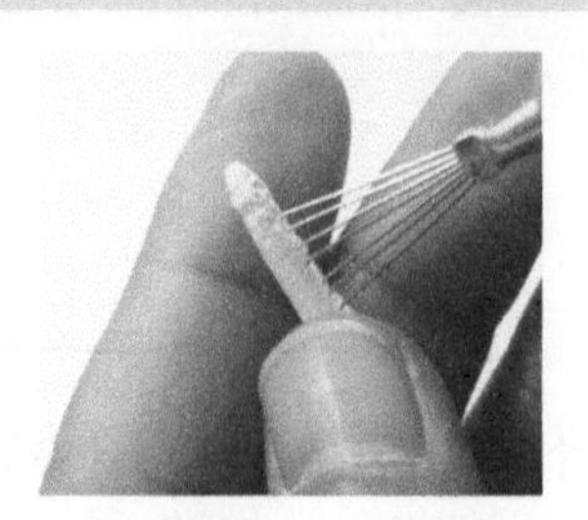

04 取一截细一点的花艺铁丝，涂上乳白胶后包裹一层金黄色黏土，接着用七本针在黏土条上戳出密集的针孔。

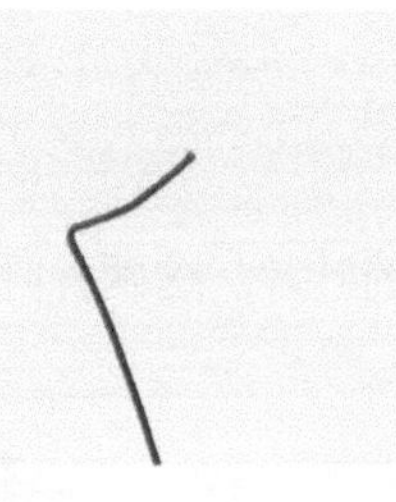

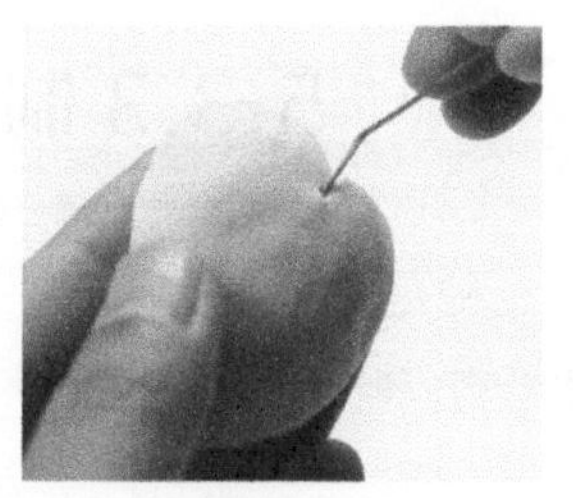

05 将一截花艺铁丝弯成“f”形，用自制针在鹅掌花叶片底部戳一个小洞，将“f”形花艺铁丝涂上乳白胶后插入叶片的小洞内。

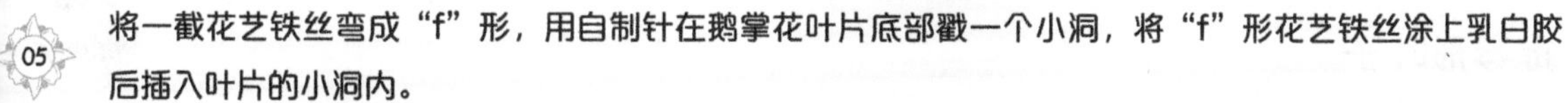

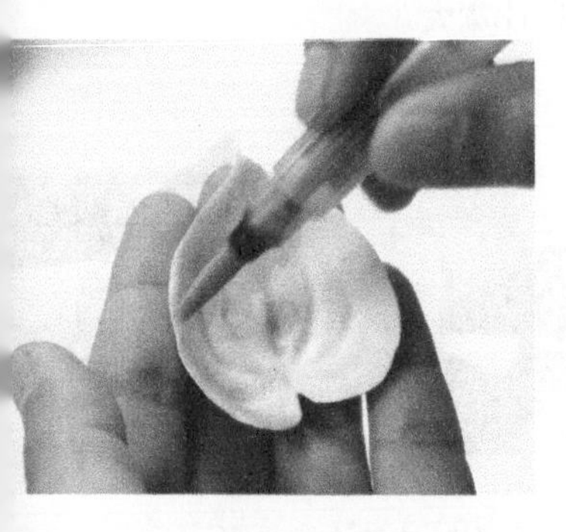

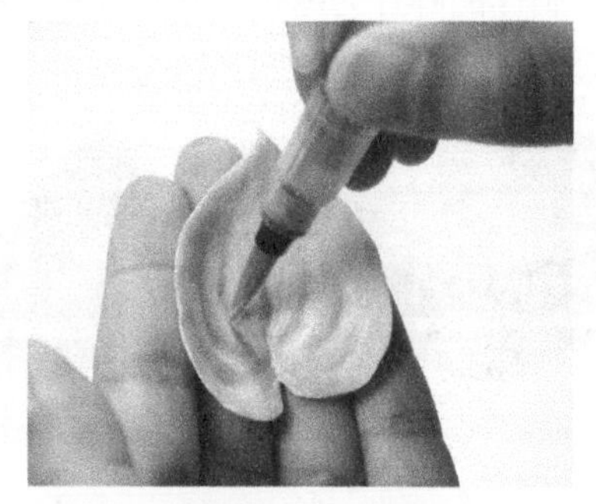

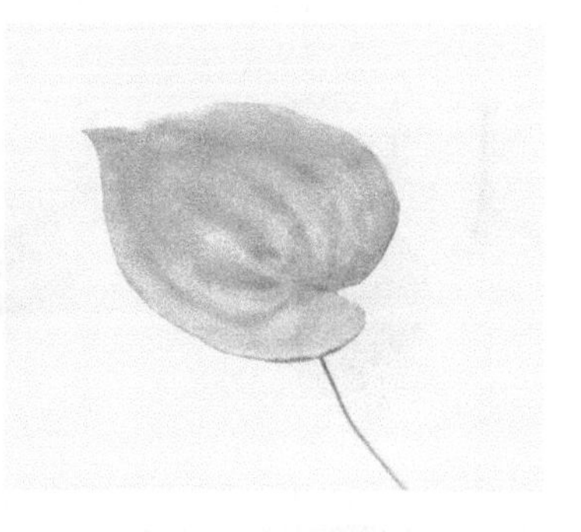

06 用水笔先在鹅掌花的表面涂上一层金黄色的底色，接着在叶片的纹理上涂上白色，作为高光。

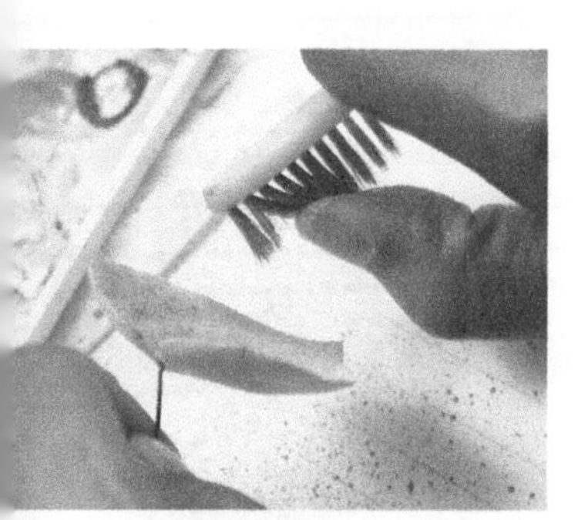

07 将蘸有橙红色水彩颜色的牙刷放在鹅掌花的上方，用手拨动牙刷毛，让颜料散落在鹅掌花叶面，再用勾线笔蘸取白色颜料，沿着鹅掌花表面凸起的纹理画出高光。

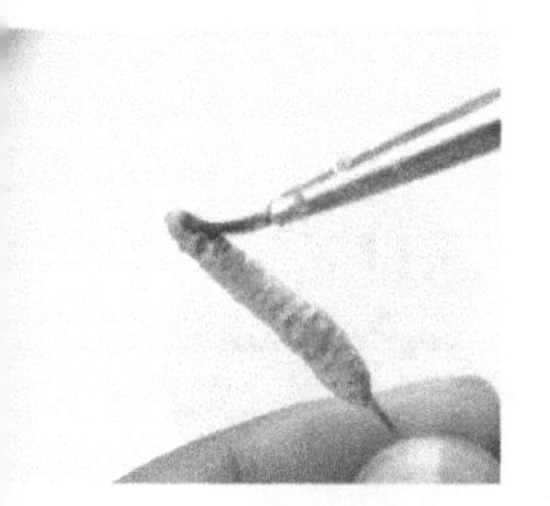

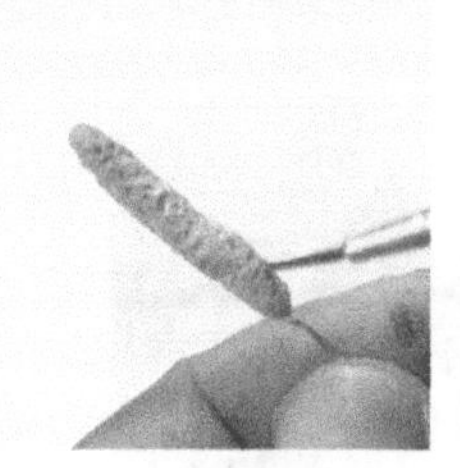

08 用勾线笔给鹅掌花肉穗的顶部涂上绿色，接着在下面涂上黄色，最后用镊子把肉穗插在鹅掌花叶片底部凹槽的缺口处，完成鹅掌花的制作。

5.3.3 制作辅助花材

案例中使用了两种叶子，一种是外形似提琴的叶片，另一种是外形为披针形的叶片。这两种叶片的叶缘均呈锯齿状，且叶片厚实，叶面有蜡质感。

提琴形叶子

提琴形叶子的外形似提琴状。案例制作的叶片为绿色网状脉叶片，叶片宽大。

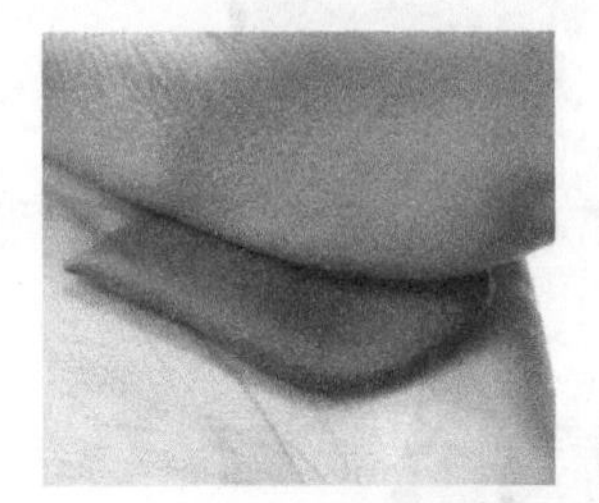
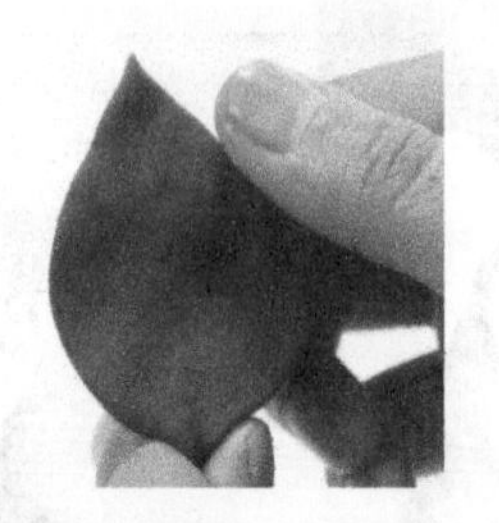

01 用深绿色黏土先搓出球状，再搓成胖水滴状后用手掌压扁，并捏出提琴形叶片的大致外形。

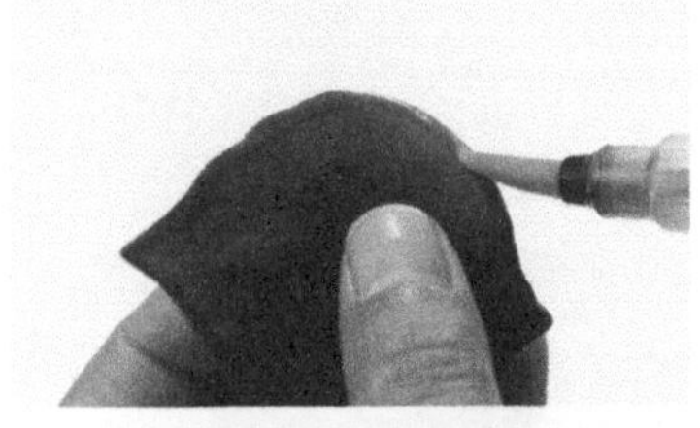
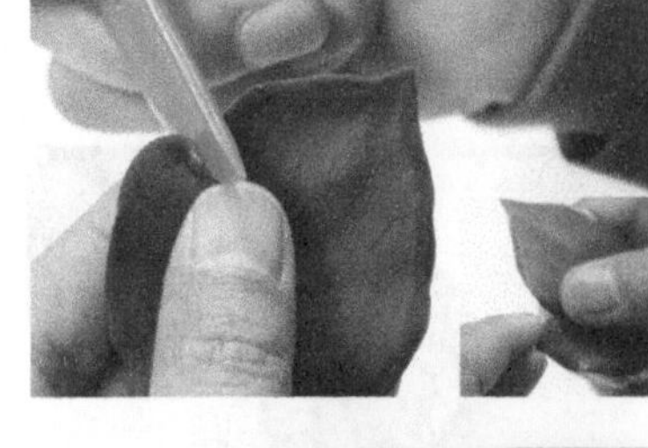

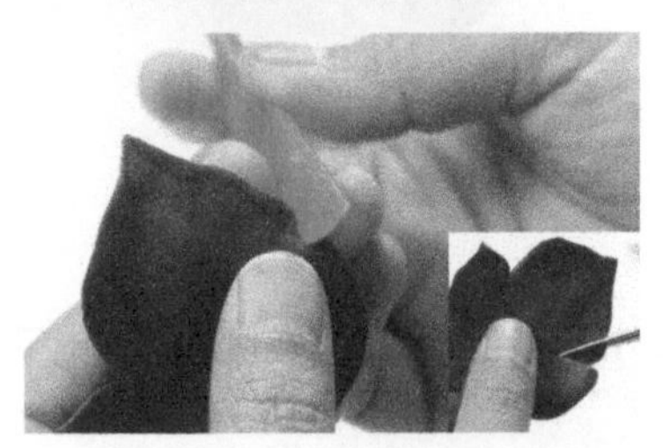
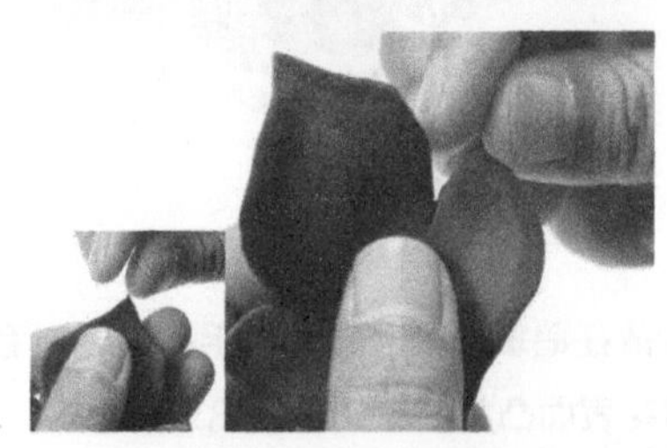

02 用水笔蘸清水涂在叶片的边缘，接着用扁形刀将叶片切成提琴形的叶形，并用手捏尖叶片顶部。

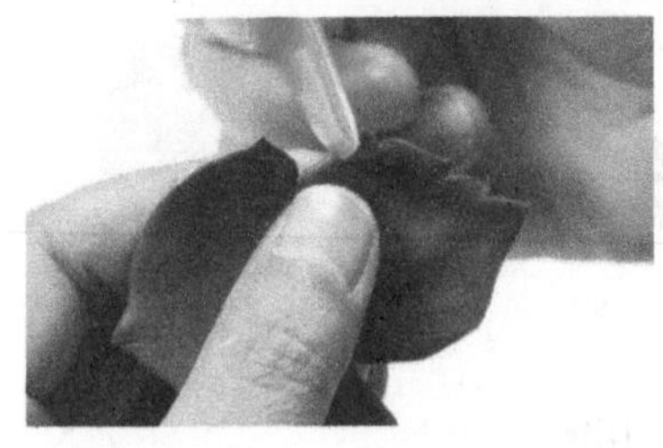
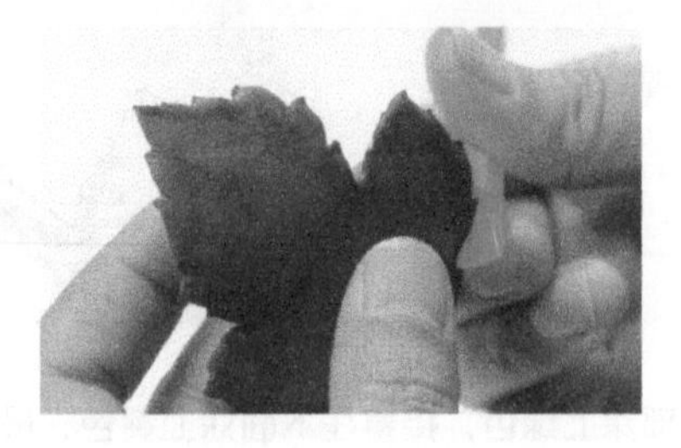

03 用扁形刀切出叶片边缘的锯齿形状。

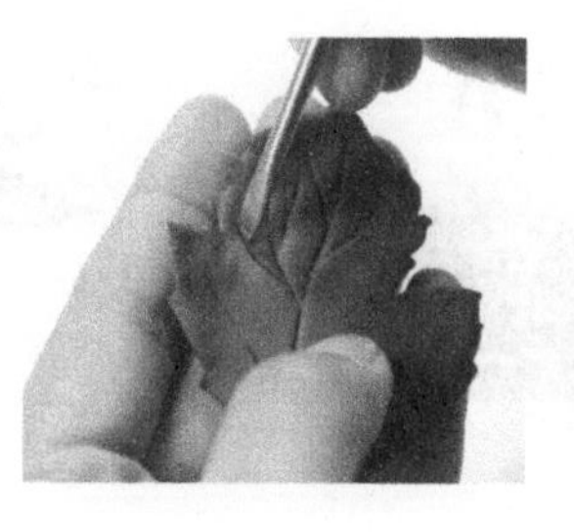

04 用双勺形的侧面划出叶片表面的叶脉纹理。

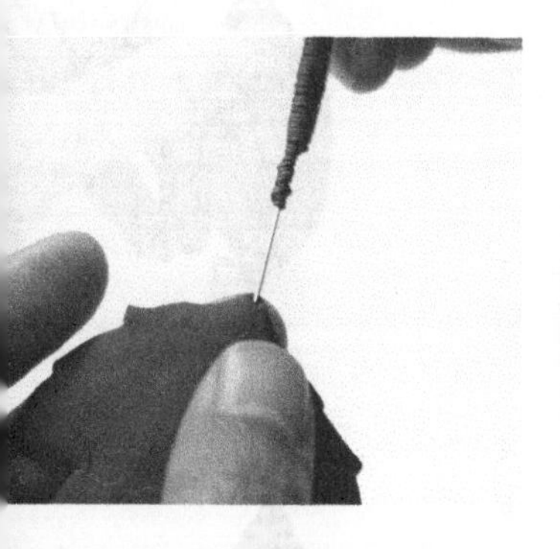

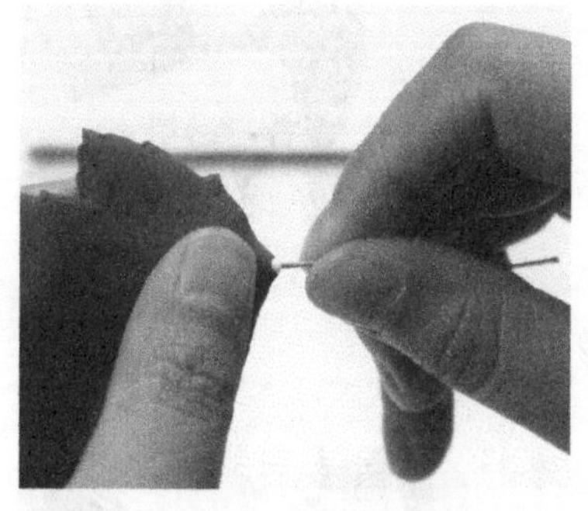

05 用自制针在叶片的底部戳一个小洞，把一截涂有乳白胶的花艺铁丝插入叶片底部的小洞中。

06 用水笔在叶片表面涂上一层深绿色，再点上几笔绿色，丰富叶片的颜色。

披针形叶子

披针形叶子中部以下最宽，上部逐渐变细尖。案例中的披针形叶片颜色为酒红色，叶面光滑，叶脉清晰。

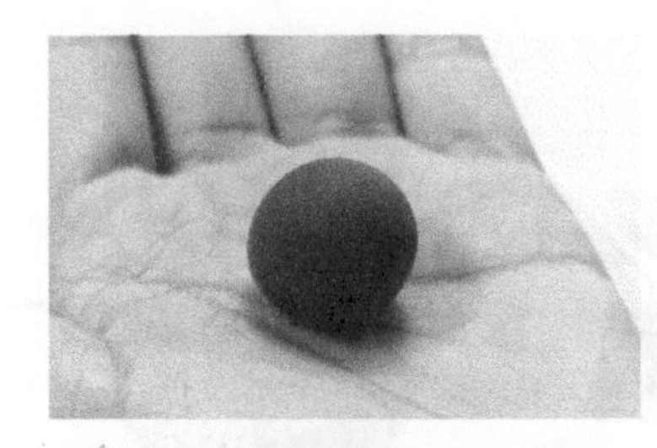
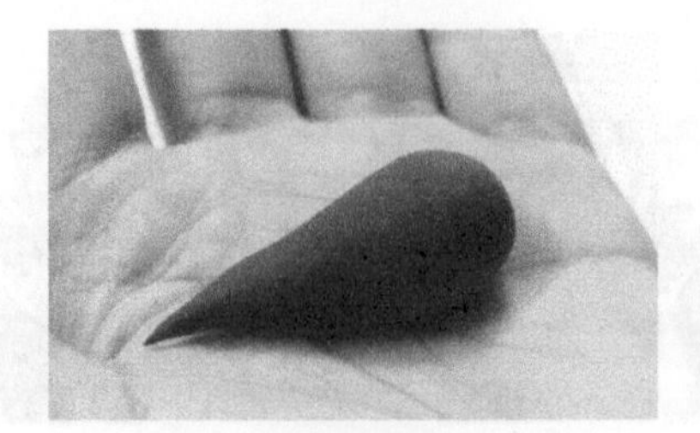
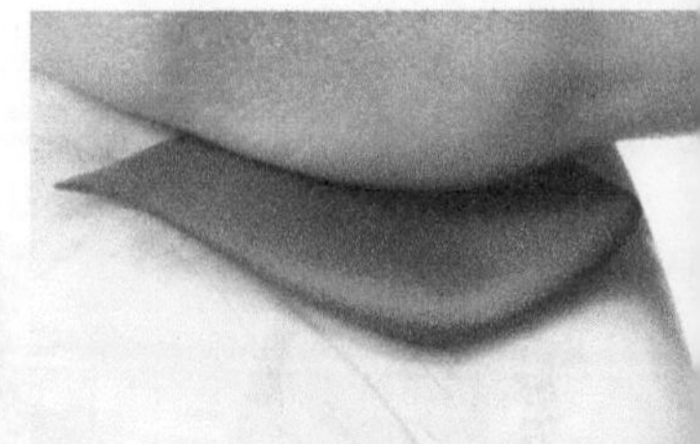

01 将酒红色黏土先搓成球状，再搓成水滴状后用手掌压扁。

02 用手指捏出披针形叶片的叶形。

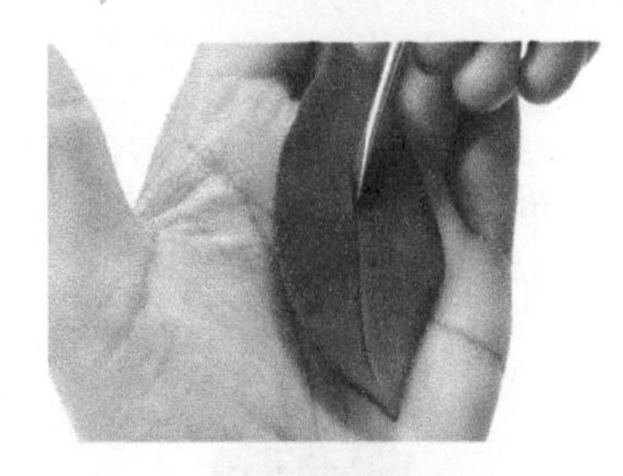
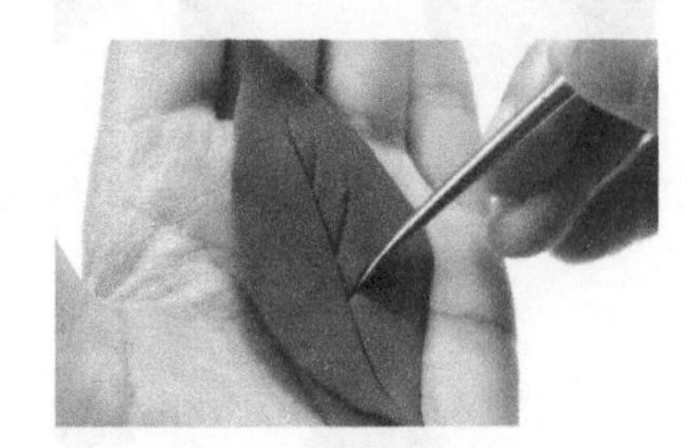
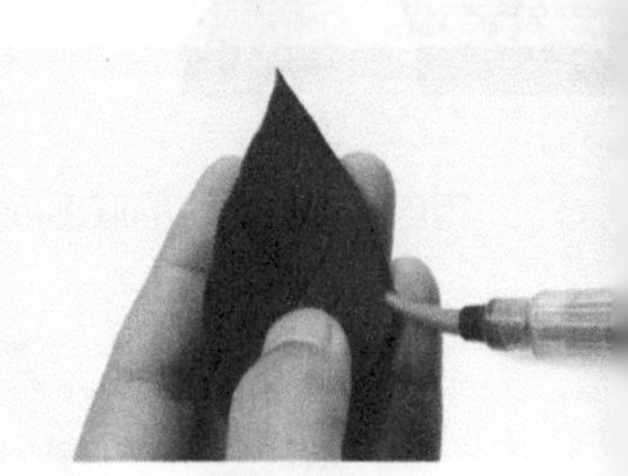

03 用双勺形的侧面划出叶片表面的叶脉纹理，并在叶片边缘涂一层清水。

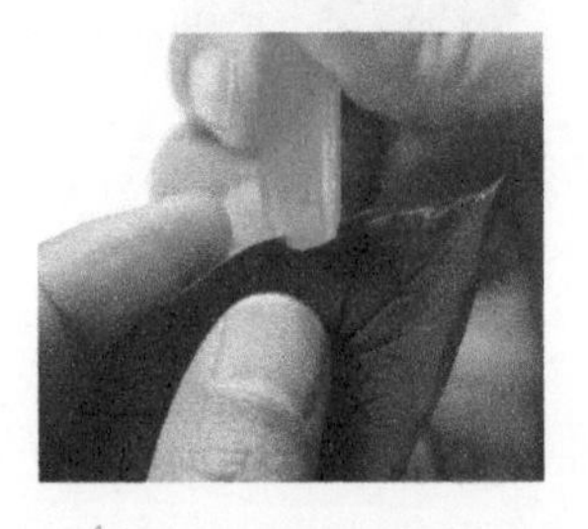
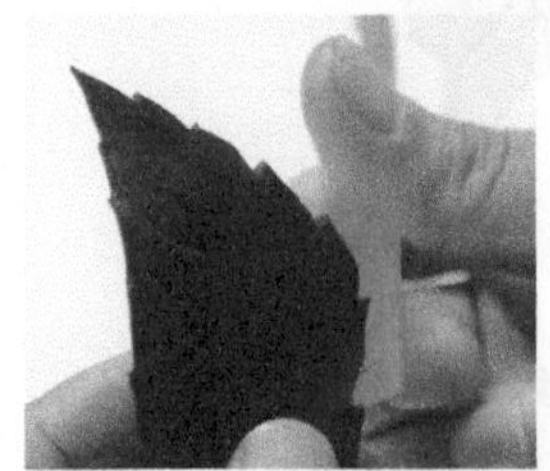
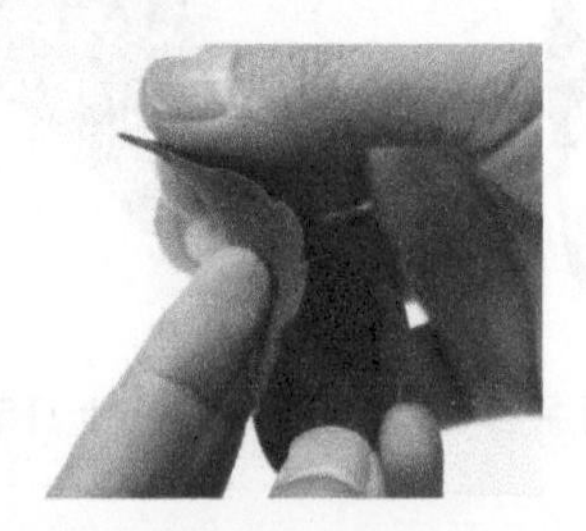

04 用扁形刀切出叶缘的锯齿形状，再用手调整叶片造型，做出自然弯曲的形态。

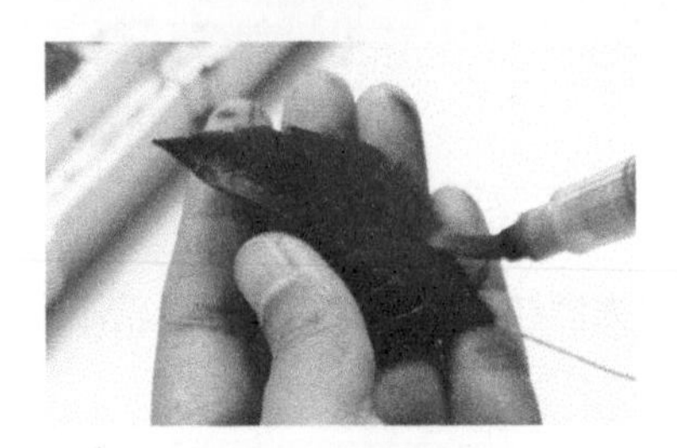

05 最后用水笔蘸花叶片表面涂一层酒红色，完成叶片的制作。

5.3.4 制作花饰

案例中的创意花饰作品呈左下右上倾斜形态，倾斜于容器一侧的主体花材是视觉中心，将其余花材插在主体花材的四周，使作品形态优美、随性而不随意。

主体花材：蝴蝶兰、鹅掌花、玫瑰花（制作方法见第 54 页）

辅助花材：提琴形叶子、披针形叶子、紫色花苞、球形小果子、宝莲花、牡丹

其他材料：创意木质圆形容器

在木制圆形容器内放置一块黏土，然后插入做好的玫瑰花。

02 依次插入其他的花材，注意要通过不同的花材来表现作品的层次感。

内容拓展

这里再向大家介绍一种黏土花饰的形式——半立体式画框花艺。

半立体式画框花艺的制作是把制作的黏土花材固定在画框内，根据画框内部留出的空间进行黏土花艺作品的整体创作。这种创作形式给我们提供了极大的发挥空间，可以充分运用自己的创意去创作。